Tabla de contenido

Número de página

Tabla de contenidos (continuación)

Número de página

Tabla de contenidos (continuación)

Este libro SE BASA EN MUCHOS AÑOS DE EXPERIENCIA
En el campo de la FABRICACIÓN DE TUBOS Y PIPEFITTING Y
Es creado y publicado para poner la mente en la facilidad
Cuando se trata de fabricar tubos.

Este libro está dedicado a la memoria de (4) de mis mejores amigos.
Y los compañeros de trabajo. Todos ellos dejaron su huella como líderes
En la industria de tuberías como PIPEFITTER fraguadores y supervisores.

OMAR "cherokee" Robinson

JOHN "DOS TORNILLOS" = Johnson

DON "papá" Jennings

MARK GRIFFITH

Usted estará en mi memoria para siempre

También DEDICADO A MI ESPOSA "CHARLOTTE M. EISENBARTH PARA ELLA
Muchas horas de paciencia mientras escribía este libro

"Lo último"
PIPEFITTERS y soldadores
Manual

Primera edición, noviembre de 2006

Reservar Precio: $24.95

R.L. "Bulldog" EISENBARTH
Propietario de BULLDOG Fabricación y consultores

Teléfono Celular: (402) 326-2852
Correo electrónico: theultimatepipefitter@gmail.com

Dirección Web: theultimatepipefitter&welder.com

Escrito y publicado por

R.L. "Bulldog" EISENBARTH

Acerca del Autor

El autor de este libro es el propietario de Bulldog Fabricación y Los consultores que realiza servicios de ingeniería, consultoría, estimación y Equipo de redacción dibujos isométricos. Él también ha enseñado Pipefitting clases en todo el país mientras se empleaba Por diversos contratistas.Ha trabajado en todas las fases de la red de tuberías Industria, desde pipefitter fabricante para ingenieros de tuberías. A través de los (44) años de experiencia, ha visto los problemas que pipefitters Y soldadores han encontrado durante la fabricación de piezas de carrete.

Hay un montón de libros en el mercado para ayudar y mostrarle cómo diseñar diferentes modelos y formas De fabricación. Estos son buenos libros, si usted entiende cómo leerlos y cómo disponer de ángulos. Si El libro no está en términos profanos, el principiante no tiene ni idea de lo que el libro está diciendo.

El autor ha creado la "Ultimate" y pipefitters soldadores manual para pipefitters y soldadores para facilitar La mente y simplificar los ángulos y desplazamientos a donde el principiante así como el novato comprenderá cómo Es fácil entender el diseño y los desplazamientos. También en este libro a mano todos los gráficos para accesorios, bridas, Juntas, etc., hasta 42" y 48" que usted necesita.

"Lo último" y pipefitters soldadores manual está diseñado para ayudar a los pipefitter así como el soldador En disponer de toda la información que él o ella necesita para completar sus tareas en un único y práctico libro.

Equivalentes decimales

Fracción	DECIMAL	Milímetro	Fracción	DECIMAL	Milímetro
1 / 64	.01563	0.397	33 / 64	.51563	13.097
1 / 32	.03125	0.794	17 / 32	.53125	13.494
3 / 64	.04688	1191	35 / 64	.54688	13.891
1 / 16	0.0625	1.588	9 / 16	.5625	14.288
5 / 64	.07813	1.984	37 / 64	.57813	14.684
3 / 32	.09375	2.381	19 / 32	.59375	15.081
7 / 64	.10938	2.778	39 / 64	.60938	15.478
1 / 8	0.125	3.175	5 / 8	0.625	15.875
9 / 64	.14063	3.672	41 / 64	.64063	16.272
5 / 32	.15625	3.969	21 / 32	.65625	16.669
11 / 64	.17188	4.366	43 / 64	.67188	17.066
3 / 16	.1875	4.763	11 / 16	.6875	17.463
13 / 64	.20313	5.159	45 / 64	.70313	17.859
7 / 32	.21875	5.556	23 / 32	.71875	18.256
15 / 64	.23438	5.953	47 / 64	.73438	18.653
1 / 4	.250	6.350	3 / 4	.750	19.050
17 / 64	.26563	6.747	49 / 64	.76563	19.447
9 / 32	.28125	7.144	25 / 32	.78125	19.844
19 / 64	.29688	7.541	51 / 64	.79688	20.241
5 / 16	.3125	7.938	13 / 16	.8125	20.638
21 / 64	.32813	8.334	53 / 64	.82813	21.034
11 / 32	.4375	8.731	27 / 32	.84375	21.431
23 / 64	.35938	9.128	55 / 64	.85938	21.828
3 / 8	0.375	9.525	7 / 8	0.875	22.225
25 / 64	.39063	9.922	57 / 64	.89063	22.622
13 / 32	.40625	10.319	29 / 32	.90625	23.019
27 / 64	.42188	10.716	59 / 64	.92188	23.416
7 / 16	.4375	11.113	15 / 16	.9375	23.813
29 / 64	.45813	11.509	61 / 64	.95313	24.209
15 / 32	.46875	11.906	31 / 32	.96875	24.606
31 / 64	.48438	12.303	63 / 64	.98438	25.003
1 / 2	0.500	12.700	1	1.00000	25.4

Decimales DE UN PIE

Pulgada	0"	1"	2"	3"	4"	5"	6"	7"	8"	9"	10"	11"
0	0	.0833	.1667	.2500	.3333	.4167	.5000	.5833	.6667	.7500	.8333	.9167
1/16	.0052	.0885	.1719	.2552	.3385	.4219	.5052	.5885	.6719	.7552	.8385	.9219
1/8	.0104	.0938	.1771	.2604	.3438	.4271	.5104	.5938	.6771	.7604	.8438	.9271
3/16	.0156	.0990	.1823	.2656	.3490	.4323	.5156	.5990	.6823	.7656	.8490	.9323
1/4	.0208	.1042	.1875	.2708	.3542	.4375	.5208	.6042	.6875	.7708	.8542	.9375
5/16	.0260	.1094	.1927	.2760	.3594	.4427	.5260	.6094	.6927	.7760	.8594	.9427
3/8	.0313	.1146	.1979	.2812	.3646	.4479	.5313	.6146	.6979	.7813	.8646	.9479
7/16	.0365	.1198	.2031	.2865	.3698	.4531	.5365	.6198	.7031	.7865	.8698	.9531
1/2	.0417	.1250	.2083	.2917	.3750	.4583	.5417	.6250	.7083	.7917	.8750	.9583
9/16	.0469	.1302	.2135	.2969	.3802	.4635	.5469	.6302	.7135	.7969	.8802	.9635
5/8	.0521	.1354	.2188	.3021	.3854	.4688	.5521	.6354	.7188	.8021	.8854	.9688
11/16	.0573	.1406	.2240	.3073	.3906	.4740	.5573	.6406	.7240	.8073	.8906	.9740
3/4	.0625	.1458	.2292	.3125	.3958	.4792	.5625	.6458	.7292	.8125	.8958	.9792
13/16	.0677	.1510	.2344	.3177	.4010	.4844	.5677	.6510	.7344	.8177	.9010	.9844
7/8	.0729	.1563	.2396	.3229	.4063	.4896	.5729	.6563	.7396	.8229	.9063	.9896
15/16	.0781	.1615	.2448	.3281	.4115	.4948	.5781	.6615	.7448	.8281	.9115	.9948
1	.0833	.1667	.2500	.3333	.4167	.5000	.5833	.6667	.7500	.8333	.9167	1.0000

Los multiplicadores de cosecante = ángulo

El lado opuesto del ángulo X Multiplicador = TRAVEL

Grad	MULT	Grad	MULT	Grad	MULT	Grad	MULT	Grad	MULT
1	57.14	19	3.07	37	1.66	55	1.22	73	1.04
2	28.65	20	2.92	38	1.62	56	1.21	74	1.04
3	19.12	21	2.79	39	1.59	57	1.19	75	1.03
4	14.33	22	2.67	40	1.55	58	1.18	76	1.03
5	11.47	23	2.55	41	1.52	59	1.17	77	1.02
6	9.55	24	2.46	42	1.49	60	1.16	78	1.02
7	8.20	25	2.36	43	1.47	61	1.14	79	1.02
8	7.18	26	2.28	44	1.44	62	1.13	80	1.01
9	6.39	27	2.20	45	1.41	63	1.12	81	1.01
10	5.76	28	2.13	46	1.39	64	1.11	82	1.00
11	5.24	29	2.06	47	1.37	65	1.10	83	1.00
12	4.81	30	2.00	48	1.35	66	1.09	84	1.00
13	4.44	31	1.94	49	1.33	67	1.08	85	1.00
14	4.13	32	1.88	50	1.31	68	1.07	86	1.00
15	3.86	33	1.83	51	1.29	69	1.07	87	1.00
16	3.63	34	1.79	52	1.27	70	1.06	88	1.00
17	3.42	35	1.74	53	1.25	71	1.05	89	1.00
18	3.24	36	1.70	54	1.24	72	1.05	90	1.00

Tabla de circunferencia de tubo

El TAMAÑO DEL TUBO	Diámetro exterior	CIRCUM	1 / 2 CIRCUM	1 / 4 CIRCUM	1 / 8 CIRCUM	1 / 16 CIRCUM
1 1/2	1.9	5 31/32	3	1 1/2	3/4	3/8
2	2.375	7 15/32	3 3/4	1 7/8	15/16	15/32
2 1/2	2.875	9 1/32	4 1/2	2 1/4	1 1/8	9/16
3	3.5	11	5 1/2	2 3/4	1 3/8	11/16
3 1/2	4.0	12 9/16	6 9/16	3 1/8	1 9/16	25/32
4	4.5	14 1/8	7 1/16	3 17/32	1 3/4	7/8
4 1/2	5.0	15 25/32	7 29/32	3 15/16	1 31/32	1
5	5.563	17 1/2	8 3/4	4 3/8	2 3/16	1 3/32
6	6.625	20 13/16	10 13/32	5 3/16	2 5/8	1 5/16
8	8.625	27 3/32	13 9/16	6 25/32	3 3/8	1 11/16
10	10.75	33 3/4	16 7/8	8 7/16	4 7/32	2 1/8
12	12.75	40 1/16	20 1/32	10	5	2 1/2
14	14	44	22	11	5 1/2	2 3/4
16	16	50 1/4	25 1/8	12 9/16	6 9/32	3 1/8
18	18	56 9/16	28 9/32	14 1/8	7 1/16	3 17/32
20	20	62 13/16	31 13/32	15 11/16	7 7/8	3 15/16
22	22	69 1/8	34 9/16	17 9/32	8 5/8	4 5/16
24	24	75 13/32	37 11/16	18 27/32	9 7/16	4 23/32
26	26	81 11/16	40 27/32	20 7/16	10 7/32	5 3/32
28	28	87 31/32	44	22	11	5 1/2
30	30	94 1/4	47 1/8	23 9/16	11 25/32	5 7/8
32	32	100 17/32	50 1/4	25 1/8	12 9/16	6 9/32
34	34	106 13/16	53 13/32	26 11/16	13 11/32	6 11/16
36	36	113 3/32	56 9/16	28 9/32	14 1/8	7 1/16
40	40	125 21/32	62 13/16	31 13/32	15 23/32	7 7/8
42	42	131 15/16	65 31/32	33	16 1/2	8 1/4
48	48	150 13/16	75 13/32	37 11/16	18 27/32	9 7/16
54	54	169 21/32	84 27/32	42 13/32	21 7/32	10 19/32
60	60	188 1/2	94 1/4	47 1/8	23 9/16	11 25/32

Tubo por cuadros de datos

Fórmula para calcular los pesos DE TUBO = 10.6802 X T X (D - T) Cuando D = O.D. De Pipe & T = espesor de pared de tubo

El TAMAÑO DEL TUBO	Todas DIM'S ESTÁN EN PULGADAS	O.D. DIM	CIRC.	5S	5	10S	10	20	30	STD	40	60	EX. H	80	100	120	140	160	DBL. EX. H
3/8"	Grosor de pared	0.625	1.963	0.049	-----	0.065	-----	-----	-----	0.091	0.091	-----	0.126	0.126	-----	-----	-----	-----	-----
	Peso			0.328	-----	0.423	-----	-----	-----	0.568	0.568	-----	0.739	0.739	-----	-----	-----	-----	-----
1/2"	Grosor de pared	0.840	2.639	0.065	-----	0.083	-----	-----	-----	0.109	0.109	-----	0.147	0.147	-----	-----	-----	0.187	0.294
	Peso			0.538	-----	0.671	-----	-----	-----	0.851	0.851	-----	1.088	1.088	-----	-----	-----	1.304	1.714
3/4"	Grosor de pared	1.050	3.298	0.065	-----	0.083	-----	-----	-----	0.113	0.113	-----	0.154	0.154	-----	-----	-----	0.218	0.308
	Peso			0.684	-----	0.857	-----	-----	-----	1.131	1.131	-----	1.474	1.474	-----	-----	-----	1.937	2.441
1"	Grosor de pared	1.315	4.131	0.065	-----	0.109	-----	-----	-----	0.133	0.133	-----	0.179	0.179	-----	-----	-----	0.250	0.358
	Peso			0.868	-----	1.404	-----	-----	-----	1.679	1.679	-----	2.172	2.172	-----	-----	-----	2.844	3.659
1 1/4"	Grosor de pared	1.660	5.215	0.065	-----	0.109	-----	-----	-----	0.140	0.140	-----	0.191	0.191	-----	-----	-----	0.250	0.382
	Peso			1.107	-----	1.806	-----	-----	-----	2.273	2.273	-----	2.997	2.997	-----	-----	-----	3.765	5.214
1 1/2"	Grosor de pared	1.900	5.969	0.065	-----	0.109	-----	-----	-----	0.145	0.145	-----	0.200	0.200	-----	-----	-----	0.281	0.4
	Peso			1.274	-----	2.085	-----	-----	-----	2.718	2.718	-----	3.631	3.631	-----	-----	-----	4.859	6.408
2"	Grosor de pared	2.375	7.461	0.065	-----	0.109	-----	-----	-----	0.154	0.154	-----	0.218	0.218	-----	-----	-----	0.344	0.436
	Peso			1.604	-----	2.638	-----	-----	-----	3.653	3.653	-----	5.022	5.022	-----	-----	-----	7.462	9.029
2 1/2"	Grosor de pared	2.875	9.032	0.083	-----	0.120	-----	-----	-----	0.203	0.203	-----	0.276	0.276	-----	-----	-----	0.375	0.552
	Peso			2.475	-----	3.531	-----	-----	-----	5.793	5.793	-----	7.661	7.661	-----	-----	-----	10.01	13.69
3"	Grosor de pared	3.500	10.99	0.083	-----	0.120	-----	-----	-----	0.216	0.216	-----	0.300	0.300	-----	-----	-----	0.438	0.600
	Peso			3.029	-----	4.332	-----	-----	-----	7.576	7.576	-----	10.25	10.25	-----	-----	-----	14.32	18.58
3 1/2"	Grosor de pared	4.000	12.56	0.083	-----	0.120	-----	-----	-----	0.226	0.226	-----	0.318	0.318	-----	-----	-----	-----	0.636
	Peso			3.472	-----	4.973	-----	-----	-----	9.109	9.109	-----	12.50	12.50	-----	-----	-----	-----	22.85
4"	Grosor de pared	4.500	14.13	0.083	-----	0.120	-----	-----	-----	0.237	0.237	-----	0.337	0.337	-----	0.438	-----	0.531	0.674
	Peso			3.915	-----	5.613	-----	-----	-----	10.79	10.79	-----	14.98	14.98	-----	19.00	-----	22.51	27.54
4 1/2"	Grosor de pared	5.000	15.7	-----	-----	-----	-----	-----	-----	0.247	-----	-----	0.355	-----	-----	-----	-----	-----	0.71
	Peso			-----	-----	-----	-----	-----	-----	12.54	-----	-----	17.61	-----	-----	-----	-----	-----	32.53
5"	Grosor de pared	5.563	17.47	0.109	-----	0.134	-----	-----	-----	0.258	0.258	-----	0.375	0.375	-----	0.500	-----	0.625	0.75
	Peso			6.349	-----	7.770	-----	-----	-----	14.62	14.62	-----	20.78	20.78	-----	27.04	-----	32.96	38.55
6"	Grosor de pared	6.625	20.81	0.109	-----	0.134	-----	-----	-----	0.28	0.28	-----	0.432	0.432	-----	0.562	-----	0.719	0.864
	Peso			7.585	-----	9.289	-----	-----	-----	18.97	18.97	-----	28.57	28.57	-----	36.39	-----	45.35	53.16
8"	Grosor de pared	8.625	27.09	0.109	-----	0.148	-----	0.250	0.277	0.322	0.322	0.406	0.500	0.500	0.594	0.719	0.812	0.906	0.875
	Peso			9.914	-----	13.4	-----	22.36	24.70	28.55	28.55	35.64	43.39	43.39	50.95	60.71	67.76	74.69	72.42
10"	Grosor de pared	10.75	33.77	0.134	-----	0.165	0.165	0.250	0.307	0.365	0.365	0.500	0.500	0.594	0.719	0.844	1.000	1.125	1.000
	Peso			15.19	-----	18.65	18.65	28.04	34.24	40.48	40.48	54.74	54.74	64.43	77.03	89.29	104.1	115.64	104.1

5

Tubo por cuadros de datos continua

Fórmula para calcular los pesos DE TUBO = 10.6802 X T X (D - T) Cuando D = O.D. De Pipe & T = espesor de pared de tubo

El TAMAÑO DEL TUBO	Todas DIM'S ESTÁN EN PULGADAS	O.D. DIM	CIRC.	5S	5	10S	10	20	30	STD	40	60	EX. H	80	100	120	140	160	DBL. EX. H
12"	Grosor de pared	12.75	40.05	0.16	0.165	0.18	------	0.250	0.330	0.375	0.406	0.562	0.500	0.688	0.844	1.000	1.125	0.312	------
	Peso			21	22.19	24.2	------	33.38	43.77	49.56	53.52	73.15	65.42	88.63	107.3	125.5	139.7	160.3	------
14"	Grosor de pared	14.00	43.98	0.16	------	0.188	0.250	0.312	0.375	0.375	0.44	0.594	0.500	0.75	0.938	1.094	1.250	1.406	------
	Peso			23.07	------	27.73	36.71	45.61	54.6	54.6	63.44	85.05	72.09	106.1	130.9	150.8	170.2	189.1	------
16"	Grosor de pared	16.00	50.26	0.165	------	0.188	0.250	0.312	0.375	0.375	0.500	0.656	0.500	0.844	1.031	1.219	1.438	1.594	------
	Peso			27.90	------	31.75	42.05	52.3	62.58	62.58	82.77	107.5	82.77	136.6	164.8	192.4	223.6	245.2	------
18"	Grosor de pared	18.00	56.54	0.165	------	------	0.250	0.312	0.44	0.375	0.562	0.75	0.500	0.938	1.156	1.375	1.562	1.781	------
	Peso			31.43	------	------	47.39	58.9	82.15	70.59	104.7	138.2	93.45	170.9	208.0	244.1	274.2	308.5	------
20"	Grosor de pared	20.00	62.83	0.188	------	0.22	0.250	0.375	0.500	0.375	0.594	0.812	0.500	1.031	1.281.	1500	1.750	1.969	------
	Peso			39.78	------	46.06	52.7	78.60	104.1	78.60	123.1	166.4	104.1	208.9	256.1	296.4	341.1	379.2	------
24"	Grosor de pared	24.00	75.39	------	------	------	0.250	0.375	0.562	0.375	0.688	0.97	0.500	1.219	1.846	1.812	2.062	2.343	------
	Peso			------	------	------	63.4	94.62	141	94.62	171	238.3	125.5	296.6	367.4	429.4	483.1	541.9	------
26"	Grosor de pared	26.00	81.68	------	------	------	0.312	0.500	------	0.375	------	------	0.500	------	------	------	------	------	------
	Peso			------	------	------	85.60	136	------	103	------	------	136.2	------	------	------	------	------	------
28"	Grosor de pared	28.00	87.96	------	------	------	0.312	0.500	0.63	0.375	------	------	0.500	------	------	------	------	------	------
	Peso			------	------	------	92.26	147	182.7	110.6	------	------	146.9	------	------	------	------	------	------
30"	Grosor de pared	30.00	94.24	0.250	------	------	0.312	0.500	0.63	0.375	------	------	0.500	------	------	------	------	------	------
	Peso			79.43	------	------	98.9	158	196	118.6	------	------	157.5	------	------	------	------	------	------
36".	Grosor de pared	36.00	113.09	0.250	------	------	0.312	0.500	0.63	0.375	0.75	------	0.500	------	------	------	------	------	------
	Peso			95.5	------	------	119	189.6	236.1	143	282	------	189.6	------	------	------	------	------	------
42"	Grosor de pared	42.00	131.94	------	------	------	------	------	------	0.375	------	------	0.500	------	------	------	------	------	------
	Peso			------	------	------	------	------	------	166.7	------	------	221.6	------	------	------	------	------	------
48"	Grosor de pared	48.00	150.79	------	------	------	------	------	------	0.375	------	------	0.500	------	------	------	------	------	------
	Peso			------	------	------	------	------	------	190.7	------	------	253.7	------	------	------	------	------	------
60"	Grosor de pared	60.00	188.49	------	------	------	------	------	------	0.375	------	------	0.500	------	------	------	------	------	------
	Peso			------	------	------	------	------	------	238.8	------	------	317.7	------	------	------	------	------	------

Los datos de espesor de pared de tubo

Fórmula para calcular los pesos DE TUBO = 10.6802 X T X (D - T) Cuando D = O.D. De Pipe & T = espesor de pared de tubo

Todas DIM'S ESTÁN EN PULGADAS

El TAMAÑO DEL TUBO		O.D. DIM	CIRC.	0.065	0.083	0.109	0.120	0.134	0.154	0.188	0.190	0.218	0.254	0.281	0.344	0.375	0.436	0.500
2"	Grosor de pared	2.375	7.461	0.065	0.083	0.109	0.120	0.134	0.154	0.188	0.190	0.218	0.254	0.281	0.344	0.375	0.436	0.500
2"	Peso			1.60	2.03	2.64	2.89	3.21	3.65	4.39	4.43	5.02	5.75	6.28	7.46	80.1	9.03	10.01
2 1/2"	Grosor de pared	2.875	9.032	0.078	0.083	0.109	0.120	0.141	0.154	0.188	0.203	0.216	0.217	0.250	0.276	0.308	0.375	0.552
2 1/2"	Peso			2.33	2.47	3.22	3.53	4.12	4.48	5.40	5.79	6.13	6.16	7.01	7.66	8.44	10.01	13.69
3"	Grosor de pared	3.500	10.99	0.078	0.083	0.109	0.120	0.125	0.141	0.156	0.188	0.216	0.250	0.254	0.281	0.300	0.438	0.600
3"	Peso			2.85	3.03	3.95	4.33	4.51	5.06	5.57	6.65	7.58	8.68	8.81	9.66	10.25	14.32	18.58
3 1/2"	Grosor de pared	4.000	12.56	0.083	0.094	0.109	0.120	0.125	0.141	0.156	0.172	0.188	2.226	0.250	2.262	0.281	0.318	0.636
3 1/2"	Peso			3.47	3.92	4.53	4.97	5.17	5.81	6.40	7.03	7.65	9.11	10.01	10.46	11.16	12.50	22.85
4"	Grosor de pared	4.500	14.13	0.083	0.109	0.120	0.125	0.141	0.156	0.172	0.188	0.203	0.219	0.224	0.250	0.290	0.312	0.375
4"	Peso			3.92	5.11	5.61	5.84	6.56	7.24	7.95	8.66	9.32	10.01	10.23	11.35	13.04	13.96	16.52
4 1/2"	Grosor de pared	5.000	15.7	0.120	0.125	0.156	0.188	0.203	0.219	0.237	0.253	0.296	0.362	0.437	0.500	0.562	0.75	1.250
4 1/2"	Peso			6.25	6.51	8.07	9.66	10.4	11.18	12.06	12.83	14.87	17.93	21.30	24.03	26.64	34.04	50.06
5"	Grosor de pared	5.563	17.47	0.083	0.109	0.125	0.134	0.156	0.188	0.219	0.258	0.281	0.312	0.344	0.375	0.500	0.625	0.75
5"	Peso			4.36	6.35	7.26	7.77	9.01	10.79	12.50	14.62	15.85	17.5	19.17	20.78	27.04	32.96	38.55
6"	Grosor de pared	6.625	20.81	0.109	0.125	0.134	0.141	0.156	0.172	0.188	0.203	0.219	0.250	0.312	0.344	0.375	0.500	0.625
6"	Peso			7.59	8.68	9.29	9.76	10.78	11.85	12.92	13.92	14.98	17.02	21.04	23.08	25.03	32.71	40.05
8"	Grosor de pared	8.625	27.09	0.109	0.125	0.156	0.172	0.188	0.203	0.219	0.264	0.312	0.344	0.375	0.438	0.562	0.825	0.875
8"	Peso			9.91	11.35	14.11	15.53	16.94	18.26	19.38	23.57	27.70	30.42	33.04	38.30	48.40	68.73	72.42
10"	Grosor de pared	10.75	33.77	0.156	0.172	0.188	0.203	0.219	0.279	0.344	0.35	0.4	0.438	0.562	0.625	0.812	1.000	1.250
10"	Peso			17.65	19.43	21.21	22.87	24.63	31.2	38.23	38.88	44.22	48.42	61.15	67.58	86.18	104.13	126.83
12"	Grosor de pared	12.75	40.05	0.172	0.188	0.203	0.219	0.281	0.312	0.344	0.438	0.625	0.75	0.812	0.875	1.500	1.750	2.000
12"	Peso			23.11	25.22	27.20	29.31	37.8	41.45	45.58	57.59	80.93	96.12	131.71	110.97	178.72	205.59	229.62
14"	Grosor de pared	14.00	43.98	0.188	0.203	0.219	0.281	0.344	0.406	0.469	0.562	0.625	0.688	0.812	0.875	2.000	2.125	2.500
14"	Peso			27.73	29.91	32.23	41.17	50.17	58.94	67.78	80.66	89.28	97.81	114.37	122.65	256.32	269.50	307.05
16"	Grosor de pared	16.00	50.26	0.188	0.203	0.219	0.281	0.344	0.406	0.438	0.469	0.625	0.75	0.812	0.938	1.125	1.618	2.000
16"	Peso			31.75	34.25	36.91	47.17	57.52	67.62	72.80	77.79	102.63	122.15	131.71	150.89	178.72	248.52	299.04
18"	Grosor de pared	18.00	56.54	0.188	0.219	0.281	0.344	0.406	0.469	0.625	0.688	0.812	0.875	1.000	1.125	1.250	1.500	1.562
18"	Peso			35.76	41.59	53.18	64.87	76.29	87.81	115.98	127.21	149.06	160.03	181.56	202.75	223.61	264.33	274.22
20"	Grosor de pared	20.00	62.83	0.219	0.281	0.312	0.344	0.406	0.438	0.469	0.625	0.75	0.875	1.000	1.250	1.375	1.500	1.750
20"	Peso			46.27	59.18	65.60	72.21	84.96	91.51	97.83	129.33	154.19	178.72	202.92	250.31	273.51	296.37	341.09
22"	Grosor de pared	22.00	69.11	0.219	0.281	0.312	0.344	0.406	0.438	0.469	0.625	0.75	1.000	1.219	1.250	1.625	1.875	2.125
22"	Peso			50.94	65.18	72.27	79.56	93.63	100.86	107.85	142.68	170.21	224.28	270.55	277.01	353.61	403.00	451.06

Los datos de espesor de pared de tubo continua

Fórmula para calcular los pesos DE TUBO = 10.6802 X T X (D - T) Cuando D = O.D. De Pipe & T = espesor de pared de tubo

Todas DIM'S ESTÁN EN PULGADAS

El TAMAÑO DEL TUBO	O.D. DIM	CIRC.																
24"	24.00	75.39	Grosor de pared	0.281	0.312	0.344	0.406	0.438	0.469	0.625	0.75	0.875	1.000	1.250	1.312	1.500	1.812	2.343
			Peso	71.18	78.93	86.91	102.31	110.22	117.86	156.03	186.23	216.10	245.64	303.71	317.91	360.45	429.39	541.93
26"	26.00	81.68	Grosor de pared	0.250	0.281	0.344	0.406	0.438	0.469	0.562	0.625	0.656	0.688	0.75	0.875	1.000	1.188	1.250
			Peso	68.75	77.18	94.26	110.98	119.57	127.88	152.68	169.38	177.56	185.99	202.25	234.79	300.00	314.81	330.41
28"	28.00	87.96	Grosor de pared	0.250	0.312	0.375	0.500	0.625	0.75	0.875	1.250		1.000					
			Peso	74.09	92.26	110.64	146.85	182.73	218.27	253.48	357.11		288.36	------	------	------	------	
30"	30.00	94.24	Grosor de pared	0.281	0.344	0.406	0.469	0.562	0.656	0.75	0.875	1.000	1.250	1.375	1.500	1.750	2.500	
			Peso	89.19	108.95	128.32	147.92	176.69	205.59	234.29	272.17	309.72	383.8	420.4	456.57	527.99	734.25	
32"	32.00	100.53	Grosor de pared	0.312	0.375	0.500	0.625	0.75	0.875	1.000								
			Peso	105.59	126.66	168.21	209.43	250.31	290.86	331.08	------	------	------	------	------	------	------	
34"	34.00	106.81	Grosor de pared	0.312	0.375	0.500	0.625	0.75	1.000									
			Peso	112.25	134.67	178.89	222.78	266.33	352.44	------	------	------	------	------	------	------	------	
36"	36.00	113.09	Grosor de pared	0.281	0.312	0.344	0.406	0.438	0.469	0.562	0.656	0.688	0.875	1.000	1.250	1.500	1.750	2.000
			Peso	107.20	118.92	131.00	154.34	166.35	177.97	212.70	247.62	259.47	328.24	373.8	463.91	552.69	640.13	726.24
40"	40.00	125.66	Grosor de pared	0.312	0.375	0.500	0.562	0.625	0.75	1.000								
			Peso	132.25	158.70	210.93	236.71	262.83	314.39	416.52	------	------	------	------	------	------	------	
42"	42.00	131.94	Grosor de pared	0.312	0.344	0.406	0.438	0.469	0.562	0.625	0.656	0.688	0.75	0.875	1.000	1.125	1.250	1.500
			Peso	138.91	153.04	180.35	194.42	208.03	248.72	276.18	289.66	303.55	330.41	384.31	437.88	491.11	544.01	648.81
48"	48.00	150.79	Grosor de pared	0.406	0.438	0.469	0.562	0.625	0.656	0.75	0.812	0.875	0.938	1.000	1.125	1.250	1.500	
			Peso	206.37	222.49	238.08	284.73	316.23	331.70	378.47	409.22	440.38	471.46	501.96	563.20	624.11	744.93	
54"	54.00	169.64	Grosor de pared	0.250	0.312	0.344	0.375	0.406	0.438	0.469	0.500	0.562	0.625	0.75	0.812	0.875	0.938	1.000
			Peso	143.51	178.90	197.13	214.77	232.39	250.55	268.13	285.69	320.74	356.28	426.53	461.25	496.45	531.57	566.04
60"	60.00	188.49	Grosor de pared	0.250	0.312	0.344	0.375	0.406	0.438	0.465	0.500	0.562	0.625	0.688	0.75	0.812	0.875	0.938
			Peso	159.53	198.89	219.17	238.80	258.40	278.62	295.66	317.73	356.76	396.33	435.82	474.59	513.29	552.52	591.67

8

Fórmulas trigonométricas

Triángulo rectángulo

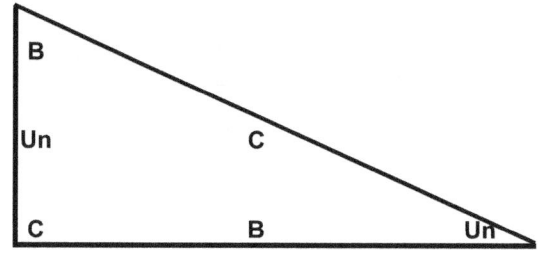

$$Un^2 = c^2 - B^2$$

$$B^2 = c^2 - {}^2$$

$$C^2 = a^2 + b^2$$

Conocido	Requerido					
	Un	B	Un	B	C	Área
A, B	Un bronceado $= \dfrac{Un}{B}$	TAN B $= \dfrac{B}{Un}$			$\sqrt{Un^2 + b^2}$	$\dfrac{A\,b}{2}$
A, C	Un pecado $= \dfrac{Un}{C}$	B = COS $\dfrac{Un}{C}$		$\sqrt{C^2 - {}^2}$		$\dfrac{Un\ \sqrt{C^2 - {}^2}}{2}$
Un		$90^0 -$		$\dfrac{Un}{Un\ bronceado}$	$\dfrac{Un}{Un\ pecado}$	$\dfrac{Un^2\ COT}{2}$
A, B		$90^0 -$	B un bronceado		$\dfrac{B}{Un\ COS}$	$\dfrac{B^2\ Un\ bronceado}{2}$
A, C		$90^0 -$	C PECADO UN	C COS UN		$\dfrac{C^2\ El\ pecado\ 2A}{4}$

Triángulo oblicuo

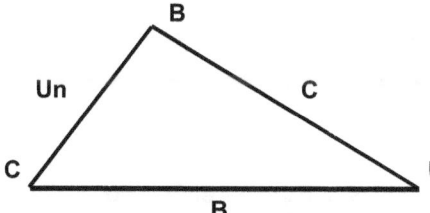

$$S = \dfrac{A + B + C}{2}$$

$$K = \sqrt{\dfrac{(s-a)\,(s-b)\,(s-c)}{S}}$$

$$Un^2 = b^2 + c^2 - 2bc\ Cos\ un$$

$$B^2 = a^2 + C^2 - 2ac\ Cos\ B$$

$$C^2 = a^2 + b^2 - 2ab\ Cos\ C$$

Conocido	Requerido					
	Un	B	C	B	C	Área
A, b, c	Bronceado $\dfrac{Un}{2} = \dfrac{K}{S-a}$	Bronceado $\dfrac{B}{2} = \dfrac{K}{S-b}$	Bronceado $\dfrac{C}{2} = \dfrac{K}{S-c}$			$\sqrt{S(s)(s-a-b-c)(s)}$
A, A, B			$180^0 - (A + B)$	$\dfrac{Un\ Pecado\ B}{Un\ pecado}$	$\dfrac{Un\ Pecado\ C}{Un\ pecado}$	
A, B, un		El pecado B $= \dfrac{B\ pecado\ un}{Un}$			$\dfrac{B\ pecado\ C}{El\ pecado\ B}$	
A, B, C	Un bronceado $= \dfrac{Un\ Pecado\ C}{B\ -un\ Cos\ C}$				$\sqrt{Un^2+b^2-2ab\ Cos\ C}$	$\dfrac{Ab\ pecado\ C}{2}$

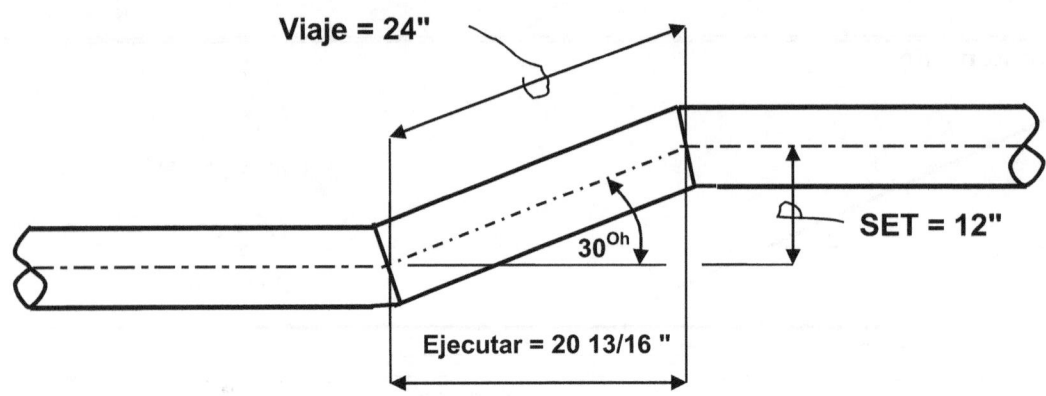

Cómo encontrar el ángulo cuando las longitudes de 2 lados son conocidos

Ejemplo n° 1 -   Conjunto dividido por el Seno del ángulo recorrido =
Ejemplo n° 2 -   Conjunto dividido por correr = tangente del ángulo
Ejemplo n° 3 -   Ejecute DIVIDIDO POR VIAJE = coseno del ángulo
Ejemplo n° 4 -   Ejecute dividido por SET = COTANGENTE DE ÁNGULO
Ejemplo n° 5 -   Viajar dividido por correr = ángulo de secante
Ejemplo n° 6 -   Viajar dividido por SET = COSECANTE DEL ÁNGULO

Ver ejemplos en la página 11

Cómo encontrar las longitudes de los lados al 1 y 1 Ángulo lateral es conocido

Ejemplo n° 7 -   X VIAJE SINE DE ÁNGULO = SET
Ejemplo n° 8 -   Ejecutar X la tangente del ángulo = Ajuste
Ejemplo n° 9 -   Carrera X coseno del ángulo = Ejecutar
Ejemplo n° 10 -   SET X cotangente de ángulo = Ejecutar
Ejemplo n° 11 -   Ejecutar X secantes de ángulo = TRAVEL
Ejemplo n° 12 -   SET X COSECANTE = ángulo de desplazamiento

Ver ejemplos en la página 12

Nota: Si ejecuta DIMINSION ES INFERIOR AL CONJUNTO DIMINSION, entonces el ángulo
interior es Menos de 45 grados y el ángulo exterior es mayor que 45 grados

Nota: Si ejecuta DIMINSION ES MAYOR QUE ESTABLEZCA DIMINSION, entonces el ángulo
interior Es MAYOR DE 45 GRADOS Y FUERA DE ÁNGULO ES INFERIOR A 45 GRADOS

Nota: Si ejecuta DIMINSION Y ESTABLECER DIMINSION SON IGUALES, ENTONCES EL
INTERIOR Y ANGE exterior es de 45 grados

Nota: Al leer la tabla trigonométricas para ángulos de 45 grados o menos, leer
El TRIG TABLA DE ARRIBA ABAJO

Nota: Al leer la tabla trigonométrica para ángulos mayores de 45 grados,
Lea la tabla trigonométrica de abajo a arriba

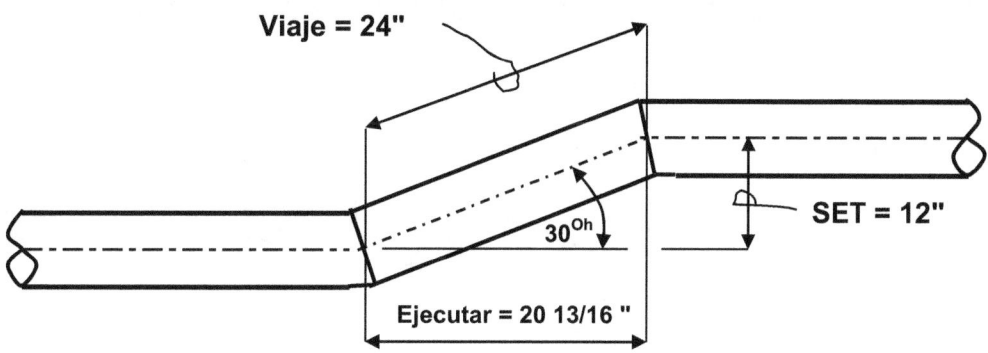

Viaje = 24"

SET = 12"

30°h

Ejecutar = 20 13/16 "

Ejemplo n° 1 - Conjunto dividido por el Seno del ángulo recorrido =
SET = 12"
Viaje = 24"
Dividido por 12" 24" = 0.5
Lea la columna sinusoidal en el TRIG MESA Y NO ENCONTRAR MÁS CERCANA A 0.5
0.5 = SENO DE ÁNGULO DE 30 GRADOS.

Ejemplo n° 2 - Conjunto dividido por correr = tangente del ángulo
SET = 12"
Ejecutar = 20.785 o 20 13/16 "
12" dividido por 20.785 = 0.5773
Lea la columna de tangente en el TRIG MESA Y NO ENCONTRAR MÁS CERCANO A 0.5773
= 0.5773 la tangente del ángulo de 30 grados.

Ejemplo n° 3 - Ejecute DIVIDIDO POR VIAJE = coseno del ángulo
Ejecutar = 20.785 o 20 13/16 "
Viaje = 24"
20.785 dividido por 24 = 0.8660
Lea la columna de coseno TRIG MESA Y NO ENCONTRAR MÁS CERCANO A 0.8660
0.8660 = coseno del ángulo de 30 grados.

Ejemplo n° 4 - Ejecute dividido por SET = COTANGENTE DE ÁNGULO
Ejecutar = 20.785 o 20 13/16 "
SET = 12"
20.785 dividido por 12 = 1.7320
Lea la columna de cotangente TRIG MESA Y ENCONTRAR MÁS CERCANO SIN A 1.7320

1.7320 = cotangente de ángulo de 30 grados.

Ejemplo n° 5 - Viajar dividido por correr = ángulo de secante

Viaje = 24"

Ejecutar = 20.785 o 20 13/16 "

24 dividido por 20.785 = 1.1546

Lea la columna de secante en el TRIG MESA Y NO ENCONTRAR MÁS CERCANO A 1.1546

= 1.1546 secantes de ángulo de 30 grados.

Ejemplo n° 6 - Viajar dividido por SET = COSECANTE DEL ÁNGULO

Viaje = 24"

SET = 12"

24 dividido por 12 = 2.0

Lea la columna de cosecante TRIG MESA Y NO ENCONTRAR MÁS CERCANA A 2.0

2.0 = cosecante de ángulo de 30 grados.

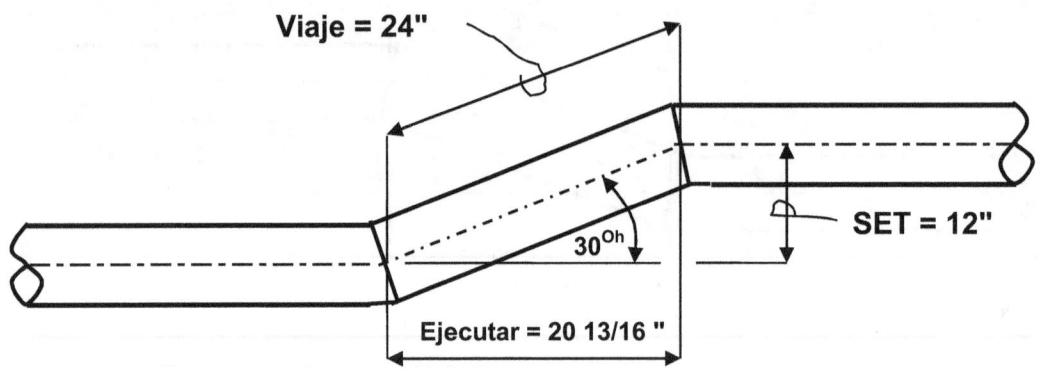

Ejemplo n° 7 -
X VIAJE SINE DE ÁNGULO = SET
Viaje = 24"
= ángulo de 30 grados.
Lea la columna sinusoidal de TRIG MESA Y ENCONTRAR EL SENO DE 30 GRADOS.
Seno de 30 grados de ángulo = 0.5
24 X 0.5 = 12"
SET = 12"

Ejemplo n° 8 -
Ejecutar X la tangente del ángulo = Ajuste
Ejecutar = 20.785 o 20 13/16 "
= ángulo de 30 grados.
Lea la columna de tangente TRIG mesa y encontrar la tangente de 30 grados.
La tangente de un ángulo de 30 grados = 0.5773
X 20.785 = 0.5773 11.9991 o 12"
SET = 12"

Ejemplo n° 9 -
Carrera X coseno del ángulo =EJECUTAR
Viaje = 24"
= ángulo de 30 grados.
Lea la columna de coseno TRIG mesa y encontrar el coseno de 30 grados.
El coseno de un ángulo de 30 grados = 0.8660
24 x 0.8660 = 20.785 o 20 13/16 "
Ejecutar = 20.785 o 20 13/16 "

Ejemplo n° 10 -
SET X cotangente de ángulo = Ejecutar
SET = 12"
= ángulo de 30 grados.
Lea la columna de COTAN TRIG MESA Y ENCONTRAR LA COTAN DE 30 GRADOS.
Cotangente de un ángulo de 30 grados = 1.7320
12 x 1.7320 = 20.785 o 20 13/16 "
Ejecutar = 20.785 o 20 13/16 "

Ejemplo n° 11 -
Ejecutar X secantes de ángulo = TRAVEL
Ejecutar = 20.785 o 20 13/16 "
= ángulo de 30 grados.
Lea la columna de secante de TRIG mesa y encontrar el secante de 30 grados.
Secante de un ángulo de 30 grados = 1.1546
X 20.785 = 1.1546 23.9983 o 24"
Viaje = 24"

Ejemplo n° 12 -
SET X COSECANTE = ángulo de desplazamiento
SET = 12"
= ángulo de 30 grados.
Lea la columna de COSEC TRIG MESA Y ENCONTRAR LA COSEC DE 30 GRADOS.
Cosecante de un ángulo de 30 grados = 2.0
12 X 2,0 = 24"
Viaje = 24"

Solución simplificada para desplazamientos de rodadura

Nota:

Si es inferior a ejecutar y, a continuación, grados de giro es inferior a 45 grados

Si es superior a ejecutar y, a continuación, grados de giro es mayor que 45 grados

Con 45 grados de estudiantes ELL simplificará offset, pero puede utilizar otros grados los estudiantes ELL

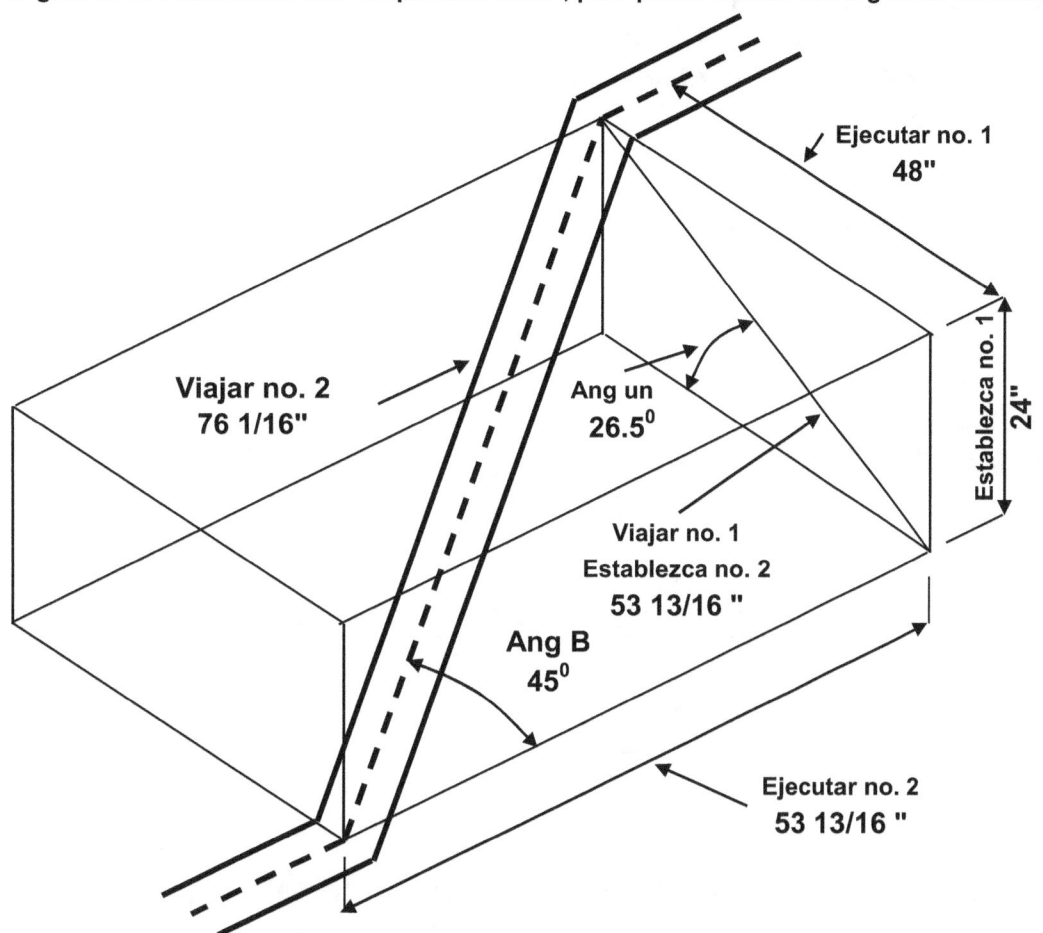

En primer lugar, debemos resolver el ángulo A

Establezca no. 1 = 24"

Ejecutar no. 1 = 48"

El ángulo A = Conjunto dividido por correr = tangente del ángulo

El ángulo A = 24" divididos por 48" = 0.5

La tangente de un ángulo = 0.5

Tangente de 0.5 = 26.565 o 26 grados 1/2

El ángulo A = 26.5 grados

Viajar no. 1 = Set X Cosecante de ángulo de giro

Cosecante de 26.5 grados vuelta = 2.241

Viajar no. 1 = 24" x 2.241 = 53.784 o 53 13/16 "

Viajar no. 1 = 53 13/16 "

Ahora que el ángulo es resuelto, podemos calcular el rodillo de desplazamiento

En primer lugar, viajes nº 1 se convierte ahora en conjunto nº 2

Establezca no. 2 = 53.784 o 53 13/16 "

Ejecutar no. 2 = carrera X coseno del ángulo B

Viajar no. 2 = Set no. 2 X Cosecante de ángulo B

Ángulo de giro = 45 grados

El coseno de 45 grados de vuelta = 0.7071

Gire 45 grados de cosecante = 1.414

Ejecutar no. 2 = 0.7071 x 76.051 = 53.775 o 53 13/16 "

Ejecutar no. 2 = 53 13/16 "

Viajar no. 2 = 53.784 o 76.051 x 1.414 = 76 1/16"

Viajar no. 2 = 76 1/16"

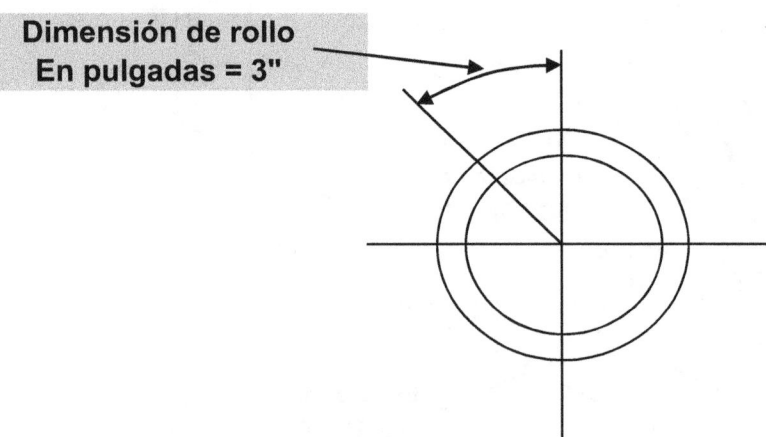

**Dimensión de rollo
En pulgadas = 3"**

Ahora permite RESOLVER LA CANTIDAD DE ROLLO DE MONTAJE

Fórmula =

Grados de ángulo de giro de un seno de X 1 grados ángulo X Tubo dividido por 2 OD

Grados de giro de ángulo A = 26.5 grados

Seno de un ángulo de 1 grado = 0.01745

Tubo OD = 10.75 o 10 3/4"

De de tubería dividido por 2 = 5.375 o 5 3/8"

Fórmula = (26.5 x 0.01745) x 5.375 = 2.486 o 3"

Dimensión en pulgadas Rollo = 3"

30 de grado igual difusión simplificado offset

Utilice su trig tablas para buscar las funciones trigonométricas

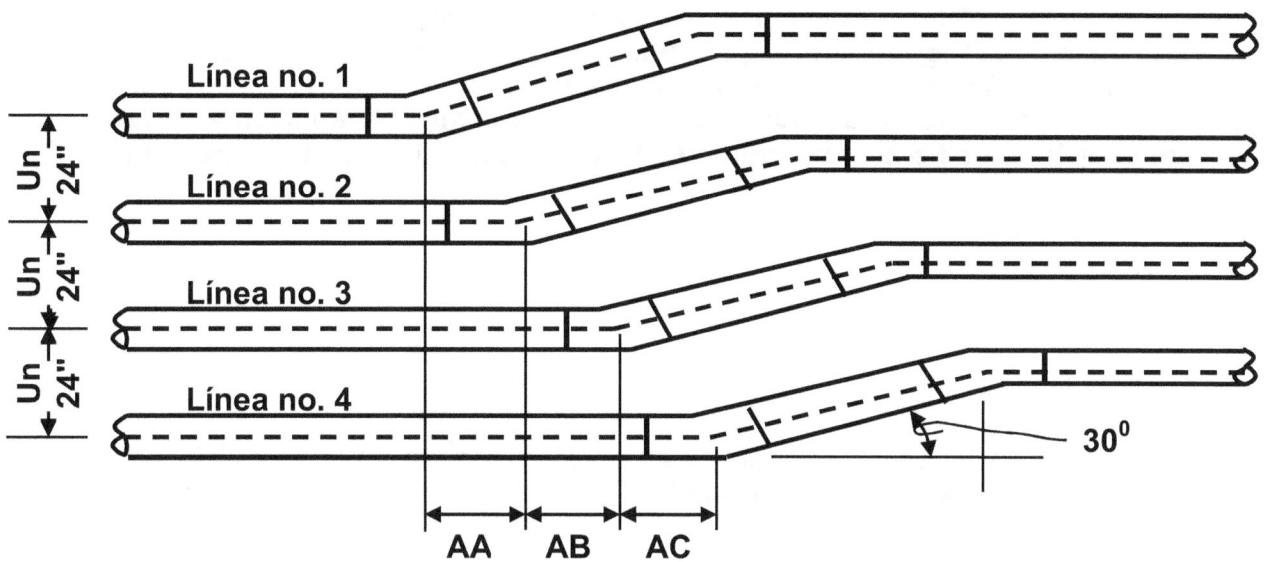

Nota: la dimensión AA, AB y AC son iguales entre sí.

Fórmula para DIM AA = tangente de 1/2 DE GRADO DE VUELTA X DIM A

Grado de vuelta = 30 grados
1/2 de vuelta = 30 grados a 15 grados
Tangente de 15 grado vuelta = 0.268
Un Dim = 24"
Dim AA = 0.268 X 24" = 6.432 o 6 7/16"
Dim AA = 6 7/16"
Dim AB = 6 7/16"
Dim AC = 6 7/16"

Por lo tanto:

C / L de la línea no. 2 es de 6 7/16" más de C / L de la línea no. 1

C / L de la línea no. 3 es de 6 7/16" más de C / L de la línea no. 2

C / L de la línea no. 4 es de 6 7/16" más de C / L de la línea no. 3

Esta dimensión puede ser llevada a cabo por tantas líneas como sea necesario

Para los ángulos que no se muestran en este libro, utilice la misma fórmula

Cómo determinar las dimensiones de los lados de un desconocido de 30 grados.
Laterales de punto central de diseño de intersección del cabezal.

El cabezal de 12" y 10" STD son verticales. Wt. Y, por ejemplo, solamente.
Dimensiones utilizadas son sólo de ejemplo.
Utilice la tabla trigonométrica para buscar las funciones trigonométricas.
El punto B será el exterior del punto A en los ángulos inferiores a 45 grados.
El punto B será el interior del punto A en los ángulos superiores a los 45 grados.
Para los ángulos no se muestran en este libro, utilice las mismas fórmulas.

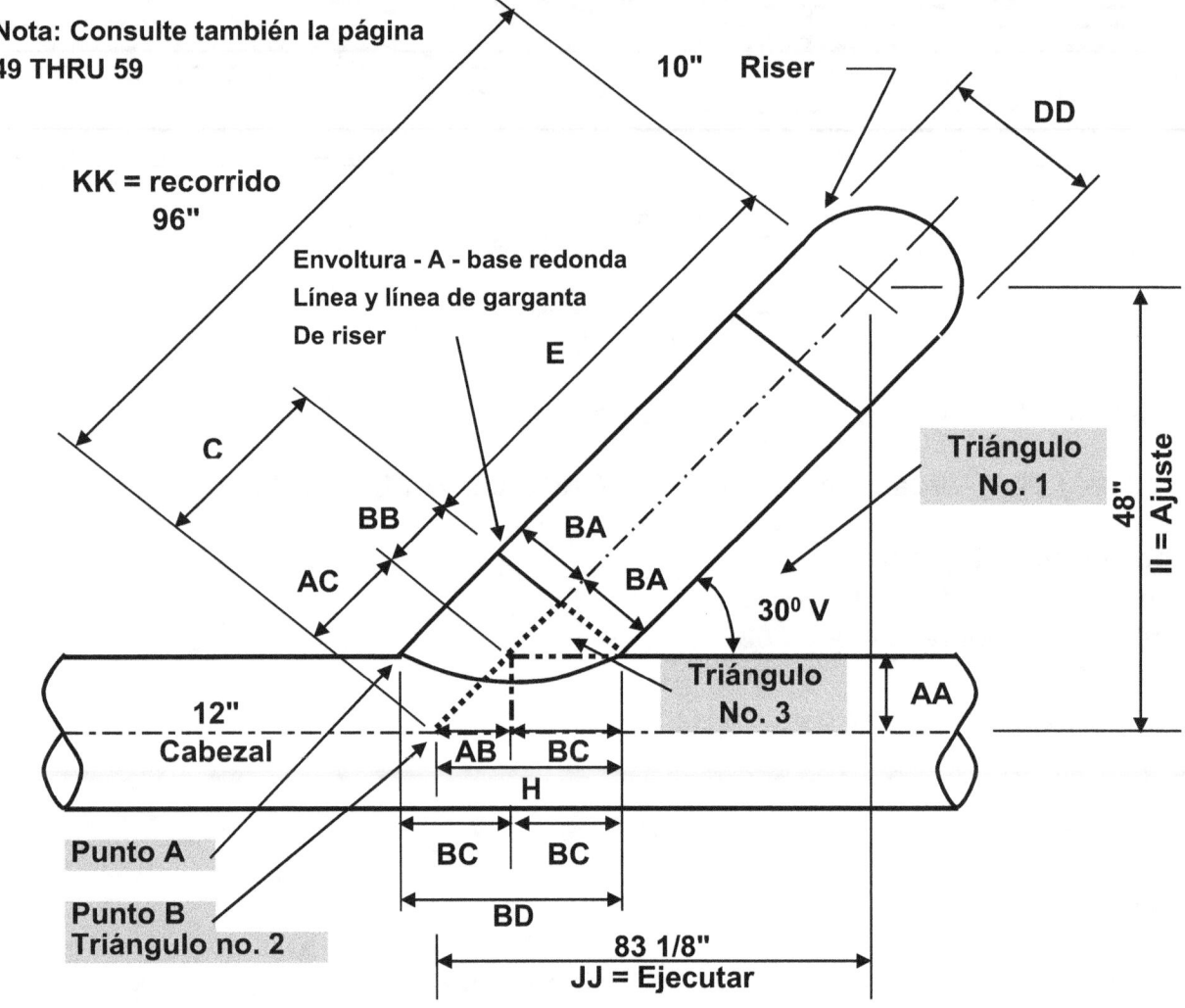

Nota: Consulte también la página
49 THRU 59

10"   Riser

DD

KK = recorrido
96"

Envoltura - A - base redonda
Línea y línea de garganta
De riser

E

Triángulo
No. 1

48"   II = Ajuste

C

BB

BA

AC

BA

30° V

Triángulo
No. 3

AA

12"
Cabezal

AB   BC

H

Punto A

BC   BC

Punto B
Triángulo no. 2

BD

83 1/8"

JJ = Ejecutar

(3) hay tres triángulos que deben determinarse por
Para encontrar las dimensiones de todos los lados

Triángulo Nº 1 (SET)
Encontrar la dimensión del lado II (SET)
Lado II (SET) = lado KK (Viajes) X Sine de ángulo
KK lateral (Viajes) = 96"
Seno de 30 grados de ángulo = 0.5
Lado II (SET) = 96 x 0.5 = 48
Lado II (SET) = 48"

Siguió lateral de 30 grados.

Triángulo Nº 1 (Ejecutar)
Encontrar la dimensión del lado JJ (RUN)

JJ lateral (RUN) = lado KK (Viajes) X coseno del ángulo

KK lateral (Viajes) = 96"

El coseno de un ángulo de 30 grados = 0.866   Nota: Consulte también la página

JJ lateral (RUN) = 96 x 0.866 = 83.136 o 83 1/8"   49 THRU 59

JJ lateral (RUN) = 83 1/8"

Triángulo Nº 1 (desplazamiento)
Encontrar la dimensión del lado KK (Viajes)

KK lateral (Viajes) = Lado II (SET) X Cosecante del ángulo

Lado II (SET) = 48"

Cosecante de un ángulo de 30 grados = 2.0

KK lateral (Viajes) = 48 x 2.0 = 96"

KK lateral (Viajes) = 96"

Triángulo Nº 2 (SET)
Encontrar la dimensión lateral de AA (SET)

AA lateral (SET) = OD de 12" Cabezal dividido por 2

Cabezal de 12" OD = 12.75 o 12 3/4"

AA lateral (SET) = 12.75 dividido por 2 = 6.375 o 6 3/8"

AA lateral (SET) = 6 3/8"

Triángulo Nº 2 (Ejecutar)
Encontrar la dimensión del lado AB (RUN)

Lado AB (RUN) = lado AC (Viajes) X coseno del ángulo

Lado AC (Viajes) = 12.75

El coseno de un ángulo de 30 grados = 0.866

Lado AB (RUN) = 12.75 x 0.866 = 11.042 o 11 1/16"

Lado AB (RUN) = 11 1/16"

Triángulo Nº 2 (Viajes)
Encontrar la dimensión del lado AC (Viajes)

Lado AC (Viajes) = lado AA (SET) X Cosecante del ángulo

AA lateral (SET) = 6.375

Cosecante de un ángulo de 30 grados = 2.0

Lado AC (Viajes) = 6.375 x 2.0 = 12.75 o 12 3/4"

Lado AC (Viajes) = 12 3/4"

Triángulo Nº 3 (SET)
Encontrar la dimensión del lado BA (SET)

BA lateral (SET) = ID de tubo vertical dividido por 2

ID del tubo vertical de 10" = 10"

BA lateral (SET) = 10" dividido por 2 = 5"

BA lateral (SET) = 5"

Siguió lateral de 30 grados.

Triángulo N° 3 (Ejecutar)
Encontrar la dimensión del lado BB (Ejecutar)
BB lateral (RUN) = lado BC (Viajes) X coseno del ángulo
Lado BC (Viajes) = 10"
El coseno de un ángulo de 30 grados = 0.866   Nota: Consulte también la página
BB lateral (RUN) = 10" x 0.866 = 8.66 o 8 11/16"   49 THRU 59
BB lateral (RUN) = 8 11/16"

Triángulo N° 3 (desplazamiento)
Encontrar la dimensión del lado BC (Viajes)
Lado BC (Viajes) = lado BA (SET) X Cosecante del ángulo
BA lateral (SET) = 5"
Cosecante de un ángulo de 30 grados = 2.0
Lado BC (Viajes) = 5.0 x 2.0 = 10"
Lado BC (Viajes) = 10"

Las dimensiones de los lados restantes son como sigue:

Lado C = lado AC + lado BB (CL Cabezal vertical de la línea de la garganta)
Lado AC = 12 3/4"
Lado BB = 8 11/16"
Lado C = 12 3/4" + 8 11/16" = 21 7/16"
Lado C = 21 7/16"

Lado DD = lado BA X 2 (el diámetro interior del tubo vertical)
Lado BA = 5"
Lado DD = 5" X 2 = 10"
Lado DD = 10"

E = LADO LADO LADO KK - C (DIM DE GARGANTA DE RISER A CL DE CODO)
Lado KK = 96"
Lado C = 21 7/16"
Lado E = 96" - 21 7/16" = 74 9/16"
Lado E = 74 9/16"

Lado BD = lado BC X 2
Lado BC = 10"
Lado BD = 10" x 2 = 20"
Lado BD = 20"

Lado H = lado AB + lado BC (CL HDR / elevadores a la línea de la garganta del cabezal)
Lado AB = 11 1/16"
Lado BC = 10"
Lado H = 11 1/16" + 10" = 21 1/16"
Lado H = 21 1/16"

Método de MITERING TUBO EN trimestres para un giro de 30 grados.

Nota: el tubo de 12" será utilizado para este ejemplo.
Utilice su trig tablas para buscar las funciones trigonométricas

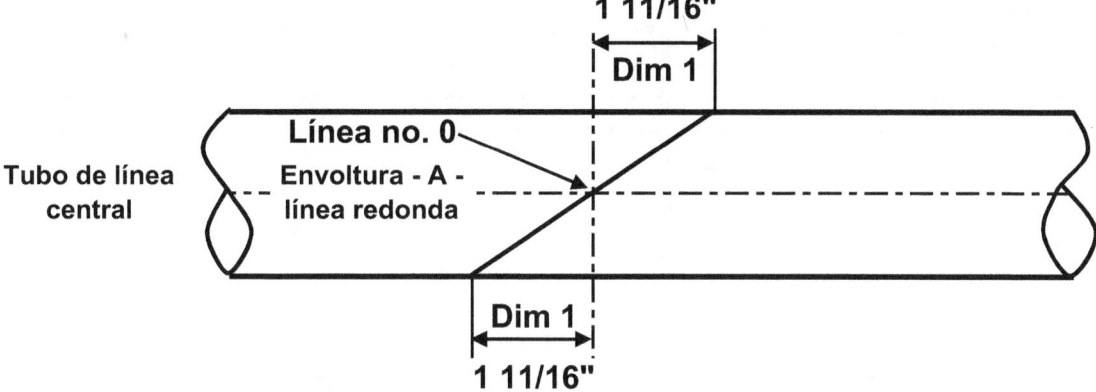

Regla del pulgar:

Tamaños de tubos de hasta 3" deberán ser establecidas por trimestres
Tamaños de tuberías de 4" a 10" deben ser establecidos en octavos
Tamaños de tubo de 12" y deben ser establecidas en dieciseisavos

Esto es sólo una regla general, pero no tienen que ser seguidos

Método de la fórmula que se utilizará:

Dim no. 1 = Tangente de 1/2 de grados de giro X OD de tubo dividido por 2
1/2 grados de giro es la cantidad real de grados de corte para hacerse
El tamaño del tubo = Tubo de 12"
El D.E. de tubo de 12" = 12.75" o 12 3/4"
Grados de vuelta = 30.0 o 30 grados
Grados de corte = 30.0 dividido por 2
Grados de corte = 30.0 dividido por 2 = 15,0 o 15 grados
Tangente de 15 grados cortar = 0.268

Dim no. 1 = 0.268 x 12.75 dividido por 2
Dim no. 1 = 0.268 x 12.75 = 3.417
Dim no. 1 = 3.417 = 1.709 dividido por 2 o 1 11/16"
Dim no. 1 =1 11/16"

Por grado de inglete no mostrado en este libro, utilice la misma fórmula

Gráfico de 1 1/2" a 3" - Tubo de cortes oblicuos en trimestres

7 1/2° Corte para 15° Gire	
Tamaño	NO. 1
1 1/2"	1/8"
2"	1/8"
2 1/2"	3/16"
3"	3/16"

9° Corte para 18° Gire	
Tamaño	NO. 1
1 1/2"	1/8"
2"	3/16"
2 1/2"	1/4"
3"	1/4"

11 1/4° Corte para 22 1/2° Gire	
Tamaño	NO. 1
1 1/2"	3/16"
2"	1/4"
2 1/2"	1/4"
3"	5/16"

15° Corte para 30° Gire	
Tamaño	NO. 1
1 1/2"	1/4"
2"	5/16"
2 1/2"	3/8"
3"	7/16"

22 1/2° Corte para 45° Gire	
Tamaño	NO. 1
1 1/2"	3/8"
2"	1/2"
2 1/2"	9/16"
3"	3/4"

30° Corte para 60° Gire	
Tamaño	NO. 1
1 1/2"	1/2"
2"	11/16"
2 1/2"	13/16"
3"	1"

45° Corte para 90° Gire	
Tamaño	NO. 1
1 1/2"	15/16"
2"	1 3/16"
2 1/2"	1 7/16"
3"	1 3/4"

Método de MITERING TUBO en octavos para un giro de 30 grados.

Nota: el tubo de 12" será utilizado para este ejemplo.
Utilice su trig tablas para buscar las funciones trigonométricas

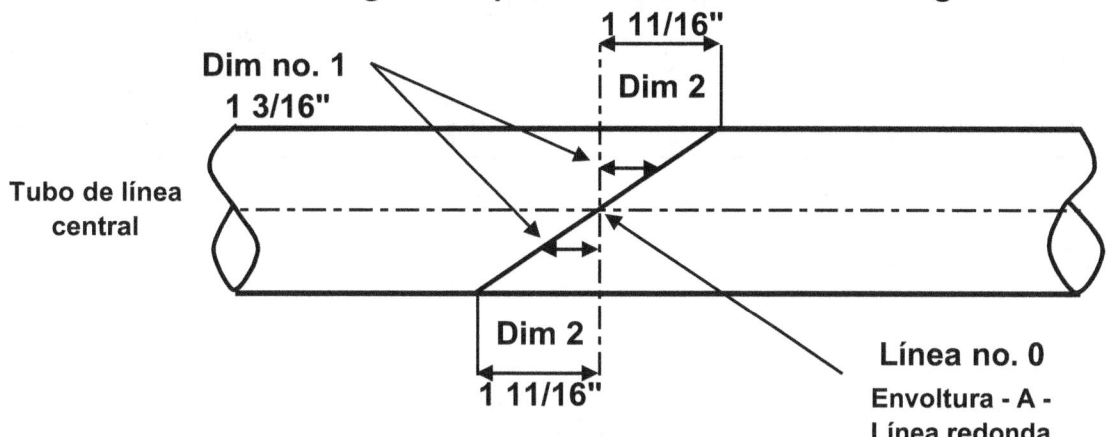

Regla del pulgar:

Tamaños de tubos de hasta 3" deberán ser establecidas por trimestres
Tamaños de tuberías de 4" a 10" deben ser establecidos en octavos
Tamaños de tubo de 12" y deben ser establecidas en dieciseisavos

Esto es sólo una regla general, pero no tienen que ser seguidos

Método de la fórmula que se utilizará:

Dim no. 2 = Tangente de 1/2 de grados de giro X OD de tubo dividido por 2
1/2 grados de giro es la cantidad real de grados de corte para hacerse
El tamaño del tubo = Tubo de 12"
El de tubo de 12" = 12.75" o 12 3/4"
Grados de vuelta = 30.0 o 30 grados
Grados de corte = 30.0 dividido por 2
Grados de corte = 30.0 dividido por 2 = 15.0 o 15 grados
Tangente de 15.0 grados cortar = 0.268

Dim no. 2 = 0.268 x 12.75 dividido por 2
Dim no. 2 = 0.268 x 12.75 = 3.417
Dim no. 2 = 3.417 = 1.709 dividido por 2 o 1 11/16"
Dim no. 2 = 1 11/16"

Dim no. 1 = Tenue no. 2 X el coseno de 45 grados
El coseno de 45 grados = 0.7071
Dim no. 1 = Tenue no. 2 x 0.7071
Dim no. 1 = 1.709 x 0.7071 = 1.208 o 1 3/16"
Dim no. 1 = 1 3/16"

Por GRADO DE MITERS no mostrado en este libro, utilice la misma fórmula

7 1/2^{Oh} Corte para 15^{Oh} Gire		
Tamaño	NO. 1	NO. 2
4"	3/16"	1/4"
6"	5/16"	7/16"
8"	3/8"	9/16"
10"	1/2"	11/16"

9^{Oh} Corte para 18^{Oh} Gire		
Tamaño	NO. 1	NO. 2
4"	1/4"	3/8"
6"	5/16"	1/2"
8"	1/2"	11/16"
10"	5/8"	7/8"

11 1/4^{Oh} Corte para 22 1/2^{Oh} Gire		
Tamaño	NO. 1	NO. 2
4"	5/16"	7/16"
6"	7/16"	5/8"
8"	5/8"	7/8"
10"	3/4"	1 1/16"

15^{Oh} Corte para 30^{Oh} Gire		
Tamaño	NO. 1	NO. 2
4"	3/8"	9/16"
6"	5/8"	7/8"
8"	13/16"	1 1/8"
10"	1"	1 7/16"

22 1/2^{Oh} Corte para 45^{Oh} Gire		
Tamaño	NO. 1	NO. 2
4"	11/16"	15/16"
6"	1"	1 3/8"
8"	1 1/4"	1 3/4"
10"	1 9/16"	2 3/16"

30^{Oh} Corte para 60^{Oh} Gire		
Tamaño	NO. 1	NO. 2
4"	15/16"	1 5/16"
6"	1 5/16"	1 7/8"
8"	1 3/4"	2 1/2"
10"	2 3/16"	3 1/16"

30^{Oh} Corte para 60^{Oh} Gire		
Tamaño	NO. 1	NO. 2
4"	1 9/16"	2 1/4"
6"	2 3/8"	3 5/16"
8"	3 1/16"	4 5/16"
10"	3 13/16"	5 3/8"

Método de MITERING TUBO EN DIECISEISAVOS PARA UN GIRO DE 30 GRADOS.

Nota: el tubo de 12" será utilizado para este ejemplo.
Utilice su trig tablas para buscar las funciones trigonométricas

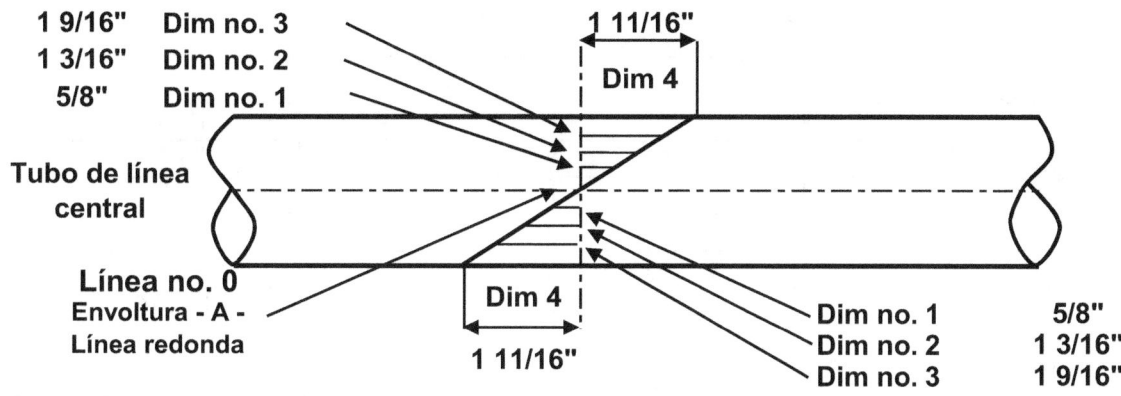

1 9/16"   Dim no. 3
1 3/16"   Dim no. 2
5/8"   Dim no. 1

1 11/16"
Dim 4

Tubo de línea central

Línea no. 0
Envoltura - A -
Línea redonda

Dim 4
1 11/16"

Dim no. 1   5/8"
Dim no. 2   1 3/16"
Dim no. 3   1 9/16"

Regla del pulgar:

Tamaños de tubos de hasta 3" deberán ser establecidas por trimestres
Tamaños de tuberías de 4" a 10" deben ser establecidos en octavos
Tamaños de tubo de 12" y deben ser establecidas en dieciseisavos

Esto es sólo una regla general, pero no tienen que ser seguidos

Método de la fórmula que se utilizará:

Dim no. 4 = Tangente de 1/2 de grados de giro X OD de tubo dividido por 2
1/2 grados de giro es la cantidad real de grados de corte para hacerse
El tamaño del tubo = Tubo de 12"
El de tubo de 12" = 12.75" o 12 3/4"
Grados de vuelta = 30.0 o 30 grados
Grados de corte = 30.0 dividido por 2
Grados de corte = 30.0 dividido por 2 = 15.0 o 15 grados
Tangente de 15.0 grados cortar = 0.268

Dim no. 4 = 0.268 x 12.75 dividido por 2
Dim no. 4 = 0.268 x 12.75 = 3.417
Dim no. 4 = 3.417 = 1.709 dividido por 2 o 1 11/16"
Dim no. 4 = 1 11/16"

Dim no. 3 = Tenue no. 4 X 22.5 grados de ángulo del coseno
Coseno de 22.5 grados ángulo = 0.9239
Dim no. 3 = Tenue no. 4 x 0.9239
Dim no. 3 = 1.709 x 0.9239 = 1.579 o 1 9/16"
Dim no. 3 = 1 9/16"

Dim no. 2 = Tenue no. 4 X coseno del ángulo de 45 grados
El coseno del ángulo de 45 grados = 0.7071
Dim no. 2 = Tenue no. 4 x 0.7071
Dim no. 2 = 1.709 x 0.7071 = 1.208 o 1 3/16"
Dim no. 2 = 1 3/16"

Dim no. 1 = Tenue no. 4 X 67.5 grados de ángulo del coseno	**Nota:**
Coseno de 67.5 grados ángulo = 0.3827	
Dim no. 1 = Tenue no. 4 x 0.3827	**Para MITERS no mostrado**
Dim no. 1 = 1.709 x 0.3827 o 0.6540 = 5/8"	**en este libro, utilice la**
Dim no. 1 = 5/8"	**misma fórmula**

Gráfico de 12" hasta 48" - Tubo de cortes oblicuos en dieciseisavos

7 1/2^{Oh} Corte para 15^{Oh} Gire

Tamaño	NO. 1	NO. 2	NO. 3	NO. 4
12"	5/16"	9/16"	3/4"	13/16"
14"	3/8"	5/8"	7/8"	15/16"
16"	7/16"	3/4"	1"	1 1/16"
18"	7/16"	13/16"	1 1/16"	1 3/16"
20"	1/2"	15/16"	1 3/16"	1 5/16"
22"	9/16"	1"	1 5/16"	1 7/16"
24"	5/8"	1 1/8"	1 7/16"	1 9/16"
30"	3/4"	1 3/8"	1 13/16"	2"
36"	15/16"	1 11/16"	2 3/16"	2 5/16"
42"	1 1/16"	1 15/16"	2 9/16"	2 3/4"
48"	1 3/16"	2 1/4	2 15/16"	3 3/16"

9^{Oh} Corte para 18^{Oh} Gire

Tamaño	NO. 1	NO. 2	NO. 3	NO. 4
12"	3/8"	11/16"	15/16"	1"
14"	7/16"	13/16"	1"	1 1/8"
16"	1/2"	7/8"	1 3/16"	1 1/4"
18"	9/16"	1"	1 5/16"	1 7/16"
20"	5/8"	1 1/8"	1 7/16"	1 9/16"
22"	11/16"	1 1/4"	1 5/8"	1 3/4"
24"	3/4"	1 5/16"	1 3/4"	1 7/8"
30"	15/16"	1 11/16"	2 3/16"	2 3/8"
36"	1 1/8"	2"	2 5/8"	2 7/8"
42"	1 1/4"	2 5/16"	3 1/16"	3 5/16"
48"	1 7/16"	2 11/16"	3 1/2"	3 13/16"

11 1/4^{Oh} Corte para 22 1/2^{Oh} Gire

Tamaño	NO. 1	NO. 2	NO. 3	NO. 4
12"	1/2"	7/8"	1 3/16"	1 1/4"
14"	1/2"	1"	1 5/16"	1 3/8"
16"	5/8"	1 1/8"	1 7/16"	1 9/16"
18"	11/16"	1 1/4"	1 11/16"	1 13/16"
20"	3/4"	1 3/8"	1 13/16"	2"
22"	13/16"	1 9/16"	2"	2 3/16"
24"	15/16"	1 11/16"	2 3/16"	2 3/8"
30"	1 1/8"	2 1/8"	2 3/4"	3"
36"	1 5/16"	2 9/16"	3 5/16"	3 9/16"
42"	1 5/8"	2 15/16"	3 7/8"	4 3/16"
48"	1 13/16"	3 3/8"	4 7/16"	4 3/4"

Gráfico de 12" hasta 48" - Tubo de cortes oblicuos en dieciseisavos

15^{Oh} Corte para 30^{Oh} Gire

Tamaño	NO. 1	NO. 2	NO. 3	NO. 4
12"	5/8"	1 3/16"	1 9/16"	1 11/16"
14"	3/4"	1 5/16"	1 3/4"	1 7/8"
16"	13/16"	1 1/2"	2"	2 1/8"
18"	15/16"	1 11/16"	2 1/4"	2 3/8"
20"	1"	1 7/8"	2 1/2"	2 11/16"
22"	1 1/8"	2 1/16"	2 3/4"	2 15/16"
24"	1 1/4"	2 1/4"	3"	3 3/16"
30"	1 9/16"	2 13/16"	3 11/16"	4"
36"	1 7/8"	3 7/16"	4 7/16"	4 13/16"
42"	2 1/8"	4"	5 3/16"	5 5/8"
48"	2 7/16"	4 9/16"	5 15/16"	6 7/16"

22 1/2^{Oh} Corte para 45^{Oh} Gire

Tamaño	NO. 1	NO. 2	NO. 3	NO. 4
12"	1"	1 7/8"	2 7/16"	2 5/8"
14"	1 1/8"	2 1/16"	2 11/16"	2 7/8"
16"	1 1/4"	2 5/16"	3 1/16"	3 5/16"
18"	1 7/16"	2 5/8"	3 7/16"	3 3/4"
20"	1 9/16"	2 15/16"	3 13/16"	4 1/8"
22"	1 3/4"	3 1/4"	4 3/16"	4 9/16"
24"	1 7/8"	3 1/2"	4 5/8"	5"
30"	2 3/8"	4 3/8"	5 3/4"	6 3/16"
36"	2 7/8"	5 1/4"	6 7/8"	7 7/16"
42"	3 5/16"	6 1/8"	8 1/16"	8 11/16"
48"	3 13/16"	7"	9 3/16"	9 15/16"

30^{Oh} Corte para 60^{Oh} Gire

Tamaño	NO. 1	NO. 2	NO. 3	NO. 4
12"	1 3/8"	2 5/8"	3 3/8"	3 11/16"
14"	1 9/16"	2 7/8"	3 3/4"	4 1/16"
16"	1 3/4"	3 1/4"	4 1/4"	4 5/8"
18"	2"	3 11/16"	4 13/16"	5 3/16"
20"	2 3/16"	4 1/16"	5 5/16"	5 3/4"
22"	2 7/16"	4 1/2"	5 7/8"	6 3/8"
24"	2 5/8"	4 7/8"	6 3/8"	6 15/16"
30"	3 5/16"	6 1/8"	8"	8 11/16"
36"	4"	7 3/8"	9 5/8"	10 3/8"
42"	4 5/8"	8 9/16"	11 3/16"	12 1/8"
48"	5 5/16"	9 13/16"	12 13/16 "	13 7/8"

Gráfico de 12" hasta 48" - Tubo de cortes oblicuos en dieciseisavos

45^{Oh} Corte para 90^{Oh} Gire				
Tamaño	NO. 1	NO. 2	NO. 3	NO. 4
12"	2 7/16"	4 1/2"	5 7/8"	6 3/8"
14"	2 11/16"	4 15/16"	6 7/16"	7"
16"	3 1/16"	5 11/16"	7 3/8"	8"
18"	3 7/16"	6 3/8"	8 5/16"	9"
20"	3 13/16"	7 1/16"	9 1/4"	10"
22"	4 3/16"	7 3/4"	10 3/16"	11"
24"	4 9/16"	8 1/2"	11 1/16"	12"
30"	5 3/4"	10 5/8"	13 7/8"	15"
36"	6 7/8"	12 3/4"	16 5/8"	18"
42"	8 1/16"	14 7/8"	19 3/8"	21"
48"	9 3/16"	17"	22 3/16"	24"

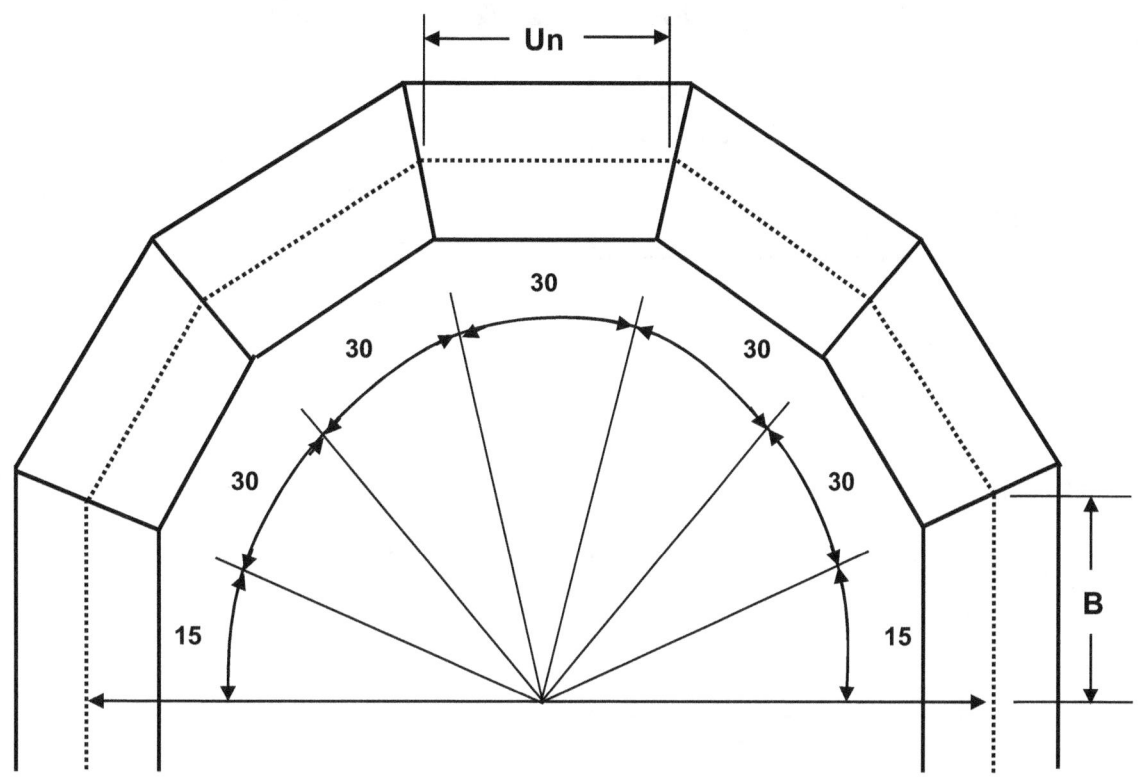

1. Ángulo de corte = grados del turno dividido por el número de soldaduras (x 2)
   Grados de vuelta = 180 grados
   Número de soldaduras = 6
   Número de puntos x 2 = 6 x 2 = 12
   180 grados dividido por 12 = 15 grados
   Grado de cortar = 15 grados

2. Longitud de DIMINSION B = radio X la tangente del ángulo de corte
   Radio = 36"
   Tangente de 15 grados de ángulo de corte = 0.2679
   36" x 0.2679 = 9.644 o 9 5/8"
   Longitud de DIMINSION B hasta la línea central de corte = 9 5/8"

3. Longitud de un DIMINSION DIMINSION = B X 2
   B = 9.644 DIMINSION
   9.644 x 2 = 19.288 o 19 1/4"
   La longitud de una línea DIMINSION A CENTRO DE CORTA = 19 1/4"

Nota: Utilice el método de cortes oblicuos EN ESTE LIBRO PARA SU DISEÑO DE MITERS

Inglete girar 90 grados	Grados de giro	Grados de corte	La longitud "A" X RADIUS	La longitud "B" X RADIUS
3 pieza	45	22 1/2	.8284	.4142
4 pieza	30	15	.5358	.2679
5 pieza	22 1/2	11 1/4	.3978	.1989
6 pieza	18	9	.3168	.1584
7 pieza	15	7 1/2	.2632	.1316

Tres PEDAZO DE GIRO DE 90 GRADOS
2 - Gira 45 grados = 4 - 22 1/2 grado cortes

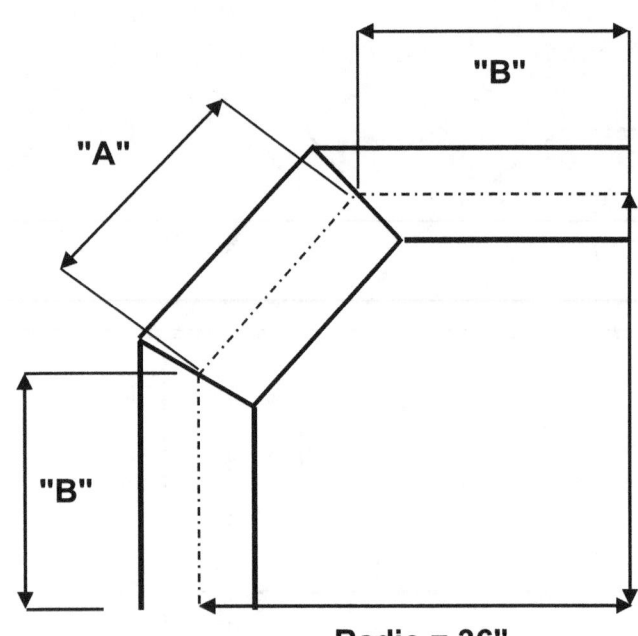

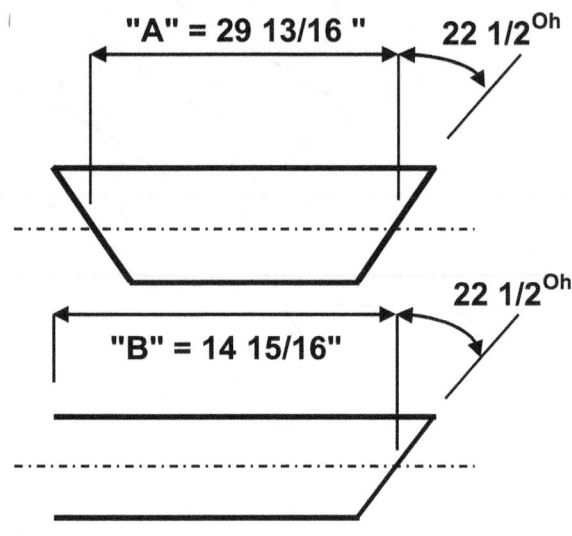

"A" = 29 13/16 "   22 1/2^{Oh}

"B" = 14 15/16"   22 1/2^{Oh}

Radio = 36".

1. Ángulo de corte = grados del turno dividido por el número de soldaduras (x 2)
Grado de vuelta = 90 grados
Número de soldaduras = 2
Número de puntos x 2 = 2 x 2 = 4
90 grados dividido por 4 = 22 1/2 grado
Grado de corte = 22 1/2 grado

2. Longitud de DIMINSION "B" = radio X la tangente del ángulo de corte
Radio = 36".
Tangente de 22 1/2 GRADOS DE ÁNGULO DE CORTE = 0.4142
36 X = 0.4142 14.9112 o 14 15/16"
Longitud de DIMINSION "B" = 14 15/16"

3. Longitud de DIMINSION DIMINSION "A" = "B" X 2
DIMINSION "B" = 14.9112
X 2 = 29.8224 14.9112 o 29 13/16 "
Longitud de DIMINSION "A" = 29 13/16 "

Nota: Utilice el método de cortes oblicuos en este libro

Cuatro PEDAZO DE GIRO DE 90 GRADOS
3 - Gira 30 grados = 6 - Cortes de 15 grados

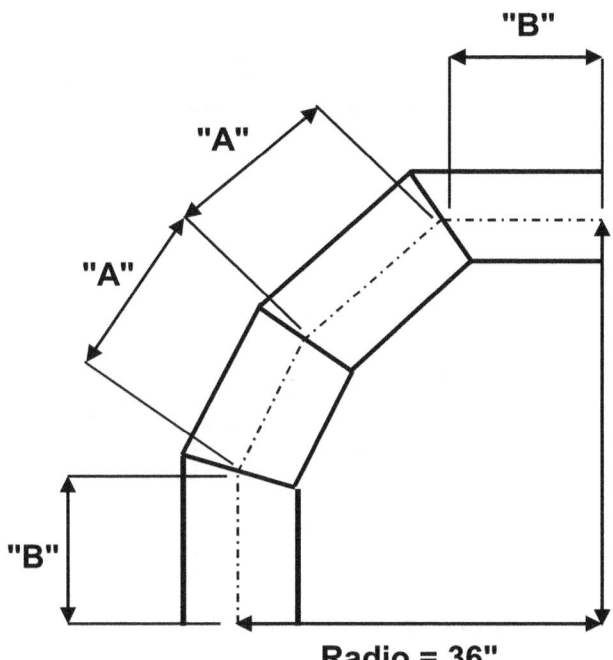

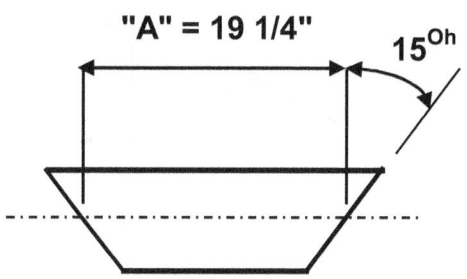

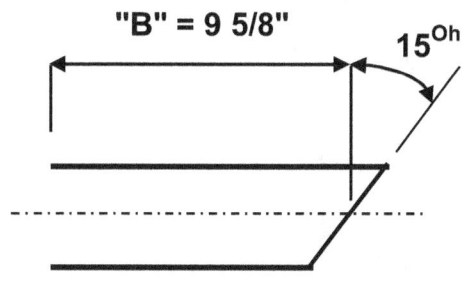

Radio = 36".

1. Ángulo de corte = Grado de turno dividido por el número de soldaduras (x 2)
   Grado de vuelta = 90 grados
   Número de soldaduras = 3
   Número de puntos x 2 = 3 X 2 = 6
   90 grados dividido por 6 = 15 grados
   Grado de cortar = 15 grados

2. Longitud de DIMINSION "B" = radio X la tangente del ángulo de corte
   Radio = 36"
   Tangente de 15 grados de ángulo de corte = 0.2679
   36 = 0.2679 o 9.6444 x 9 5/8"
   Longitud de DIMINSION "B" = 9 5/8"

3. Longitud de DIMINSION DIMINSION "A" = "B" X 2
   DIMINSION "B" = 9.6444
   X 2 = 9.6444 19.2888 o 19 1/4"
   Longitud de DIMINSION "A" = 19 1/4"

Nota: Utilice el método de cortes oblicuos en este libro

29

Cinco piezas de giro de 90 grados
4 - 22 1/2 grado vueltas = 8 - 11 1/4 grado cortes

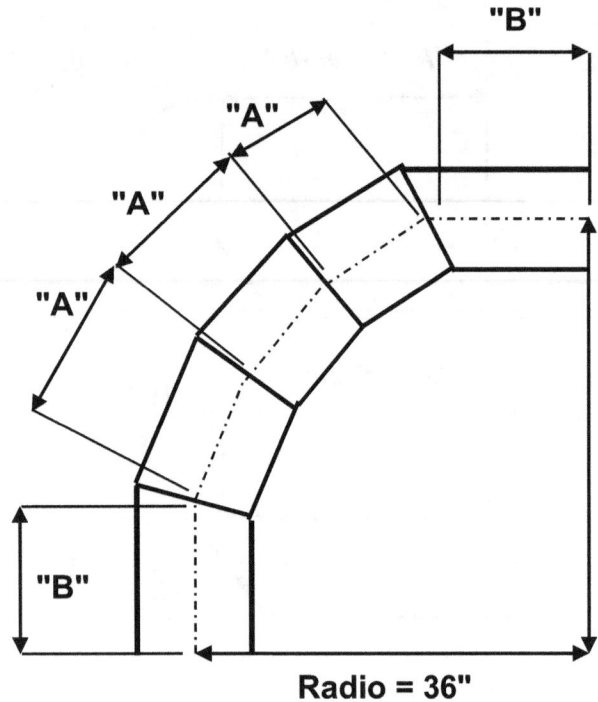

Radio = 36"

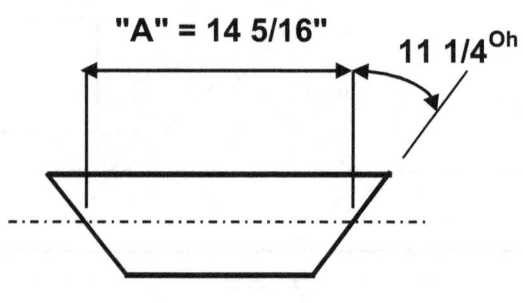

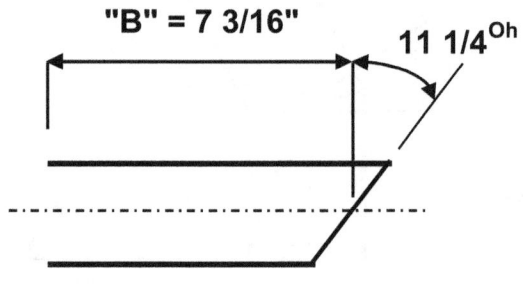

1. Ángulo de corte = grados del turno dividido por el número de soldaduras (x 2)
    Grado de vuelta = 90 grados
    Número de soldaduras = 4
    Número de puntos x 2 = 4 x 2 = 8
    90 grados dividido por 8 = 11 1/4 GRADOS
    Grado de cortar = 11 1/4 GRADOS

2. Longitud de DIMINSION "B" = radio X la tangente del ángulo de corte
    Radio = 36"
    Tangente de 11 1/4 GRADOS DE ÁNGULO DE CORTE = 0.1989
    36 = 0.1989 o 7.1604 x 7 3/16"
    Longitud de DIMINSION "B" = 7 3/16"

3. Longitud de DIMINSION DIMINSION "A" = "B" X 2
    DIMINSION "B" = 7.1604
    14.3208 7.1604 x 2 = 14 o 5/16"
    Longitud de DIMINSION "A" = 14 5/16"

Nota: Utilice el método de cortes oblicuos en este libro

30

Seis piezas de giro de 90 grados
5 - Gira 18 grados = 10 - 9 grado cortes

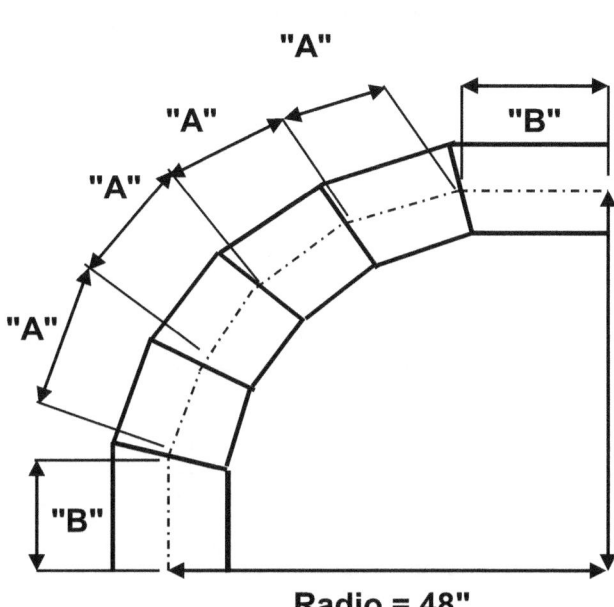

Radio = 48"

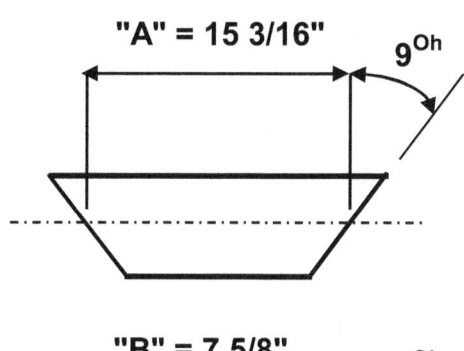

"A" = 15 3/16"

9^{Oh}

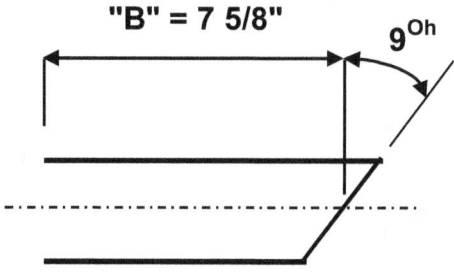

"B" = 7 5/8"

9^{Oh}

1. Ángulo de corte = grados del turno dividido por el número de soldaduras (x 2)
Grado de vuelta = 90 grados
Número de soldaduras = 5
Número de puntos x 2 = 5 x 2 = 10
90 grados dividido por 10 = 9 grados
Grado de corte = 9 grados

2. Longitud de DIMINSION "B" = radio X la tangente del ángulo de corte
Radio = 48"
Tangente de 9 grados de ángulo de corte = 0.1583
48 x 0.1583 = 7.602 o 7 5/8"
Longitud de DIMINSION "B" = 7 5/8"

3. Longitud de DIMINSION DIMINSION "A" = "B" X 2
DIMINSION "B" = 7.602
7.602 x 2 = 15.204 o 15 3/16"
Longitud de DIMINSION "A" = 15 3/16"

Nota: Utilice el método de cortes oblicuos en este libro

31

Siete piezas de giro de 90 grados
6 - Gira 15 grados = 12 - 7 1/2 grado cortes

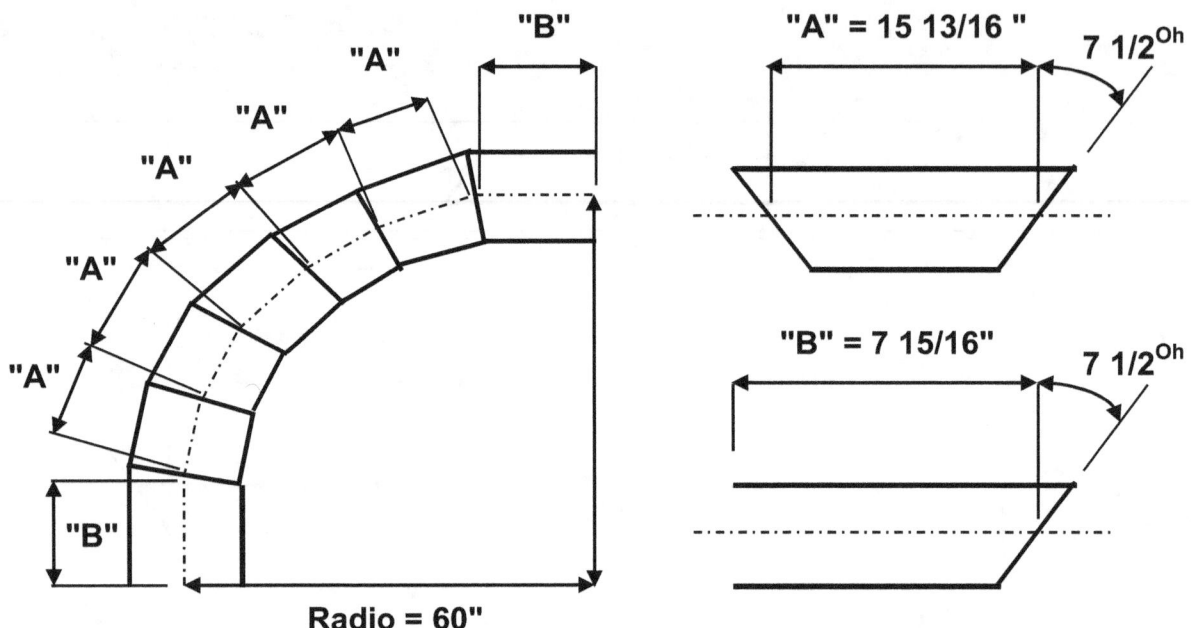

1. Ángulo de corte = grados del turno dividido por el número de soldaduras (x 2)
   Grado de vuelta = 90 grados
   Número de soldaduras = 6
   Número de puntos x 2 = 6 x 2 = 12
   90 grados dividido por 12 = 7 1/2 GRADOS
   Grado de corte = 7 1/2 GRADOS

2. Longitud de DIMINSION "B" = radio X la tangente del ángulo de corte
   Radio = 48"
   Tangente de 7 1/2 GRADOS DE ÁNGULO DE CORTE = 0.1316
   60 x 0.1316 = 7.90 o 7 15/16"
   Longitud de DIMINSION "B" = 7 15/16"

3. Longitud de DIMINSION DIMINSION "A" = "B" X 2
   DIMINSION "B" = 7.90
   7.90 x 2 = 15.8 o 15 13/16 "
   Longitud de DIMINSION "A" = 15 13/16 "

Nota: Utilice el método de cortes oblicuos en este libro

Tres piezas GRÁFICO DE GIRO DE 90 GRADOS
2 - Gira 45 grados = 4 - 22 1/2 grado cortes

Radio (pulgadas)	Longitud de DIMINSION "A"	Longitud de DIMINSION "B"
12"	9 15/16"	5"
18"	14 15/16"	7 7/16"
24"	19 7/8"	9 15/16"
30"	24 7/8"	12 7/16"
36"	29 13/16 "	14 15/16"
42"	34 13/16 "	17 3/8"
48"	39 3/4"	19 7/8"

Cuatro piezas GRÁFICO DE GIRO DE 90 GRADOS
3 - Gira 30 grados = 6 - Cortes de 15 grados

Radio (pulgadas)	Longitud de DIMINSION "A"	Longitud de DIMINSION "B"
24"	12 7/8"	6 7/16"
30"	16 1/16"	8 1/16"
36"	19 5/16"	9 5/8"
42"	22 1/2"	11 1/4"
48"	25 3/4"	12 7/8"
60"	32 1/8"	16 1/16"
72"	38 9/16"	19 5/16"
84"	45"	22 1/2"
96"	51 7/16"	25 3/4"

Cinco piezas GRÁFICO DE GIRO DE 90 GRADOS
4 - 22 1/2 grado vueltas = 8 - 11 1/4 grado cortes

Radio (pulgadas)	Longitud de DIMINSION "A"	Longitud de DIMINSION "B"
36"	14 5/16"	7 3/16"
42"	16 11/16"	8 3/8"
48"	19 1/8"	9 9/16"
60"	23 7/8"	11 15/16"
72"	28 5/8"	14 5/16"
84"	33 7/16"	16 11/16"
96"	38 3/16"	19 1/8"
108"	42 15/16"	21 1/2"
120"	47 3/4"	23 7/8"
132"	52 1/2"	26 1/4"
144"	57 5/16"	28 5/8"

Seis piezas de giro de 90 grados
5 - Gira 18 grados = 10 - 9 grado cortes

Radio (pies)	Longitud de DIMINSION "A"	Longitud de DIMINSION "B"
4' = 48 pulgadas	15 3/16"	7 5/8"
5' = 60 pulgadas	19"	9 1/2"
6' = 72 pulgadas	22 13/16 "	11 3/8"
7' = 84 pulgadas	26 5/8"	13 5/16"
8' = 96 pulgadas	30 3/8"	15 3/16"
9' = 108 pulgadas	34 3/16"	17 1/8"
10' = 120 pulgadas	38"	19"
11' = 132 pulgadas	41 13/16 "	20 15/16"
12' = 144 pulgadas	45 5/8"	22 13/16 "
13' = 156 pulgadas	49 7/16"	24 11/16"
14' = 168 pulgadas	53 3/16"	26 5/8"
15' = 180 pulgadas	57"	28 1/2"

Siete piezas de giro de 90 grados
6 - Gira 15 grados = 12 - 7 1/2 grado cortes

Radio (pies)	Longitud de DIMINSION "A"	Longitud de DIMINSION "B"
5' = 60 pulgadas	15 13/16 "	7 7/8"
6' = 72 pulgadas	18 15/16"	9 1/2"
7' = 84 pulgadas	22 1/8"	11 1/16"
8' = 96 pulgadas	25 1/4"	12 5/8"
9' = 108 pulgadas	28 7/16"	14 3/16"
10' = 120 pulgadas	31 5/8"	15 13/16 "
11' = 132 pulgadas	34 3/4"	17 3/8"
12' = 144 pulgadas	37 15/16"	18 15/16"
13' = 156 pulgadas	41 1/16"	20 9/16"
14' = 168 pulgadas	44 1/4"	22 1/8"
15' = 180 pulgadas	47 3/8"	23 11/16"
20' = 240 pulgadas	63 3/16"	31 5/8"

Método para diseñar una verdadera "Y"

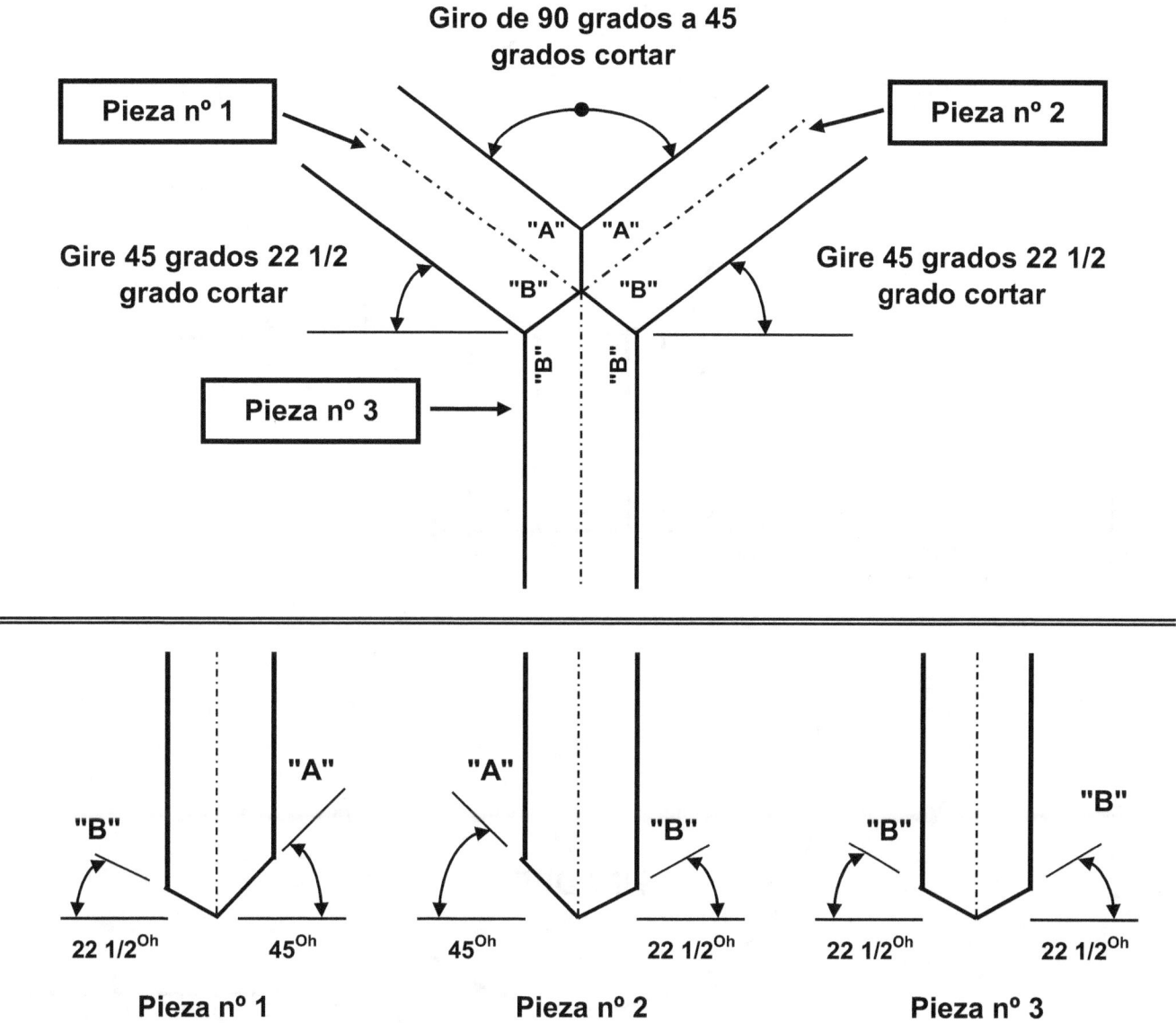

Giro de 90 grados a 45 grados cortar

Pieza nº 1

Pieza nº 2

Gire 45 grados 22 1/2 grado cortar

Gire 45 grados 22 1/2 grado cortar

"A" "A"

"B" "B"

"B" "B"

Pieza nº 3

"B"   "A"   "A"   "B"   "B"   "B"

22 1/2^{Oh} 45^{Oh} 45^{Oh} 22 1/2^{Oh} 22 1/2^{Oh} 22 1/2^{Oh}

Pieza nº 1   **Pieza nº 2**   **Pieza nº 3**

Nota:

Pieza nº 1 y 2 TENDRÁN 1/2 de tubo de inglete a un 22 1/2 GRADO DE CORTE Y 1/2 de Tubo de inglete para un corte de 45 grados

Pieza nº 3 tendrán ambas mitades de inglete a un 22 1/2 GRADO DE CORTE

Consulte MÉTODOS PARA TUBO DE INGLETE EN ESTE LIBRO

Método para diseñar soportes concéntricos
Esta cifra está planeada en dieciseisavos
Utilice la tabla trigonométrica para buscar fórmulas
Este ejemplo es una rama de 12" en un cabezal de 24"

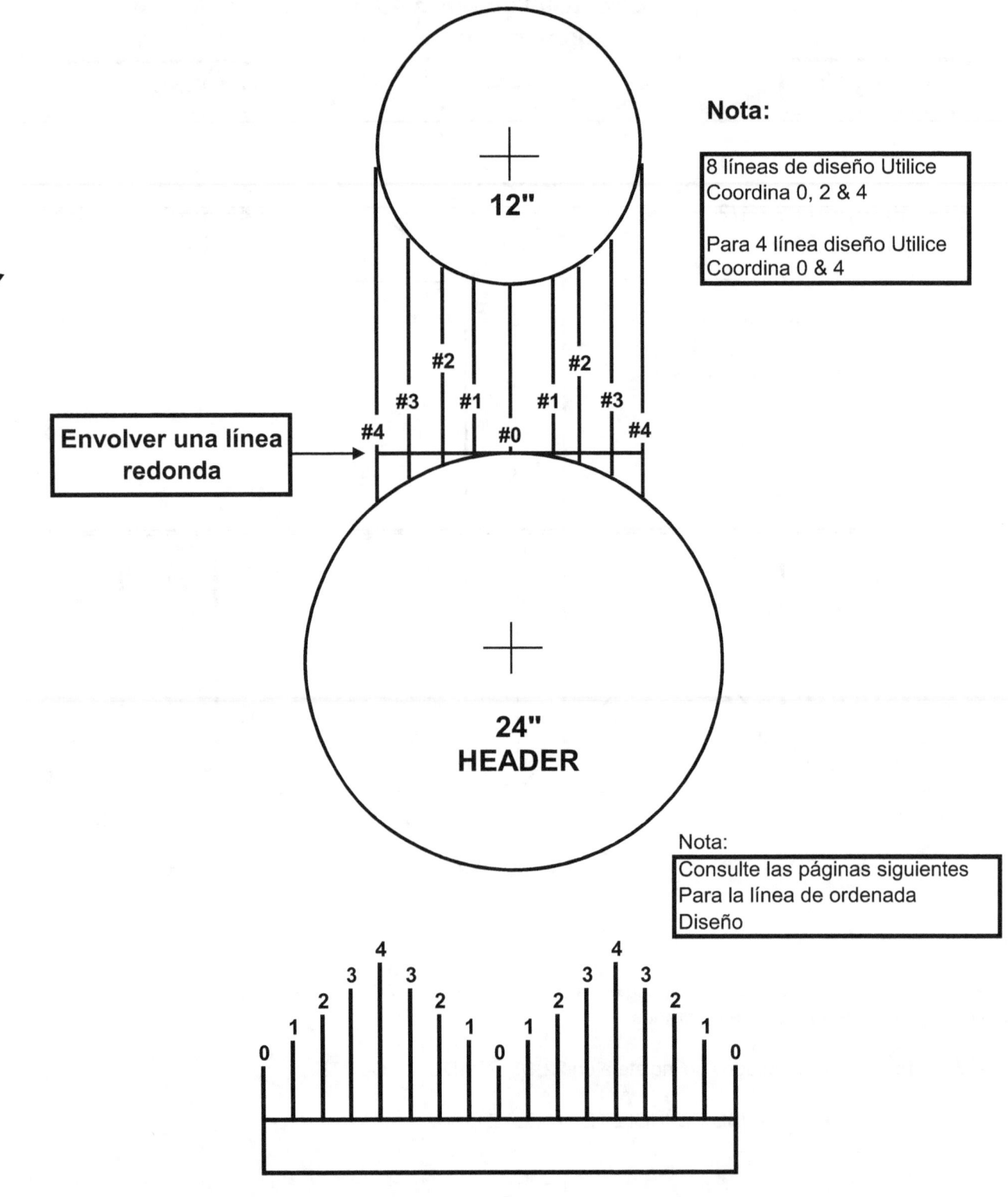

12"

Nota:

8 líneas de diseño Utilice
Coordina 0, 2 & 4

Para 4 línea diseño Utilice
Coordina 0 & 4

Envolver una línea
redonda

#4 #3 #2 #1 #0 #1 #2 #3 #4

24"
HEADER

Nota:
Consulte las páginas siguientes
Para la línea de ordenada
Diseño

Método para diseñar soportes concéntricos (continuación)
Método para diseñar coordinar n° 1
Esto se basa en un diseño de línea 16
Basado en el ejemplo de 12" a 24" encabezado sucursales
Utilizar la misma fórmula para CUALQUIER TAMAÑO DE MONTURA

Paso n° 1 =   El DEL CABEZAL dividido por 2 = (24 dividido por 2 = 12)
Paso n° 1 =   12"

Paso n° 2 =   Código de sucursal dividido por 2 = (12 dividido por 2 = 6)
Paso n° 2 =   6"

Paso n° 3 =   360 grados Divide 16 = 22 grados (1/2 Nota: 16 es para 16 Diseño de línea)
Paso n° 3 =   22 1/2 GRADOS

Paso n° 4 =   Seno de 22 grados (1/2) X 6 o seno de paso n° 3 X PASO N° 2
Paso n° 4 =   Seno de 22 grados (1/2) = 0.3826 X 6 =2.2961
Paso n° 4 =   2.2961

Paso n° 5 =   Dividido por 12 = 2.2961 o 0.1913 Paso n° 4 dividido por el paso N° 1
Paso n° 5 =   0.1913
Paso n° 5 =   Coseno de 0.1913 = 78.97 grados
Paso n° 5 =   78.97 grados (ángulo del cabezal)

Paso n° 6 =   (78.97 SINE DE GRAD) X 12 o seno de paso n° 5 X PASO N° 1
Paso n° 6 =   (78.97 SINE DE GRAD) = 0.9815 x 12 = 11.7783
Paso n° 6 =   11.778

Paso n° 7 =   12 = 0.2217 11.7783 menos o ningún paso 1 menos el paso n° 6
Paso n° 7 =   0.2217 ó 1/4"

Coordinar N 1 = 1/4"

Método para diseñar soportes concéntricos (continuación)
Método para diseñar coordinar n° 2
Esto se basa en un diseño de línea 16
Basado en el ejemplo de 12" a 24" encabezado sucursales
Utilizar la misma fórmula para CUALQUIER TAMAÑO DE MONTURA

Paso n° 1 =   El D.E. DEL CABEZAL dividido por 2 = (24 dividido por 2 = 12)
Paso n° 1 =   12"

Paso n° 2 =   Código de sucursal dividido por 2 = (12 dividido por 2 = 6)
Paso n° 2 =   6"

Paso n° 3 =   360 grados dividido por 16 = 22 1/2 grados (16 por 16) Diseño de línea
Paso n° 3 =   22 1/2 GRADOS

Paso n° 4 =   22 1/2 GRADOS X 2 = 45 grados o en el paso n° 3 X 2
Paso n° 4 =   45 grados

Paso n° 5 =   Condición de (45 grados) X 6 o seno de paso n° 4 X PASO N° 2
Paso n° 5 =   Condición de (45 grados) = 0.7071 x 6 = 4.2426
Paso n° 5 =   4.2426

Paso n° 6 =   Dividido por 12 = 4.2426 o 0.3535 STEO N° 5 dividido por el paso N° 1
Paso n° 6 =   0.3535
Paso n° 6 =   Coseno de (0.3535) = 69.29 grados **(El ángulo del cabezal)**
Paso n° 6 =   69.29 grados

Paso n° 7 =   De sinusoidal (69.29 X 12 grados) o sine del paso n° 6 X PASO N° 1
Paso n° 7 =   De sinusoidal (69.29 °C) = 0.9353 x 12 = 11.2245
Paso n° 7 =   11.225

Paso n° 8 =   12 menos 11.225 = 0.7755 OE Paso n° 1 menos el paso n° 7
Paso n° 8 =   0.7755 o 3/4"

Coordinar N 2 = 3/4"

Método para diseñar soportes concéntricos (continuación)
Método para diseñar coordinar nº 3
Esto se basa en un diseño de línea 16
Basado en el ejemplo de 12" a 24" encabezado sucursales
Utilizar la misma fórmula para CUALQUIER TAMAÑO DE MONTURA

Paso nº 1 =   El D.E. DEL CABEZAL dividido por 2 = (24 dividido por 2 = 12)
Paso nº 1 =   12"

Paso nº 2 =   Código de sucursal dividido por 2 = (12 dividido por 2 = 6)
Paso nº 2 =   6"

Paso nº 3 =   360 grados dividido por 16 = 22 1/2 grados (16 por 16) Diseño de línea
Paso nº 3 =   22 1/2 GRADOS

Paso nº 4 =   22 1/2 GRADOS X 3 = 67 1/2 grados o en el paso nº 3 X 3
Paso nº 4 =   67 1/2 GRADOS

Paso nº 5 =   Seno de 67 grados (1/2) X 6 o seno de paso nº 4 X PASO Nº 2
Paso nº 5 =   Seno de 67 grados (1/2) = 0.9238 x 6 = 5.5432
Paso nº 5 =   5.5432

Paso nº 6 =   Dividido por 12 = 5.5432 o 0.4619 Paso nº 5 dividido por el paso Nº 1
Paso nº 6 =   0.4619
Paso nº 6 =   Coseno de (0.4619) = 62.49 grados
Paso nº 6 =   62.49 grados (El ángulo del cabezal)

Paso nº 7 =   De sinusoidal (62.49 X 12 grados) o sine del paso nº 6 X PASO Nº 1
Paso nº 7 =   De sinusoidal (62.49º) =0.8869 x 12 = 10.6431
Paso nº 7 =   10.6431

Paso nº 8 =   12 = 1.3569 10.6431 menos o ningún paso 1 menos el paso nº 7
Paso nº 8 =   1.3569 o 1 5/16"

Coordinar N 3 = 1 5/16"

Método para diseñar soportes concéntricos (continuación)
Método para diseñar coordinar n° 4
Esto se basa en un diseño de línea 16
Basado en el ejemplo de 12" a 24" encabezado sucursales
Utilizar la misma fórmula para CUALQUIER TAMAÑO DE MONTURA

Paso n° 1 =   El D.E. DEL CABEZAL dividido por 2 = (24 dividido por 2 = 12)
Paso n° 1 =   **12"**

Paso n° 2 =   Código de sucursal dividido por 2 = (12 dividido por 2 = 6)
Paso n° 2 =   **6"**

Paso n° 3 =   360 grados dividido por 16 = 22 1/2 grados (16 por 16) Diseño de línea
Paso n° 3 =   **22 1/2 GRADOS**

Paso n° 4 =   22 1/2 GRADOS X 4 = 90 grados o en el paso n° 3 X 4
Paso n° 4 =   **90 grados**

Paso n° 5 =   Condición de (90 grados) X 6 o seno de paso n° 4 X PASO N° 2
Paso n° 5 =   Condición de (90 grados) = 1.0 x 6 = 6
Paso n° 5 =   **Paso n° 5 = 6**

Paso n° 6 =   6 dividido por 12 = 0.5 o el paso n° 5 dividido por el paso N° 1
Paso n° 6 =   0.5
Paso n° 6 =   Coseno de (0.5) = 60 grados **(El ángulo del cabezal)**
Paso n° 6 =   **60 grados**

Paso n° 7 =   Condición de (60 grados) x 12 O SENO DE PASO N° 6 X PASO N° 1
Paso n° 7 =   Condición de (60 grados) = 0.8660 x 12 = 10.3923
Paso n° 7 =   **10.3923**

Paso n° 8 =   12 = 1.6077 10.3923 menos o ningún paso 1 menos el paso n° 7
Paso n° 8 =   1.6077 o 1 5/8"

Coordinar N 4 = 1 5/8"

90 grados estándar concéntrico WT. Gráfico de montura de tubos
Marcados en octavos
Tamaño del cabezal

Tamaño de la sucursal	ORD Nº	3"	4"	6"	8"	10"	12"	14"	16"	18"	20"	22"	24"	30"	36"	42"
3"	ORD Nº 1	3/8"	1/4"	3/16"	1/8"	1/8"	1/16"	1/16"	1/16"	1/16"	1/16"	1/16"	1/16"			
3"	ORD Nº 2	15/16"	5/8"	3/8"	5/16"	1/4"	3/16"	3/16"	1/8"	1/8"	1/8"	1/8"	1/8"			
4"	ORD Nº 1		1/2"	5/16"	1/4"	3/16"	3/16"	1/8"	1/8"	1/8"	1/8"	1/16"	1/16"			
4"	ORD Nº 2		1 1/4"	11/16"	1/2"	3/8"	5/16"	5/16"	1/4"	1/4"	3/16"	3/16"	3/16"			
6"	ORD Nº 1			13/16"	9/16"	7/16"	3/8"	5/16"	5/16"	1/4"	1/4"	3/16"	3/16"			
6"	ORD Nº 2			2"	1 1/4"	15/16"	3/4"	11/16"	5/8"	1/2"	1/2"	7/16"	3/8"			
8"	ORD Nº 1				1 1/16"	13/16"	11/16"	5/8"	1/2"	7/16"	7/16"	3/8"	5/16"			
8"	ORD Nº 2				2 11/16"	1 1/4"	1 3/8"	1 1/4"	1 1/16"	15/16"	13/16"	3/4"	11/16"			
10"	ORD Nº 1					1 5/16"	1 1/16"	15/16"	13/16"	3/4"	5/8"	9/16"	9/16"	7/16"	3/8"	
10"	ORD Nº 2					3 7/16"	2 7/16"	2 1/8"	1 3/4"	1 1/2"	1 3/8"	1 3/16"	1 1/8"	7/8"	11/16"	
12"	ORD Nº 1						1 5/8"	1 7/16"	1 3/16"	1 1/16"	15/16"	7/8"	3/4"	5/8"	1/2"	7/16"
12"	ORD Nº 2						4 1/4"	3 3/8"	2 11/16"	2 5/16"	2"	1 3/4"	1 5/8"	1 1/4"	1"	7/8"

41

90 grados estándar concéntrico WT. Montura de tubos gráfico (continuación)
Marcados en dieciseisavos
Tamaño del cabezal

Tamaño de la sucursal		12"	14"	16"	18"	20"	22"	24"	30"	36"	42"	48"
12"	ORD N° 1	7/16"	3/8"	5/16"	5/16"	1/4"	1/4"	1/4"	3/16"	1/8"	1/8"	1/8"
	ORD N° 2	1 5/8"	1 7/16"	1 3/16"	1 1/16"	15/16"	7/8"	3/4"	5/8"	1/2"	7/16"	3/8"
	ORD N° 3	3 1/4"	2 3/4"	2 1/4"	1 15/16"	1 11/16"	1 1/2"	1 3/8"	1 1/16"	7/8"	3/4"	5/8"
	ORD N° 4	4 1/4"	3 3/8"	2 11/16"	2 5/16"	2"	1 3/4"	1 5/8"	1 1/4"	1"	7/8"	3/4"
14"	ORD N° 1		1/2"	7/16"	3/8"	5/16"	5/16"	1/4"	3/16"	3/16"	1/8"	1/8"
	ORD N° 2		1 13/16"	1 1/2"	1 5/16"	1 3/16"	1 1/16"	15/16"	3/4"	5/8"	1/2"	7/16"
	ORD N° 3		3 5/8"	2 7/8"	2 3/8"	2 1/16"	1 7/8"	1 11/16"	1 5/16"	1 1/16"	15/16"	13/16"
	ORD N° 4		4 3/4"	3 1/2"	2 15/16"	2 1/2"	2 1/4"	2"	1 9/16"	1 1/4"	1 1/16"	15/16"
16"	ORD N° 1			9/16"	1/2"	7/16"	3/8"	3/8"	5/16"	1/4"	3/16"	3/16"
	ORD N° 2			2 1/16"	1 13/16"	1 9/16"	1 7/16"	1 1/4"	1"	13/16"	11/16"	5/8"
	ORD N° 3			4 3/16"	3 3/8"	2 7/8"	2 9/16"	2 5/16"	1 3/4"	1 7/16"	1 3/16"	1 1/16"
	ORD N° 4			5 9/16"	4 1/4"	3 1/2"	3 1/16"	2 3/4"	2 1/16"	1 11/16"	1 7/16"	1 1/4"
18"	ORD N° 1				5/8"	9/16"	1/2"	7/16"	3/8"	5/16"	1/4"	1/4"
	ORD N° 2				2 3/8"	2 1/16"	1 7/8"	1 11/16"	1 5/16"	1 1/16"	7/8"	13/16"
	ORD N° 3				4 13/16"	3 15/16"	3 7/16"	3"	2 5/16"	1 7/8"	1 9/16"	1 5/16"
	ORD N° 4				6 7/16"	4 15/16"	4 3/16"	3 11/16"	2 3/4"	2 3/16"	1 7/8"	1 5/8"
20"	ORD N° 1					11/16"	5/8"	9/16"	7/16"	3/8"	5/16"	5/16"
	ORD N° 2					2 11/16"	2 3/8"	2 1/8"	1 5/8"	1 5/16"	1 1/8"	1"
	ORD N° 3					5 7/16"	4 1/2"	3 15/16"	2 15/16"	2 3/8"	2"	1 11/16"
	ORD N° 4					7 5/16"	5 11/16"	4 13/16"	3 1/2"	2 13/16"	2 5/16"	2"

42

90 grados estándar concéntrico WT. Montura de tubos gráfico (continuación)
Marcados en dieciseisavos
Tamaño del cabezal

Tamaño de la sucursal		22"	24"	30"	36".	42"	48"
22"	ORD N° 1	3/4"	11/16"	9/16"	7/16"	5/16"	5/16"
	ORD N° 2	2 15/16"	2 5/8"	2"	1 5/8"	1 3/8"	1 1/4"
	ORD N° 3	6 1/16"	5 1/8"	3 11/16"	2 15/16"	2 7/16"	2 1/16"
	ORD N° 4	8 1/8"	6 7/16"	4 7/16"	3 1/2"	2 7/8"	2 1/2"
24"	ORD N° 1		7/8"	11/16"	9/16"	1/2"	7/16"
	ORD N° 2		3 1/4"	2 7/16"	2"	1 11/16"	1 7/16"
	ORD N° 3		6 5/8"	4 1/2"	3 9/16"	2 15/16"	2 9/16"
	ORD N° 4		9"	5 1/2"	4 1/4"	3 1/2"	3"
30"	ORD N° 1			1 1/8"	7/8"	3/4"	11/16"
	ORD N° 2			4 1/8"	3 1/4"	2 3/4"	2 5/16"
	ORD N° 3			8 1/4"	6"	4 15/16"	4 3/16"
	ORD N° 4			11 1/4"	7 3/8"	5 15/16"	5"
36"	ORD N° 1				1 1/4"	1 1/8"	15/16"
	ORD N° 2				4 7/8"	4 1/8"	3 1/2"
	ORD N° 3				10"	7 3/4"	6 3/8"
	ORD N° 4				12 5/8"	9 9/16"	7 11/16"
42"	ORD N° 1					1 9/16"	1 5/16"
	ORD N° 2					5 7/8"	4 15/16"
	ORD N° 3					12 3/16"	9 7/16"
	ORD N° 4					17 1/16"	11 3/4"

43

90 grado estándar excéntrico WT. Montura de tubos

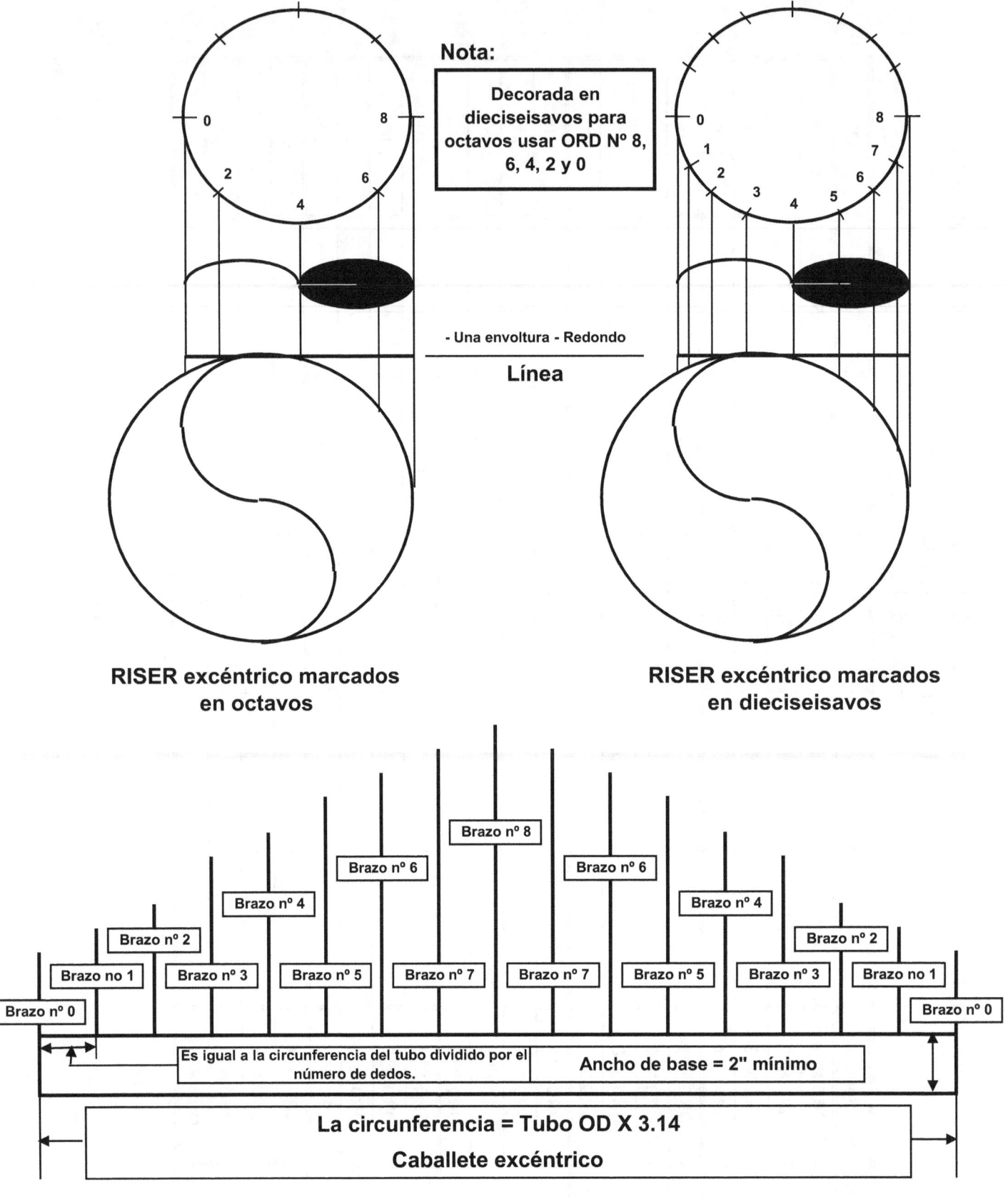

Nota:

Decorada en dieciseisavos para octavos usar ORD Nº 8, 6, 4, 2 y 0

- Una envoltura - Redondo

Línea

RISER excéntrico marcados en octavos

RISER excéntrico marcados en dieciseisavos

Brazo nº 8

Brazo nº 6

Brazo nº 6

Brazo nº 4

Brazo nº 4

Brazo nº 2

Brazo nº 2

Brazo no 1

Brazo nº 3

Brazo nº 5

Brazo nº 7

Brazo nº 7

Brazo nº 5

Brazo nº 3

Brazo no 1

Brazo nº 0

Brazo nº 0

Es igual a la circunferencia del tubo dividido por el número de dedos.

Ancho de base = 2" mínimo

La circunferencia = Tubo OD X 3.14

Caballete excéntrico

90 grado estándar excéntrico WT. Gráfico de montura de tubos

Marcados en dieciseisavos

Tamaño del cabezal

Tamaño de la sucursal		4"	6"	8"	10"	12"	14"	16"	18"	20"	22"	24"	30"
3"	ORD N° 0	1/4"	0"	1/8"	3/8"	11/16"	1"	1 7/16"	1 15/16"	2 7/16"	3"	3 9/16"	
	ORD N° 1	3/16"	0"	1/8"	7/16"	3/4"	1 1/16"	1 1/2"	2"	2 9/16"	3 1/8"	3 11/16"	
	ORD N° 2	1/16"	0"	1/4"	9/16"	1"	1 1/4"	1 3/4"	2 5/16"	2 7/8"	3 7/16"	4 1/16"	
	ORD N° 3	0"	1/8"	7/16"	11/16"	1 5/16"	1 5/8"	2 3/16"	2 3/4"	3 3/8"	4"	4 11/16"	
	ORD N° 4	1/16"	3/8"	3/4"	1 1/4"	1 13/16"	2 3/16"	2 13/16"	3 7/16"	4 1/8"	4 13/16"	5 1/2"	
	ORD N° 5	1/4"	3/4"	1 1/4"	1 7/8"	2 1/2"	2 7/8"	3 5/8"	4 5/16"	5"	5 3/4"	6 1/2"	
	ORD N° 6	5/8"	1 1/4"	1 7/8"	2 1/2"	3 1/4"	3 11/16"	4 7/16"	5 1/4"	6"	6 13/16"	7 5/8"	
	ORD N° 7	1 1/16"	1 3/4"	2 7/16"	3 1/8"	3 15/16"	4 7/16"	5 1/4"	6 1/16"	6 7/8"	7 3/4"	8 5/8"	
	ORD N° 8	1 1/4"	2"	2 11/16"	3 7/16"	4 1/4"	4 3/4"	5 9/16"	6 7/16"	7 5/16"	8 1/8"	9"	
4"	ORD N° 0		1/8"	0"	1/16"	5/16"	1/2"	7/8"	1 1/4"	1 11/16"	2 3/16"	2 11/16"	
	ORD N° 1		1/8"	0"	1/8"	3/8"	9/16"	15/16"	1 3/8"	1 13/16"	2 5/16"	2 13/16"	
	ORD N° 2		0"	1/16"	1/4"	9/16"	3/4"	1 3/16"	1 5/8"	2 3/8"	2 11/16"	3 1/4"	
	ORD N° 3		0"	3/16"	1/2"	7/8"	1 1/8"	1 5/8"	2 1/8"	2 11/16"	3 5/16"	3 7/8"	
	ORD N° 4		3/16"	1/2"	15/16"	1 3/8"	1 3/4"	2 5/16"	2 7/8"	3 1/2"	4 3/16"	4 13/16"	
	ORD N° 5		1/2"	1"	1 9/16"	2 1/8"	2 1/2"	3 3/16"	3 7/8"	4 9/16"	5 1/4"	6"	
	ORD N° 6		1 11/16"	1 11/16"	2 5/16"	3"	3 7/16"	4 3/16"	4 15/16"	5 11/16"	6 1/2"	7 5/16"	
	ORD N° 7		1 11/16"	2 3/8"	3 1/16"	3 13/16"	4 5/16"	5 1/8"	5 15/16"	6 13/16"	7 5/8"	8 1/2"	
	ORD N° 8		2"	2 11/16"	3 7/16"	4 1/4"	4 3/4"	5 9/16"	6 7/16"	7 5/16"	8 1/8"	9"	
6"	ORD N° 0			9/16"	1/8"	0"	0"	1/8"	3/8"	5/8"	1"	1 3/8"	
	ORD N° 1			7/16"	1/16"	0"	1/16"	3/16"	7/16"	3/4"	1 1/8"	1 1/2"	
	ORD N° 2			3/16"	0"	1/16"	1/8"	3/8"	11/16"	1 1/16"	1 7/16"	1 7/8"	
	ORD N° 3			0"	1/16"	1/4"	7/16"	3/4"	1 3/16"	1 5/8"	2 1/16"	2 9/16"	
	ORD N° 4			1/8"	3/8"	3/4"	1"	1 7/16"	1 15/16"	2 1/2"	3 1/16"	3 5/8"	
	ORD N° 5			9/16"	1"	1 1/2"	1 7/8"	2 7/16"	3 1/16"	3 11/16"	4 5/16"	5"	
	ORD N° 6			15/16"	1 15/16"	2 9/16"	3"	3 11/16"	4 3/8"	5 1/8"	5 7/8"	6 5/8"	
	ORD N° 7			2 3/16"	2 15/16"	3 11/16"	4 1/8"	4 15/16"	5 3/4"	6 9/16"	7 3/8"	8 1/4"	
	ORD N° 8			2 11/16"	3 7/16"	4 1/4"	4 3/4"	5 9/16"	6 7/16"	7 5/16"	8 1/8"	9"	

90 grado estándar excéntrico WT. Montura de tubos gráfico (continuación)
Marcados en dieciseisavos

Tamaño de la sucursal		10"	12"	14"	16"	18"	20"	22"	24"	30"	36"	42"	48"
									Tamaño del cabezal				
8"	ORD N° 0	7/8"	5/16"	1/8"	0"	0"	1/8"	5/16"	9/16"	1 9/16"			
	ORD N° 1	11/16"	1/4"	1/16"	0"	1/16"	3/16"	3/8"	11/16"	1 11/16"			
	ORD N° 2	5/16"	1/16"	0"	1/16"	3/16"	3/8"	11/16"	1"	2 3/16"			
	ORD N° 3	0"	0"	1/16"	5/16"	9/16"	7/8"	1 1/4"	1 11/16"	3 1/16"			
	ORD N° 4	1/8"	5/16"	1/2"	7/8"	1 5/16"	1 3/4"	2 1/4"	2 3/4"	4 7/16"			
	ORD N° 5	5/8"	1 1/16"	1 3/8"	1 7/8"	2 7/16"	3"	3 5/8"	4 1/4"	6 1/4"			
	ORD N° 6	1 5/8"	2 3/16"	2 5/8"	3 1/4"	3 15/16"	4 11/16"	5 3/8"	6 1/8"	8 3/8"			
	ORD N° 7	2 3/4"	3 1/2"	4"	4 3/4"	5 9/16"	6 3/8"	7 3/16"	8"	10 9/16"			
	ORD N° 8	3 7/16"	4 1/4"	4 3/4"	5 9/16"	6 7/16"	7 5/16"	8 1/8"	9"	11 11/16"			
10"	ORD N° 0		1 7/16"	7/8"	3/8"	1/8"	0"	0"	1/8"	3/4"	1 11/16"		
	ORD N° 1		1 1/8"	11/16"	1/4"	1/16"	0"	1/16"	3/16"	7/8"	1 7/8"		
	ORD N° 2		9/16"	1/4"	1/16"	0"	1/16"	3/16"	3/8"	1 5/16"	2 7/16"		
	ORD N° 3		1/16"	0"	0"	3/16"	3/8"	5/8"	15/16"	2 1/8"	3 1/2"		
	ORD N° 4		1/16"	3/16"	7/16"	3/4"	1 1/8"	1 9/16"	2"	3 1/2"	5 3/16"		
	ORD N° 5		11/16"	15/16"	1 7/16"	1 7/8"	2 7/16"	3"	3 9/16"	5 7/16"	7 3/8"		
	ORD N° 6		1 7/8"	2 1/4"	2 7/8"	3 9/16"	4 3/16"	4 7/8"	5 5/8"	7 13/16"	10 1/16"		
	ORD N° 7		3 3/8"	3 13/16"	4 5/8"	5 3/8"	6 3/16"	7"	7 13/16"	10 5/16"	12 13/16 "		
	ORD N° 8		4 1/4"	4 3/4"	5 9/16"	6 7/16"	7 5/16"	8 1/8"	9"	11 11/16"	14 3/8"		
12"	ORD N° 0			2 1/2"	1 5/16"	11/16"	5/16"	1/16"	0"	1/4"	7/8"	1 7/8"	
	ORD N° 1			2"	1"	1/2"	3/16"	1/16"	0"	5/16"	1 1/16"	2 1/16"	
	ORD N° 2			1"	7/16"	1/8"	0"	0"	1/16"	5/8"	1 9/16"	2 3/4"	
	ORD N° 3			3/16"	0"	0"	1/16"	1/4"	1/2"	1 3/8"	2 5/8"	4"	
	ORD N° 4			0"	3/16"	3/8"	11/16"	1"	1 3/8"	2 3/4"	4 1/4"	5 15/16"	
	ORD N° 5			5/8"	1"	1 7/16"	1 15/16"	2 7/16"	3"	4 11/16"	6 9/16"	8 9/16"	
	ORD N° 6			2"	2 9/16"	3 3/16"	3 13/16"	4 1/2"	5 3/16"	7 5/16"	9 1/2"	11 3/4"	
	ORD N° 7			3 11/16"	4 7/16"	5 1/4"	6"	6 13/16"	7 5/8"	10 1/16"	12 9/16"	15 1/8"	
	ORD N° 8			4 3/4"	5 9/16"	6 7/8"	7 5/16"	8 1/8"	9"	11 11/16"	14 3/8"	17 1/16"	

90 grado estándar excéntrico WT. Montura de tubos gráfico (continuación)
Marcados en dieciseisavos
Tamaño del cabezal

Tamaño de la sucursal		16"	18"	20"	22"	24"	30"	36"	42"	48"
14"	ORD N° 0	2 5/16"	1 1/4"	11/16"	5/16"	1/8"	1/16"	9/16"	1 5/16"	2 3/8"
	ORD N° 1	1 7/8"	1"	1/2"	3/16"	1/16"	1/8"	11/16"	1 9/16"	2 5/8"
	ORD N° 2	7/8"	7/16"	1/8"	0"	0"	3/8"	1 1/8"	2 3/16"	3 3/8"
	ORD N° 3	1/8"	0"	0"	1/8"	1/4"	1"	2 1/8"	3 3/8"	4 7/8"
	ORD N° 4	1/16"	1/4"	7/16"	3/4"	1 1/16"	2 5/16"	3 3/4"	5 3/8"	7 1/16"
	ORD N° 5	13/16"	1 1/4"	1 11/16"	2 1/8"	2 11/16"	4 5/16"	6 1/8"	8 1/16"	10 1/16"
	ORD N° 6	2 3/8"	3"	3 5/8"	4 1/4"	4 15/16"	7"	9 3/16"	11 7/16"	13 11/16"
	ORD N° 7	4 3/8"	5 1/8"	5 7/8"	6 11/16"	7 1/2"	9 15/16"	12 7/16"	15"	17 9/16"
	ORD N° 8	5 9/16"	6 7/16"	7 5/16"	8 1/8"	9"	11 11/16"	14 3/8"	17 1/16"	19 3/4"
16"	ORD N° 0		2 15/16"	1 3/4"	1"	9/16"	0"			
	ORD N° 1		2 5/16"	1 3/8"	3/4"	3/8"	0"			
	ORD N° 2		1 1/8"	9/16"	1/4"	1/16"	1/16"			
	ORD N° 3		3/16"	1/16"	0"	1/16"	9/16"			
	ORD N° 4		1/16"	3/16"	7/16"	11/16"	1 3/4"			
	ORD N° 5		7/8"	1 5/16"	1 3/4"	2 3/16"	3 3/4"			
	ORD N° 6		2 11/16"	3 1/4"	3 7/8"	4 1/2"	6 9/16"			
	ORD N° 7		4 15/16"	5 3/4"	6 1/2"	7 5/16"	9 3/4"			
	ORD N° 8		6 7/16"	7 5/16"	8 1/8"	9"	11 11/16"			
18"	ORD N° 0			3 1/2"	2 1/4"	1 3/8"				
	ORD N° 1			2 13/16"	1 3/4"	1 1/16"				
	ORD N° 2			1 3/8"	13/16"	7/16"				
	ORD N° 3			1/4"	1/16"	0"				
	ORD N° 4			1/16"	3/16"	3/8"				
	ORD N° 5			1"	1 3/8"	1 13/16"				
	ORD N° 6			2 15/16"	3 9/16"	4 3/16"				
	ORD N° 7			5 9/16"	6 3/8"	7 1/8"				
	ORD N° 8			7 5/16"	8 1/8"	9"				

90 grado estándar excéntrico WT. Montura de tubos gráfico (continuación)
Marcados en dieciseisavos
Tamaño del cabezal

Tamaño de la sucursal		22"	24"	30"	36"	42"	48"
20"	ORD N° 0	4 3/16"	2 3/4"	3/4"	1/16"		
	ORD N° 1	3 5/16"	2 3/16"	1/2"	0"		
	ORD N° 2	1 11/16"	1"	1/8"	1/16"		
	ORD N° 3	5/16"	1/8"	1/16"	1/2"		
	ORD N° 4	1/16"	3/16"	7/8"	1 7/8"		
	ORD N° 5	1 1/16"	1 7/16"	2 3/4"	4 5/16"		
	ORD N° 6	3 1/4"	3 7/8"	5 3/4"	7 3/4"		
	ORD N° 7	6 3/16"	6 15/16"	9 5/16"	11 13/16"		
	ORD N° 8	8 1/8"	9"	11 11/16"	14 3/8"		
22"	ORD N° 0		4 13/16"				
	ORD N° 1		3 7/8"				
	ORD N° 2		1 15/16"				
	ORD N° 3		3/8"				
	ORD N° 4		1/16"				
	ORD N° 5		1 1/8"				
	ORD N° 6		3 9/16"				
	ORD N° 7		6 13/16"				
	ORD N° 8		9"				
24"	ORD N° 0			2 3/4"	7/8"	3/16"	0"
	ORD N° 1			2 1/8"	5/8"	1/16"	1/16"
	ORD N° 2			15/16"	1/8"	0"	5/16"
	ORD N° 3			1/16"	1/16"	1/2"	1 1/4"
	ORD N° 4			5/16"	1"	2"	3 3/16"
	ORD N° 5			2"	3 5/16"	4 7/8"	6 1/2"
	ORD N° 6			5 1/16"	6 15/16"	9"	11 1/16"
	ORD N° 7			9"	11 3/8"	13 13/16"	16 5/16"
	ORD N° 8			11 11/16"	14 3/8"	17 1/16"	19 3/4"

Cómo determinar las dimensiones de los lados de un desconocido 45 GRADO
Laterales de punto central de diseño de intersección del cabezal.

El cabezal de 12" y 10" STD son verticales. Wt. Y, por ejemplo, solamente.
Dimensiones utilizadas son sólo de ejemplo.
Utilice la tabla trigonométrica para buscar las funciones trigonométricas.
El punto B será el exterior del punto A en los ángulos inferiores a 45 grados.
El punto B será el interior del punto A en los ángulos superiores a los 45 grados.
Para los ángulos no se muestran en este libro, utilice las mismas fórmulas.

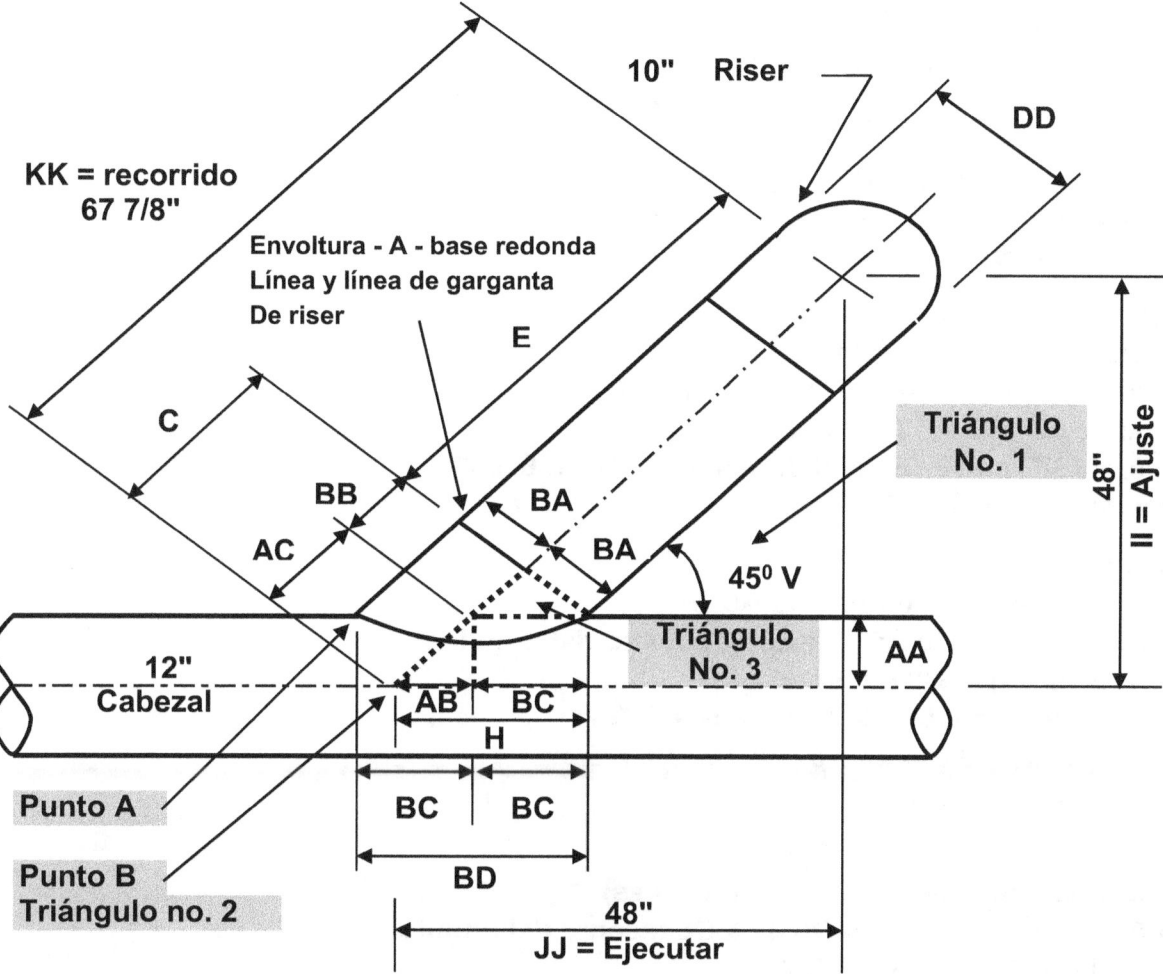

(3) hay tres triángulos que deben determinarse por
Para encontrar las dimensiones de todos los lados.

Triángulo Nº 1 (SET)
Encontrar la dimensión del lado II (SET)
Lado II (SET) = lado KK (Viajes) X Sine de ángulo
KK lateral (Viajes) = 67.872 o 67 7/8"
Seno de un ángulo de 45 grados = 0.7071
Lado II (SET) = 0.7071 x 67.872 = 47.992 o 48"
Lado II (SET) = 48"

Siguió lateral de 45 grados

Triángulo Nº 1 (Ejecutar)

Encontrar la dimensión del lado JJ (RUN)

JJ lateral (RUN) = lado KK (Viajes) X coseno del ángulo

KK lateral (Viajes) = 67.872 o 67 7/8"

El coseno de un ángulo de 45 grados = 0.7071

JJ lateral (RUN) = 0.7071 x 67.872 = 47.992 o 48"

JJ lateral (RUN) = 48"

Triángulo Nº 1 (desplazamiento)

Encontrar la dimensión del lado KK (Viajes)

KK lateral (Viajes) = Lado II (SET) X Cosecante del ángulo

Lado II (SET) = 48"

Cosecante de un ángulo de 45 grados = 1.414

KK lateral (Viajes) = 48 x 1.414 = 67.872 o 67 7/8"

KK lateral (Viajes) = 67 7/8"

Triángulo Nº 2 (SET)

Encontrar la dimensión lateral de AA (SET)

AA lateral (SET) = OD de 12" Cabezal dividido por 2

Cabezal de 12" OD = 12.75 o 12 3/4"

AA lateral (SET) = 12.75 dividido por 2 = 6.375 o 6 3/8"

AA lateral (SET) = 6 3/8"

Triángulo Nº 2 (Ejecutar)

Encontrar la dimensión del lado AB (RUN)

Lado AB (RUN) = lado AC (Viajes) X coseno del ángulo

Lado AC (Viajes) = 9.014 ó 9"

El coseno de un ángulo de 45 grados = 0.7071

Lado AB (RUN) = 9.014 x 0.7071 = 6.373 o 6 3/8"

Lado AB (RUN) = 6 3/8"

Triángulo Nº 2 (Viajes)

Encontrar la dimensión del lado AC (Viajes)

Lado AC (Viajes) = lado AA (SET) X Cosecante del ángulo

AA lateral (SET) = 6.375 o 6 3/8"

Cosecante de un ángulo de 45 grados = 1.414

Lado AC (Viajes) = 6.375 x 1.414 = 9.014 ó 9"

Lado AC (Viajes) = 9"

Triángulo Nº 3 (SET)

Encontrar la dimensión del lado BA (SET)

BA lateral (SET) = ID de tubo vertical dividido por 2

ID del tubo vertical de 10" = 10"

BA lateral (SET) = 10" dividido por 2 = 5"

BA lateral (SET) = 5"

Siguió lateral de 45 grados

Triángulo Nº 3 (Ejecutar)
Encontrar la dimensión del lado BB (Ejecutar)
BB lateral (RUN) = lado BC (Viajes) X coseno del ángulo
Lado BC (Viajes) = 7.07 o 7 1/16"
El coseno de un ángulo de 45 grados = 0.7071
BB lateral (RUN) = 7.07 x 0.7071 = 4.999 o 5"
BB lateral (RUN) = 5"

Triángulo Nº 3 (desplazamiento)
Encontrar la dimensión del lado BC (Viajes)
Lado BC (Viajes) = lado BA (SET) X Cosecante del ángulo
BA lateral (SET) = 5"
Cosecante de un ángulo de 45 grados = 1.414
Lado BC (Viajes) = 5 x 1.414 = 7.07 o 7 1/16"
Lado BC (Viajes) = 7 1/16"

Las dimensiones de los lados restantes son como sigue:

Lado C = lado AC + lado BB (CL Cabezal vertical de la línea de la garganta)
Lado AC = 9"
Lado BB = 5"
Lado C = 9" + 5" = 14"
Lado C = 14"

Lado DD = lado BA X 2 (el diámetro interior del tubo vertical)
Lado BA = 5"
Lado DD = 5" X 2 = 10"
Lado DD = 10"

E = LADO LADO LADO KK - C (DIM DE GARGANTA DE RISER A CL DE CODO)
Lado KK = 67 7/8"
Lado C = 14"
Lado E = 67 7/8" - 14" = 53 7/8"
Lado E = 53 7/8"

Lado BD = lado BC X 2
Lado BC = 7 1/16"
Lado BD = 7 1/16" x 2 = 14 1/8"
Lado BD = 14 1/8"

Lado H = lado AB + lado BC (CL HDR / elevadores a la línea de la garganta del cabezal)
Lado AB = 6 3/8"
Lado BC = 7 1/16"
Lado H = 6 3/8" + 7 1/16" = 13 7/16"
Lado H = 13 7/16"

Método estándar para diseñar WT. Laterales.
Ejemplo de ello es la rama de 12" en cabezal de 24"
Ejemplo está marcado en dieciseisavos
Ejemplo de ello es un lateral de 45 grados
Método para diseñar coordinar n° 1

Paso n° 1 =   El DEL CABEZAL dividido por 2 = 24 dividido por 2 = 12
Paso n° 1 =   **12"**

Paso n° 2 =   Código de sucursal dividido por 2 = 12 dividido por 2 = 6
Paso n° 2 =   **6"**

Paso n° 3 =   360 dividido por 16 = 22 1/2 grado (nota: 16 es para 16 Diseño de línea)
Paso n° 3 =   **22 1/2 GRADOS**

Paso n° 4 =   **45 grados (ángulo de sucursal)**

Paso n° 5 =   Seno de 22 grados (1/2) = 0.3829 o 2.2961 x 6 = SINE del paso n° 3 X PASO N° 2
Paso n° 5 =   **2.2961**

Paso n° 6 =   Dividido por 12 = 2.2961 o 0.1913 Paso n° 5 dividido por el paso N° 1
Paso n° 6 =   0.1913
Paso n° 6 =   Coseno de (0.1913) = 78.9687 **(El ángulo del cabezal)**
Paso n° 6 =   **78.9687 grados**

Paso n° 7 =   De sinusoidal (78.9687) x 12 O SENO DE PASO N° 6 X PASO N° 1
Paso n° 7 =   De sinusoidal (78.9687) = 0.9815 x 12 = 11.7783
Paso n° 7 =   **11.7783**

Paso n° 8 =   12 Menos = 0.2217 11.7783 o paso n° 1 menos el paso n° 7
Paso n° 8 =   **0.2217**

Paso n° 9 =   22 1/2 grado X 3 = 67 1/2 grado o en el paso n° 3 X 3
Paso n° 9 =   **67 1/2 grado**

Paso n° 10 =   Seno de 67 grados (1/2) X 6 o seno de paso n° 9 X PASO N° 2
Paso n° 10 =   Seno de 67 grados (1/2) = 0.9238 x 6 = 5.5432
Paso n° 10 =   **5.5432**

Paso n° 11 =   6 Menos = 5.5432 o 0.4568 Paso n° 2 menos el paso n° 10
Paso n° 11 =   **0.4568**

Paso n° 12 =   0.2217 DIVIDIDO POR EL SENO DE (45 grados) o en el paso n° 8 dividido por el seno del paso n° 4
Paso n° 12 =   Dividido por 0.2217 0.3136 = 0.70711
Paso n° 12 =   **0.3136**

Paso n° 13 =   0.4568 dividido por la tangente de (45 grados) o en el paso N° 11 dividido por la tangente del paso n° 4
Paso n° 13 =   0.4568 dividido por 1 = 0.4568
Paso n° 13 =   **0.4568**

ORD N° 1 =   0.3136 PLUS 0.4568 = 0.7704 OR STEP NO. 12 PLUS STEP NO. 13
ORD N° 1 =   0.7704 OR 3/4"
ORD N° 1 =   **3/4"**

Método estándar para diseñar WT. Los laterales (continuación)
Ejemplo de ello es la rama de 12" en cabezal de 24"
Ejemplo está marcado en dieciseisavos
Ejemplo de ello es un lateral de 45 grados
Método para diseñar coordinar n° 2

Paso n° 1 =	El DEL CABEZAL dividido por 2 = 24 dividido por 2 = 12
Paso n° 1 =	**12"**
Paso n° 2 =	Código de sucursal dividido por 2 = 12 dividido por 2 = 6
Paso n° 2 =	**6"**
Paso n° 3 =	360 dividido por 16 = 22 1/2 grado (nota: 16 es para 16 Diseño de línea)
Paso n° 3 =	**22 1/2 grado**
Paso n° 4 =	45 GRADO **(ángulo de brazo)**
Paso n° 5 =	Condición de (45 grados) = 0.70711 X 6 = 4.2426 o seno de paso n° 4 X PASO N° 2
Paso n° 5 =	**4.2426**
Paso n° 6 =	Dividido por 12 = 4.2426 o 0.3535 Paso n° 5 dividido por el paso N° 1
Paso n° 6 =	0.3535
Paso n° 6 =	Coseno de (0.3535) = 69.2984
Paso n° 6 =	**69.2984**
Paso n° 7 =	De sinusoidal (69.2984) x 12 O SENO DE PASO N° 6 X PASO N° 1
Paso n° 7 =	De sinusoidal (69.2984) = 0.9354 x 12 = 11.2252
Paso n° 7 =	**11.2252**
Paso n° 8 =	12 menos 11.2252 = 0.775 o el paso n° 1 menos el paso n° 7
Paso n° 8 =	**0.775**
Paso n° 9 =	22 1/2 grado X 2 = 45 grados o el paso n° 3 X 2
Paso n° 9 =	**45 GRADO**
Paso n° 10 =	6 Menos = 4.2426 o 1.7574 Paso n° 2 menos el paso n° 5
Paso n° 10 =	**1.7574**
Paso n° 11 =	0.775 dividido por el seno de (45 grados) o en el paso n° 8 dividido por el seno del paso n° 4
Paso n° 11 =	0.775 dividido por = 1.0960 0.70711
Paso n° 11 =	**1.096**
Paso n° 12 =	1.7574 dividido por la tangente de (45 grados) o en el Paso n° 10
	Dividido por la tangente del paso n° 4
Paso n° 12 =	1.7574 dividido por 1 = 1.7574
Paso n° 12 =	**1.7574**
ORD N° 2 =	1.7574 PLUS 1.0960 = 2.8534 OR STEP NO. 11 PLUS STEP NO. 12
ORD N° 2 =	2.8534 OR 2 7/8"
ORD N° 2 =	**2 7/8"**

Método estándar para diseñar WT. Los laterales (continuación)
Ejemplo de ello es la rama de 12" en cabezal de 24"
Ejemplo está marcado en dieciseisavos
Ejemplo de ello es un lateral de 45 grados
Método para diseñar coordinar nº 3

Paso nº 1 =   El DEL CABEZAL dividido por 2 = 24 dividido por 2 = 12
Paso nº 1 =   **12"**

Paso nº 2 =   Código de sucursal dividido por 2 = 12 dividido por 2 = 6
Paso nº 2 =   **6"**

Paso nº 3 =   360 dividido por 16 = 22 1/2 grado (nota: 16 es para 16 Diseño de línea)
Paso nº 3 =   **22 1/2 grado**

Paso nº 4 =   45 GRADO **(ángulo de brazo)**

Paso nº 5 =   (22 1/2 grado) x 3 = 67 1/2 grado o en el paso nº 3 X 3
Paso nº 5 =   **67 1/2 grado**

Paso nº 6 =   Seno de 67 grados (1/2) x 6 = 5.5433 o seno de paso nº 5 X PASO Nº 2
Paso nº 6 =   **5.5433**

Paso nº 7 =   Dividido por 12 = 5.5433 o 0.4619 Paso nº 6 dividido por el paso Nº 1
Paso nº 7 =   0.4619
Paso nº 7 =   Coseno de (0.4619) = 62.4875
Paso nº 7 =   **62.4875**

Paso nº 8 =   De sinusoidal (62.4875) x 12 O SENO DE PASO Nº 7 X PASO Nº 1
Paso nº 8 =   De sinusoidal (62.4875) = 0.8869 x 12 = 10.6429
Paso nº 8 =   **10.6429**

Paso nº 9 =   12 Menos = 1.3571 10.6429 o paso nº 1 menos el paso nº 8
Paso nº 9 =   **1.3571**

Paso nº 10 =   6 Menos = 5.5433 o 0.4567 Paso nº 2 menos el paso nº 6
Paso nº 10 =   **0.4567**

Paso nº 11 =   1.3571 DIVIDIDO POR EL SENO DE (45 grados) o en el paso nº 9 dividido por el paso Nº 4
Paso nº 11 =   Dividido por 1.3571 1.9192 = 0.70711
Paso nº 11 =   **1.9192**

Paso nº 12 =   6 X sinusoidal (22 1/2 grado) o en el paso nº 2 X SINE del paso nº 3
Paso nº 12 =   6 X sinusoidal (22 1/2 grado) = 6 x 0.3827 = 2.2961
Paso nº 12 =   **2.2961**

Paso nº 13 =   6 Menos = 2.2961 o 3.7039 Paso nº 2 menos el paso nº 12
Paso nº 13 =   **3.7039**

Paso nº 14 =   3.7039 dividido por el bronceado de (45 grados) o en el paso Nº 13 dividido por el bronceado de
                    paso nº 4
Paso nº 14 =   **3.7039**

ORD Nº 3 =   3.7039 PLUS 1.9192 = 5.6231 OR STEP NO. 14 PLUS STEP NO. 11
ORD Nº 3 =   5.6231 OR 5 5/8"

Método estándar para diseñar WT. Los laterales (continuación)
Ejemplo de ello es la rama de 12" en cabezal de 24"
Ejemplo está marcado en dieciseisavos
Ejemplo de ello es un lateral de 45 grados
Método para diseñar coordinar n° 4

Paso n° 1 = El DEL CABEZAL dividido por 2 = 24 dividido por 2 = 12
Paso n° 1 = **12"**

Paso n° 2 = Código de sucursal dividido por 2 = 12 dividido por 2 = 6
Paso n° 2 = **6"**

Paso n° 3 = 360 dividido por 16 = 22 1/2 grado (nota: 16 es para 16 Diseño de línea)
Paso n° 3 = **22 1/2 grado**

Paso n° 4 = 45 GRADO **(ángulo de brazo)**

Paso n° 5 = (22 1/2 grado) x 4 = 90 grados o el paso n° 3 X 4
Paso n° 5 = **90 grados**

Paso n° 6 = Condición de (90 grados) x 6 = 1 x 6 = 6 o seno de paso n° 5 X PASO N° 2
Paso n° 6 = **6**

Paso n° 7 = 6 dividido por 12 = 0.5 o el paso n° 6 dividido por el paso N° 1
Paso n° 7 = 0.5
Paso n° 7 = Coseno de (0.5) = 60 grados
Paso n° 7 = **60 grados**

Paso n° 8 = Condición de (60 grados) x 12 O SENO DE PASO N° 7 X PASO N° 1
Paso n° 8 = Condición de (60 grados) = 0.8660 x 12 = 10.3923
Paso n° 8 = **10.3923**

Paso n° 9 = 12 Menos = 1.6077 10.3923 o paso n° 1 menos el paso n° 8
Paso n° 9 = **1.6077**

Paso n° 10 = 6 menos 6 = 0 o el paso n° 2, menos el paso n° 6
Paso n° 10 = **0**

Paso n° 11 = 1.6077 DIVIDIDO POR EL SENO DE (45 grados) o en el paso n° 9 dividido por el seno del paso n° 4
Paso n° 11 = 1.6077 DIVIDED BY 0.70711 = 2.2736
Paso n° 11 = **2.2736**

Paso n° 12 = 6 X SINE DE (90 grados) o en el paso n° 2 X SINE del paso n° 5
Paso n° 12 = 6 x 1 = 6
Paso n° 12 = **6**

Paso n° 13 = 6 dividido por el bronceado de (45 grados) o en el paso N° 12 dividido por el bronceado de paso n° 4
Paso n° 13 = 6 dividido por 1 = 6
Paso n° 13 = **6**

ORD N° 4 = 6 PLUS 2.2736 o Paso n° 13 PLUS Paso n° 11
ORD N° 4 = 6 PLUS = 2.2736 o 8.2736 8 1/4"
ORD N° 4 = **8 1/4"**

Método estándar para diseñar WT. Los laterales (continuación)
Ejemplo de ello es la rama de 12" en cabezal de 24"
Ejemplo está marcado en dieciseisavos
Ejemplo de ello es un lateral de 45 grados
Método para diseñar coordinar nº 5

Paso nº 1 =   El DEL CABEZAL dividido por 2 = 24 dividido por 2 = 12
Paso nº 1 =   **12"**

Paso nº 2 =   Código de sucursal dividido por 2 = 12 dividido por 2 = 6
Paso nº 2 =   **6"**

Paso nº 3 =   360 dividido por 16 = 22 1/2 grado (nota: 16 es para 16 Diseño de línea)
Paso nº 3 =   **22 1/2 grado**

Paso nº 4 =   **45 GRADO (ángulo de brazo)**

Paso nº 5 =   (22 grados) de 1/2 x 3 = 67 1/2 grados o el paso nº 3 X 3
Paso nº 5 =   **67 1/2 GRADOS**

Paso nº 6 =   Seno de 67 grados (1/2) x 6 = 0.9238 o 5.5433 x 6 = SINE del paso nº 5 X PASO Nº 2
Paso nº 6 =   **5.5433**

Paso nº 7 =   Dividido por 12 = 5.5433 o 0.4619 Paso nº 6 dividido por el paso Nº 1
Paso nº 7 =   0.4619
Paso nº 7 =   Coseno de (0.4619) = 62.4875
Paso nº 7 =   62.4875 grados

Paso nº 8 =   De sinusoidal (62.4875 grados) x 12 O SENO DE PASO Nº 7 X PASO Nº 1
Paso nº 8 =   De sinusoidal (62.4875 grados) x 12 = 0.8869 x 12 = 10.6429
Paso nº 8 =   **10.6429**

Paso nº 9 =   12 Menos = 1.3571 10.6429 o paso nº 1 menos el paso nº 8
Paso nº 9 =   **1.3571**

Paso nº 10 =   6 Menos = 5.5433 o 0.4567 Paso nº 2 menos el paso nº 6
Paso nº 10 =   **0.4567**

Paso nº 11 =   1.3571 DIVIDIDO POR EL SENO DE (45 grados) Paso nº 9 dividido por el seno del paso nº 4
Paso nº 11 =   1.3571 DIVIDED BY 0.70711 = 1.9192
Paso nº 11 =   **1.9192**

Paso nº 12 =   6 X SENO DE 22 GRADOS (1/2) o en el paso nº 2 X SINE del paso nº 3
Paso nº 12 =   6 x 0.3827 = 2.2961
Paso nº 12 =   **2.2961**

Paso nº 13 =   2.2961 dividido por el bronceado de (45 grados) o en el paso Nº 12 dividido por el bronceado de paso nº 4
Paso nº 13 =   2.2961 dividido por 1 = 2.2961
Paso nº 13 =   **2.2961**

Paso nº 14 =   6 PLUS = 2.2961 o 8.2961 Paso nº 2 Paso nº 12 PLUS
Paso nº 14 =   **8.2961**

ORD Nº 5 =   8.2961 PLUS 1.9192 = 10.2153 OR STEP NO. 14 PLUS STEP NO. 11
ORD Nº 5 =   10.2153 OR 10 3/16"

Método estándar para diseñar WT. Los laterales (continuación)
Ejemplo de ello es la rama de 12" en cabezal de 24"
Ejemplo está marcado en dieciseisavos
Ejemplo de ello es un lateral de 45 grados
Método para diseñar coordinar nº 6

Paso nº 1 =   El DEL CABEZAL dividido por 2 = 24 dividido por 2 = 12
Paso nº 1 =   **12"**

Paso nº 2 =   Código de sucursal dividido por 2 = 12 dividido por 2 = 6
Paso nº 2 =   **6"**

Paso nº 3 =   360 dividido por 16 = 22 1/2 grado (nota: 16 es para 16 Diseño de línea)
Paso nº 3 =   **22 1/2 grado**

Paso nº 4 =   45 GRADO **(ángulo de brazo)**

Paso nº 5 =   (22 grados) de 1/2 x 2 = 45 grados o el paso nº 3 X 2
Paso nº 5 =   **45 grados**

Paso nº 6 =   Condición de (45 grados) x 6 = 0.70711 X 6 = 4.2426 o seno de paso nº 5 X PASO Nº 2
Paso nº 6 =   **4.2426**

Paso nº 7 =   Dividido por 12 = 4.2426 o 0.3535 Paso nº 6 dividido por el paso Nº 1
Paso nº 7 =   0.3535
Paso nº 7 =   Coseno de (0.3535) = 69.2952
Paso nº 7 =   **69.2952**

Paso nº 8 =   De sinusoidal (69.2952) x 12 O SENO DE PASO Nº 7 X PASO Nº 1
Paso nº 8 =   De sinusoidal (69.2952) = 0.9354 x 12 =11.2250
Paso nº 8 =   **11.2250**

Paso nº 9 =   12 menos 11.2250 = 0.775 o el paso nº 1 menos el paso nº 8
Paso nº 9 =   **0.775**

Paso nº 10 =   6 Menos = 4.2426 o 1.7574 Paso nº 2 menos el paso nº 6
Paso nº 10 =   **1.7574**

Paso nº 11 =   0.775 dividido por el seno de (45 grados) o en el paso nº 9 dividido por el seno del paso nº 4
Paso nº 11 =   0.775 DIVIDED BY 0.70711 = 1.0961
Paso nº 11 =   **1.0961**

Paso nº 12 =   6 PLUS 4.2426 = 10.2426 OR STEP NO. 2 PLUS STEP NO. 6
Paso nº 12 =   **10.2426**

Paso nº 13 =   10.2426 dividido por el bronceado de (45 grados) o en el paso Nº 12 dividido por el bronceado de paso nº 4
Paso nº 13 =   10.2426 dividido por 1 = 10.2426
Paso nº 13 =   **10.2426**

ORD Nº 6 =   10.2426 PLUS 1.0961 = 11.3387 OR STEP NO. 13 PLUS STEP NO. 11
ORD Nº 6 =   11.3387 OR 11 5/16"
ORD Nº 6 =   **11 5/16"**

Método estándar para diseñar WT. Los laterales (continuación)
Ejemplo de ello es la rama de 12" en cabezal de 24"
Ejemplo está marcado en dieciseisavos
Ejemplo de ello es un lateral de 45 grados
Método para diseñar coordinar n° 7

Paso n° 1 =   El DEL CABEZAL dividido por 2 = 24 dividido por 2 = 12
Paso n° 1 = **12"**

Paso n° 2 =   Código de sucursal dividido por 2 = 12 dividido por 2 = 6
Paso n° 2 = **6"**

Paso n° 3 =   360 dividido por 16 = 22 1/2 grado (nota: 16 es para 16 Diseño de línea)
Paso n° 3 = **22 1/2 grado**

Paso n° 4 =   45 GRADO **(ángulo de brazo)**

Paso n° 5 =   (22 1/2 grado) x 3 = 67 1/2 grado o en el paso n° 3 X 3
Paso n° 5 = **67 1/2 GRADOS**

Paso n° 6 =   Seno de 22 grados (1/2) x 6 = 0.3827 o 2.2961 x 6 = SINE del paso n° 3 X PASO N° 2
Paso n° 6 = **2.2961**

Paso n° 7 =   Dividido por 12 = 2.2961 o 0.1913 Paso n° 6 dividido por STEO N° 1
Paso n° 7 =   0.1913
Paso n° 7 =   Coseno de (0.1913) = 78.9689
Paso n° 7 = **78.9689**

Paso n° 8 =   De sinusoidal (78.9689) x 12 O SENO DE PASO N° 7 X PASO N° 1
Paso n° 8 =   De sinusoidal (78.9689) = 0.9815 x 12 = 11.7783
Paso n° 8 = **11.7783**

Paso n° 9 =   12 Menos = 0.2217 11.7783 o paso n° 1 menos el paso n° 8
Paso n° 9 = **0.2217**

Paso n° 10 =   6 Menos = 2.2961 o 3.7039 Paso n° 2 menos el paso n° 6
Paso n° 10 = **3.7039**

Paso n° 11 =   0.2217 DIVIDIDO POR EL SENO DE (45 grados) o en el paso n° 9 dividido por el seno del paso n° 4
Paso n° 11 =   0.2217 DIVIDED BY 0.70711 = 0.3135
Paso n° 11 = **0.3135**

Paso n° 12 =   6 X SENO DE 67 GRADOS (1/2) o en el paso n° 2 X SINE del paso n° 5
Paso n° 12 =   6 x 0.9239 = 5.5433
Paso n° 12 = **5.5433**

Paso n° 13 =   6 PLUS 5.5433 = 11.5433 OR STEP NO. 2 PLUS STEP NO. 12
Paso n° 13 = **11.5433**

Paso n° 14 =   11.5433 dividido por el bronceado de (45 grados) o en el paso N° 13 dividido por el bronceado de paso n° 4
Paso n° 14 =   11.5433 dividido por 1 = 11.5433

ORD N° 7 =   11.5433 PLUS 0.3135 = 11.8568 OR STEP NO. 14 PLUS STEP NO. 11
ORD N° 7 =   11.8568 OR 11 7/8"
ORD N° 7 =   11 7/8"

Método estándar para diseñar WT. Los laterales (continuación)
Ejemplo de ello es la rama de 12" en cabezal de 24"
Ejemplo está marcado en dieciseisavos
Ejemplo de ello es un lateral de 45 grados
Método para diseñar coordinar n° 8

Paso n° 1 =   Código de sucursal = 12"

Paso n° 1 =   12"

Paso n° 2 =   Ángulo de rama = 45 grados

Paso n° 2 =   45 grados

Paso n° 3 =   12 dividido por el bronceado de (45 grados) o en el paso n° 1 dividido por el bronceado de la

etapa n° 2.

Paso n° 3 =   12 dividido por 1 = 12

Paso n° 3 =   12"

ORD N° 8 =   12" o en el paso n° 3

22 1/2 grado estándar inalámbrico. LATERAL DEL TUBO

Marcados en octavos

Tamaño del cabezal

Tamaño de la sucursal		3"	4"	6"	8"	10"	12"	14"	16"	18"	20"	22"	24"
3"	ORD N°1	2"	1 3/4"	1 1/2"	1 1/8"	1 5/16"	1 5/16"	1 1/4"	1 1/4"	1 1/4"	1 3/16"	1 3/16"	1 3/16"
	ORD N°2	5 13/16"	5 1/8"	4 9/16"	4 5/16"	4 3/16"	4 1/16"	4 1/16"	4"	3 15/16"	3 15/16"	3 7/8"	3 7/8"
	ORD N°3	7 1/8"	6 7/8"	6 5/8"	6 1/2"	6 7/16"	6 7/16"	6 3/8"	6 3/8"	6 5/16"	6 5/16"	6 5/16"	6 5/16"
	ORD N°4	7 1/4"	7 1/4"	7 1/4"	7 1/4"	7 1/4"	7 1/4"	7 1/4"	7 1/4"	7 1/4"	7 1/4"	7 1/4"	7 1/4"
4"	ORD N°1	2 3/4"	2 3/4"	2 1/4"	2"	1 15/16"	1 13/16"	1 13/16"	1 3/4"	1 11/16"	1 11/16"	1 5/8"	1 5/8"
	ORD N°2		8"	6 9/16"	6 1/8"	5 13/16"	5 11/16"	5 9/16"	5 1/2"	5 5/16"	5 5/16"	5 5/16"	5 1/4"
	ORD N°3		9 9/16"	9 1/16"	8 7/8"	8 3/4"	8 11/16"	8 5/8"	8 9/16"	8 9/16"	8 1/2"	8 1/2"	8 7/16"
	ORD N°4		9 11/16"	9 11/16"	9 11/16"	9 11/16"	9 11/16"	9 11/16"	9 11/16"	9 11/16"	9 11/16"	9 11/16"	9 11/16"
6"	ORD N°1			4 1/8"	3 9/16"	3 1/4"	3 1/16"	3"	2 7/8"	2 13/16"	2 11/16"	2 11/16"	2 5/8"
	ORD N°2			12 1/4"	10 5/16"	9 5/8"	9 3/16"	9"	8 3/4"	8 9/16"	8 7/16"	8 5/16"	8 1/4"
	ORD N°3			14 5/16"	13 13/16"	13 1/2"	13 5/16"	13 1/4"	13 1/8"	13"	12 15/16"	12 7/8"	12 7/8"
	ORD N°4			14 1/2"	14 1/2"	14 1/2"	14 1/2"	14 1/2"	14 1/2"	14 1/2"	14 1/2"	14 1/2"	14 1/2"
8"	ORD N°1				5 9/16"	4 15/16"	4 9/16"	4 3/8"	4 3/16"	4"	3 7/8"	3 13/16"	3 11/16"
	ORD N°2				16 11/16"	14 5/16"	13 5/16"	12 15/16"	12 7/16"	12 1/8"	11 13/16"	11 5/8"	11 7/16"
	ORD N°3				19 1/4"	18 9/16"	18 3/8"	18 1/16"	17 13/16"	17 11/16"	17 9/16"	17 7/16"	17 5/16"
	ORD N°4				19 5/16"	19 5/16"	19 5/16"	19 5/16"	19 5/16"	19 5/16"	19 5/16"	19 5/16"	19 5/16"
10"	ORD N°1					7"	6 5/16"	6 1/16"	5 11/16"	5 7/16"	5 1/4"	5 1/16"	4 15/16"
	ORD N°2					20 15/16"	18 3/8"	17 9/16"	16 11/16"	16 1/16"	15 9/16"	15 3/16"	14 15/16"
	ORD N°3					24 1/16"	23 3/8"	23 1/8"	22 3/4"	22 1/2"	22 5/16"	22 1/8"	22"
	ORD N°4					24 1/8"	24 1/8"	24 1/8"	24 1/8"	24 1/8"	24 1/8"	24 1/8"	24 1/8"

60

22 1/2 grado estándar inalámbrico. El tubo lateral (continuación)
Marcados en dieciseisavos
Tamaño del cabezal

Tamaño de la sucursal	ORD N°	10"	12"	14"	16"	18"	20"	22"	24"	30"	36"	42"	48"
10"	ORD N°1	1 13/16"	1 11/16"	1 5/8"	1 1/2"	1 7/16"	1 3/8"	1 3/8"	1 5/16"	1 1/4"	1 3/16"	1 1/8"	1 1/8"
	ORD N°2	7"	6 5/16"	6 1/16"	5 11/16"	5 7/16"	5 1/4"	5 1/16"	4 15/16"	4 5/8"	4 7/16"	4 5/16"	4 1/4"
	ORD N°3	14 5/16"	12 5/8"	12"	11 5/16"	10 13/16 "	10 7/16"	10 1/8"	9 7/8"	9 3/8"	9"	8 13/16"	8 5/8"
	ORD N°4	20 15/16"	18 3/8"	17 9/16"	16 11/16"	16 1/16"	15 9/16"	15 3/16"	14 15/16"	14 5/16"	13 15/16"	13 5/8"	13 7/16"
	ORD N°5	23 9/16"	21 7/8"	21 1/4"	20 1/2"	20"	19 5/8"	19 3/8"	19 1/8"	18 5/8"	18 1/4"	18 1/16"	17 7/8"
	ORD N°6	24 1/16"	23 3/8"	23 1/8"	22 3/4"	22 1/2"	22 5/16"	22 1/8"	22"	21 11/16"	21 1/2"	21 3/8"	21 5/16"
	ORD N°7	24 1/8"	24"	23 15/16"	23 13/16"	23 3/4"	23 11/16"	23 11/16"	23 5/8"	23 9/16"	23 1/2"	23 7/16"	23 7/16"
	ORD N°8	24 1/8"	24 1/8"	24 1/8"	24 1/8"	24 1/8"	24 1/8"	24 1/8"	24 1/8"	24 1/8"	24 1/8"	24 1/8"	24 1/8"
12"	ORD N°1		2 1/4"	2 1/8"	2"	1 7/8"	1 13/16"	1 3/4"	1 11/16"	1 9/16"	1 1/2"	1 7/16"	1 3/8"
	ORD N°2		8 7/16"	7 15/16"	7 7/16"	7"	6 11/16"	6 7/16"	6 1/4"	5 13/16"	5 9/16"	5 3/8"	5 1/4"
	ORD N°3		17 3/8"	16 1/16"	14 3/4"	13 15/16"	13 5/16"	12 7/8"	12 1/2"	11 11/16"	11 1/4"	10 7/8"	10 5/8"
	ORD N°4		25 1/2"	23 3/8"	21 9/16"	20 1/2"	19 11/16"	19 1/8"	18 11/16"	17 3/4"	17 3/16"	16 3/4"	16 1/2"
	ORD N°5		28 5/16"	27 1/8"	25 7/8"	25"	24 7/16"	23 15/16"	23 9/16"	22 13/16"	22 5/16"	22"	21 3/4"
	ORD N°6		28 15/16"	28 1/2"	27 15/16"	27 1/2"	27 3/16"	26 15/16"	26 3/4"	26 5/16"	26 1/16"	25 7/8"	25 11/16"
	ORD N°7		29"	28 7/8"	28 3/4"	28 5/8"	28 9/16"	28 1/2"	28 7/16"	28 5/16"	28 1/4"	28 3/16"	28 1/8"
	ORD N°8		29"	29"	29"	29"	29"	29"	29"	29"	29"	29"	29"
14"	ORD N°1			2 7/16"	2 5/16"	2 3/16"	2 1/16"	2"	1 15/16"	1 13/16"	1 11/16"	1 5/8"	1 9/16"
	ORD N°2			9 3/8"	8 5/8"	8 1/8"	7 3/4"	7 7/16"	7 3/16"	6 5/8"	6 5/16"	6 1/16"	5 7/8"
	ORD N°3			19 5/16"	17 5/16"	16 1/8"	15 5/16"	14 3/4"	14 1/4"	13 5/16"	12 11/16"	12 1/4"	11 15/16"
	ORD N°4			28 3/8"	25 3/16"	23 5/8"	22 9/16"	21 13/16 "	21 3/16"	20"	19 5/16"	18 13/16"	18 7/16"
	ORD N°5			31 1/2"	29 9/16"	28 3/8"	27 9/16"	26 15/16"	26 1/2"	25 1/2"	24 15/16"	24 1/2"	24 3/16"
	ORD N°6			32"	31 1/4"	30 3/4"	30 3/8"	30 1/16"	29 3/4"	29 1/4"	28 15/16"	28 11/16"	28 1/2"
	ORD N°7			32"	31 7/8"	31 3/4"	31 5/8"	31 9/16"	31 1/2"	31 5/16"	31 1/4"	31 3/16"	31 1/8"
	ORD N°8			32"	32"	32"	32"	32"	32"	32"	32"	32"	32"

22 1/2 grado estándar inalámbrico. El tubo lateral (continuación)
Marcados en dieciseisavos
Tamaño del cabezal

Tamaño de la sucursal		16"	18"	20"	22"	24"	30"	36"	42"	48"
16"	ORD N° 1	2 13/16"	2 11/16"	2 9/16"	2 7/16"	2 5/16"	2 1/8"	2"	1 15/16"	1 7/8"
	ORD N° 2	10 7/8"	10 1/16"	9 1/2"	9 1/16"	8 3/4"	8"	7 9/16"	7 1/4"	7"
	ORD N° 3	22 3/8"	20 1/4"	18 15/16"	18 1/16"	17 5/16"	15 15/16"	15 1/8"	14 9/16"	14 1/8"
	ORD N° 4	33"	29 7/16"	27 5/8"	26 7/16"	25 9/16"	23 7/8"	22 13/16"	22 1/8"	21 11/16"
	ORD N° 5	36 7/16"	34 5/16"	33 1/16"	32 1/8"	31 7/16"	30 1/16"	29 3/16"	28 5/8"	28 3/16"
	ORD N° 6	36 7/8"	36 1/8"	35 9/16"	35 1/8"	34 3/4"	34 1/16"	33 9/16"	33 1/4"	33"
	ORD N° 7	36 7/8"	36 11/16"	36 9/16"	36 7/16"	36 3/8"	36 3/16"	36 1/16"	35 15/16"	35 7/8"
	ORD N° 8	36 13/16 "	36 13/16 "	36 13/16 "	36 13/16 "	36 13/16 "	36 13/16 "	36 13/16 "	36 13/16 "	36 13/16 "
18"	ORD N° 1		3 1/4"	3 1/16"	2 15/16"	2 13/16"	2 9/16"	2 3/8"	2 1/4"	2 3/16"
	ORD N° 2		12 5/16"	11 1/2"	10 15/16"	10 7/16"	9 1/2"	8 7/8"	8 7/16"	8 3/16"
	ORD N° 3		25 7/16"	23 3/16"	21 13/16 "	20 3/4"	18 13/16"	17 11/16"	16 15/16"	16 7/16"
	ORD N° 4		37 5/8"	33 3/4"	31 3/4"	30 3/8"	27 15/16"	26 9/16"	25 11/16"	25"
	ORD N° 5		41 3/8"	39 1/8"	37 3/4"	36 11/16"	34 3/4"	33 5/8"	32 7/8"	32 3/8"
	ORD N° 6		41 3/4"	41"	40 3/8"	39 7/8"	38 15/16"	38 5/16"	37 15/16"	37 5/8"
	ORD N° 7		41 11/16"	41 1/2"	41 3/8"	41 1/4"	41"	40 7/8"	40 3/4"	40 5/8"
	ORD N° 8		41 5/8"	41 5/8"	41 5/8"	41 5/8"	41 5/8"	41 5/8"	41 5/8"	41 5/8"
20"	ORD N° 1			3 5/8"	3 7/16"	3 5/16"	3"	2 3/4"	2 5/8"	2 1/2"
	ORD N° 2			13 13/16 "	12 15/16"	12 5/16"	11 1/16"	10 5/16"	9 3/4"	9 3/8"
	ORD N° 3			28 1/2"	26 3/16"	24 5/8"	22"	20 1/2"	19 1/2"	18 13/16 "
	ORD N° 4			42 1/4"	38 1/16"	35 7/8"	32 3/8"	30 1/2"	29 5/16"	28 1/2"
	ORD N° 5			46 5/16"	43 15/16"	42 7/16"	39 3/4"	38 1/4"	37 5/16"	36 9/16"
	ORD N° 6			46 5/8"	45 13/16 "	45 3/16"	43 15/16"	43 3/16"	42 5/8"	42 1/4"
	ORD N° 7			46 9/16"	46 3/8"	46 3/16"	45 7/8"	45 11/16"	45 9/16"	45 7/16"
	ORD N° 8			46 1/2"	46 1/2"	46 1/2"	46 1/2"	46 1/2"	46 1/2"	46 1/2"

22 1/2 grado estándar inalámbrico. El tubo lateral (continuación)

Marcados en dieciseisavos

Tamaño del cabezal

Tamaño de la sucursal		22"	24"	30"	36"	42"	48"
22"	ORD Nº 1	4"	3 13/16"	3 7/16"	3 3/16"	3"	2 7/8"
	ORD Nº 2	15 1/4"	14 7/16"	12 13/16 "	11 13/16 "	11 1/8"	10 11/16"
	ORD Nº 3	31 5/8"	29 1/8"	25 3/8"	23 7/16"	22 3/16"	21 5/16"
	ORD Nº 4	46 15/16"	42 7/16"	37 3/16"	34 3/4"	33 3/16"	32 1/8"
	ORD Nº 5	51 1/4"	48 13/16 "	45"	43 1/16"	41 13/16 "	40 15/16"
	ORD Nº 6	51 9/16"	50 11/16"	49 1/16"	48 1/16"	47 7/16"	46 15/16"
	ORD Nº 7	51 3/8"	51 3/16"	50 13/16 "	50 9/16"	50 3/8"	50 1/4"
	ORD Nº 8	51 5/16"	51 5/16"	51 5/16"	51 5/16"	51 5/16"	51 5/16"
24"	ORD Nº 1		4 3/8"	3 7/8"	3 5/8"	3 3/8"	3 1/4"
	ORD Nº 2		16 3/4"	14 5/8"	13 7/16"	12 5/8"	12"
	ORD Nº 3		34 11/16"	29 3/16"	26 5/8"	25 1/16"	23 15/16"
	ORD Nº 4		51 5/8"	42 1/2"	39 3/16"	37 1/4"	35 15/16"
	ORD Nº 5		56 3/16"	50 5/8"	48 1/8"	46 1/2"	45 7/16"
	ORD Nº 6		56 7/16"	54 5/16"	53 1/8"	52 5/16"	51 11/16"
	ORD Nº 7		56 1/4"	55 3/4"	55 7/16"	55 1/4"	55 1/16"
	ORD Nº 8		56 1/8"	56 1/8"	56 1/8"	56 1/8"	56 1/8"
30"	ORD Nº 1			5 1/2"	5"	4 11/16"	4 7/16"
	ORD Nº 2			21 1/8"	18 7/8"	17 7/16"	16 7/16"
	ORD Nº 3			44"	37 3/4"	34 11/16"	32 11/16"
	ORD Nº 4			65 13/16 "	54 15/16"	50 13/16 "	48 5/16"
	ORD Nº 5			71"	64 3/4"	61 11/16"	59 11/16"
	ORD Nº 6			71 1/16"	68 13/16 "	67 3/8"	66 3/8"
	ORD Nº 7			70 3/4"	70 1/4"	69 15/16"	69 11/16"
	ORD Nº 8			70 5/8"	70 5/8"	70 5/8"	70 5/8"

22 1/2 grado estándar inalámbrico. El tubo lateral (continuación)
Marcados en dieciseisavos
Tamaño del cabezal

Tamaño de la sucursal		36"	42"	48"
36"	ORD Nº 1	6 11/16"	6 1/8"	5 3/4"
	ORD Nº 2	25 9/16"	23 3/16"	21 9/16"
	ORD Nº 3	53 1/4"	46 1/2"	42 15/16"
	ORD Nº 4	80 1/16"	67 9/16"	62 11/16"
	ORD Nº 5	85 13/16 "	79 1/16"	75 1/2"
	ORD Nº 6	85 3/4"	83 3/8"	81 3/4"
	ORD Nº 7	85 5/16"	84 3/4"	84 3/8"
	ORD Nº 8	85 1/8"	85 1/8"	85 1/8"
42"	ORD Nº 1		7 13/16"	7 1/4"
	ORD Nº 2		30"	27 1/2"
	ORD Nº 3		62 9/16"	55 5/16"
	ORD Nº 4		94 3/8"	80 7/16"
	ORD Nº 5		100 11/16"	93 7/16"
	ORD Nº 6		100 3/8"	97 15/16"
	ORD Nº 7		99 13/16 "	99 5/16"
	ORD Nº 8		99 9/16"	99 9/16"
48"	ORD Nº 1			8 15/16"
	ORD Nº 2			34 3/8"
	ORD Nº 3			71 7/8"
	ORD Nº 4			108 11/16"
	ORD Nº 5			115 1/2"
	ORD Nº 6			115 1/16"
	ORD Nº 7			114 3/8"
	ORD Nº 8			114 1/16"

WT estándar de 30 grados. LATERAL DEL TUBO
Marcados en octavos
Tamaño del cabezal

Tamaño del tubo	Tamaño de la sucursal	3"	4"	6"	8"	10"	12"	14"	16"	18"	20"	22"	24"
3"	ORD N° 1	1 1/2"	1 5/16"	1 1/8"	1"	1"	15/16"	15/16"	7/8"	7/8"	7/8"	7/8"	7/8"
	ORD N° 2	4 5/16"	3 3/4"	3 5/16"	3 1/8"	3"	2 15/16"	2 15/16"	2 7/8"	2 7/8"	2 13/16"	2 13/16"	2 13/16"
	ORD N° 3	5 1/8"	4 15/16"	4 13/16"	4 11/16"	4 5/8"	4 5/8"	4 5/8"	4 9/16"	4 9/16"	4 9/16"	4 9/16"	4 1/2"
	ORD N° 4	5 3/16"	5 3/16"	5 3/16"	5 3/16"	5 3/16"	5 3/16"	5 3/16"	5 3/16"	5 3/16"	5 3/16"	5 3/16"	5 3/16"
4"	ORD N° 1		2"	1 5/8"	1 1/2"	1 3/8"	1 5/16"	1 5/16"	1 1/4"	1 1/4"	1 3/16"	1 3/16"	1 3/16"
	ORD N° 2		5 7/8"	4 13/16"	4 7/16"	4 1/4"	4 1/8"	4 1/16"	4"	3 15/16"	3 7/8"	3 13/16"	3 13/16"
	ORD N° 3		6 15/16"	6 9/16"	6 3/8"	6 5/16"	6 1/4"	6 3/16"	6 3/16"	6 1/8"	6 1/8"	6 1/8"	6 1/16"
	ORD N° 4		6 15/16"	6 15/16"	6 15/16"	6 15/16"	6 15/16"	6 15/16"	6 15/16"	6 15/16"	6 15/16"	6 15/16"	6 15/16"
6"	ORD N° 1			3 1/16"	2 5/8"	2 5/16"	2 1/4"	2 3/16"	2 1/8"	2"	2"	1 15/16"	1 7/8"
	ORD N° 2			9"	7 5/8"	7"	6 11/16"	6 9/16"	6 3/8"	6 1/4"	6 1/8"	6"	5 15/16"
	ORD N° 3			10 7/16"	9 15/16"	9 3/4"	9 5/8"	9 1/2"	9 7/16"	9 3/8"	9 5/16"	9 5/16"	9 1/4"
	ORD N° 4			10 3/8"	10 3/8"	10 3/8"	10 3/8"	10 3/8"	10 3/8"	10 3/8"	10 3/8"	10 3/8"	10 3/8"
8"	ORD N° 1				4 1/8"	3 5/8"	3 3/8"	3 1/4"	3 1/16"	2 15/16"	2 7/8"	2 3/4"	2 11/16"
	ORD N° 2				12 5/16"	10 1/2"	9 3/4"	9 7/16"	9 1/16"	8 13/16"	8 5/8"	8 7/16"	8 5/16"
	ORD N° 3				13 15/16"	13 7/16"	13 1/8"	13"	12 7/8"	12 3/4"	12 5/8"	12 9/16"	12 1/2"
	ORD N° 4				13 7/8"	13 7/8"	13 7/8"	13 7/8"	13 7/8"	13 7/8"	13 7/8"	13 7/8"	13 7/8"
10"	ORD N° 1					5 3/16"	4 11/16"	4 7/16"	4 3/16"	4"	3 13/16"	3 11/16"	3 5/8"
	ORD N° 2					15 7/16"	13 1/2"	12 7/8"	12 3/16"	11 11/16"	11 5/16"	11 1/16"	10 13/16 "
	ORD N° 3					17 7/16"	16 15/16"	16 11/16"	16 7/16"	16 1/4"	16 1/16"	15 15/16"	15 7/8"
	ORD N° 4					17 5/16"	17 5/16"	17 5/16"	17 5/16"	17 5/16"	17 5/16"	17 5/16"	17 5/16"

WT estándar de 30 grados. El tubo lateral (continuación)

Marcados en dieciseisavos

Tamaño del cabezal

Tamaño de la sucursal		10"	12"	14"	16"	18"	20"	22"	24"	30"	36"	42"	48"
10"	ORD N° 1	1 3/8"	1 1/4"	1 3/16"	1 1/8"	1 1/16"	1"	1"	15/16"	7/8"	7/8"	13/16"	13/16"
	ORD N° 2	5 3/16"	4 11/16"	4 7/16"	4 3/16"	4"	3 13/16"	3 11/16"	3 5/8"	3 3/8"	3 1/4"	3 1/8"	3 1/16"
	ORD N° 3	10 5/8"	9 5/16"	8 13/16"	8 5/16"	7 7/8"	7 5/8"	7 3/8"	7 3/16"	6 13/16"	6 9/16"	6 3/8"	6 1/4"
	ORD N° 4	15 7/16"	13 1/2"	12 7/8"	12 3/16"	11 11/16"	11 5/16"	11 1/16"	10 13/16"	10 3/8"	10 1/16"	9 7/8"	9 11/16"
	ORD N° 5	17 1/4"	15 15/16"	15 7/16"	14 15/16"	14 1/2"	14 1/4"	14"	13 13/16"	13 7/16"	13 3/16"	13"	12 7/8"
	ORD N° 6	17 7/16"	16 15/16"	16 11/16"	16 7/16"	16 1/4"	16 1/16"	15 15/16"	16 15/16"	15 5/8"	15 1/2"	15 3/8"	15 5/16"
	ORD N° 7	17 3/8"	17 1/4"	17 3/16"	17 1/8"	17 1/16"	17"	17"	16 15/16"	16 15/16"	16 7/8"	16 13/16"	16 13/16"
	ORD N° 8	17 5/16"	17 5/16"	17 5/16"	17 5/16"	17 5/16"	17 5/16"	17 5/16"	17 5/16"	17 5/16"	17 5/16"	17 5/16"	17 5/16"
12"	ORD N° 1		1 5/8"	1 9/16"	1 7/16"	1 3/8"	1 5/16"	1 1/4"	1 1/4"	1 1/8"	1 1/16"	1 1/16"	1"
	ORD N° 2		6 1/4"	5 15/16"	5 1/2"	5 3/16"	4 15/16"	4 3/4"	4 5/8"	4 1/4"	4 1/16"	3 15/16"	3 13/16"
	ORD N° 3		12 7/8"	11 7/8"	10 7/8"	10 1/4"	9 3/4"	9 7/16"	9 1/8"	8 9/16"	8 3/16"	7 7/8"	7 11/16"
	ORD N° 4		18 13/16"	17 3/16"	15 13/16"	15"	14 3/8"	13 15/16"	13 5/8"	12 7/8"	12 7/16"	12 1/8"	11 15/16"
	ORD N° 5		20 13/16"	19 13/16"	18 13/16"	18 3/16"	17 3/4"	17 3/8"	17 1/16"	16 1/2"	16 1/8"	15 7/8"	15 11/16"
	ORD N° 6		21"	20 5/8"	20 3/16"	19 7/8"	19 5/8"	19 7/16"	19 5/16"	18 15/16"	18 3/4"	18 5/8"	18 1/2"
	ORD N° 7		20 7/8"	20 3/4"	20 11/16"	20 9/16"	20 1/2"	20 1/2"	20 7/16"	20 3/8"	20 5/16"	20 1/4"	20 3/16"
	ORD N° 8		20 13/16"	20 13/16"	20 13/16"	20 13/16"	20 13/16"	20 13/16"	20 13/16"	20 13/16"	20 13/16"	20 13/16"	20 13/16"
14"	ORD N° 1			1 13/16"	1 11/16"	1 5/8"	1 1/2"	1 7/16"	1 7/16"	1 5/16"	1 1/4"	1 3/16"	1 1/8"
	ORD N° 2			6 15/16"	6 3/8"	6"	5 11/16"	5 7/16"	5 1/4"	4 7/8"	4 5/8"	4 7/16"	4 5/16"
	ORD N° 3			14 5/16"	12 3/4"	11 7/8"	11 1/4"	10 13/16"	10 7/16"	9 11/16"	9 1/4"	8 15/16"	8 11/16"
	ORD N° 4			20 15/16"	18 1/2"	17 5/16"	16 1/2"	15 15/16"	15 7/16"	14 9/16"	14"	13 5/8"	13 5/16"
	ORD N° 5			23 1/16"	21 9/16"	20 11/16"	20 1/16"	19 9/16"	19 1/4"	18 1/2"	18"	17 11/16"	17 7/16"
	ORD N° 6			23 3/16"	22 5/8"	22 1/4"	21 15/16"	21 11/16"	21 1/2"	21 1/16"	20 13/16"	20 5/8"	20 1/2"
	ORD N° 7			23"	22 7/8"	22 13/16"	22 3/4"	22 11/16"	22 5/8"	22 1/2"	22 7/16"	22 3/8"	22 3/8"
	ORD N° 8			22 15/16"	22 15/16"	22 15/16"	22 15/16"	22 15/16"	22 15/16"	22 15/16"	22 15/16"	22 15/16"	22 15/16"

WT estándar de 30 grados. El tubo lateral (continuación)
Marcados en dieciseisavos
Tamaño del cabezal

Tamaño de la sucursal		16"	18"	20"	22"	24"	30"	36"	42"	48"
16"	ORD N° 1	2 1/8"	2"	1 7/8"	1 13/16"	1 3/4"	1 9/16"	1 1/2"	1 7/16"	1 3/8"
	ORD N° 2	8 1/16"	7 7/16"	7"	6 11/16"	6 7/16"	5 7/8"	5 1/2"	5 1/4"	5 1/8"
	ORD N° 3	16 9/16"	14 15/16"	13 15/16"	13 1/4"	12 3/4"	11 11/16"	11"	10 9/16"	10 1/4"
	ORD N° 4	24 3/8"	21 5/8"	20 1/4"	19 3/8"	18 11/16"	17 3/8"	16 5/8"	16 1/16"	15 11/16"
	ORD N° 5	26 11/16"	25 1/16"	24 1/16"	23 3/8"	22 13/16"	21 3/4"	21 1/8"	20 11/16"	20 3/8"
	ORD N° 6	26 3/4"	26 1/8"	25 11/16"	25 3/8"	25 1/8"	24 9/16"	24 3/16"	23 15/16"	23 3/4"
	ORD N° 7	26 1/2"	26 3/8"	26 1/4"	26 3/16"	26 1/8"	26"	25 7/8"	25 13/16"	25 3/4"
	ORD N° 8	26 7/16"	26 7/16"	26 7/16"	26 7/16"	26 7/16"	26 7/16"	26 7/16"	26 7/16"	26 7/16"
18"	ORD N° 1		2 3/8"	2 1/4"	2 1/8"	2 1/16"	1 7/8"	1 3/4"	1 11/16"	1 9/16"
	ORD N° 2		9 1/8"	8 1/2"	8 1/16"	7 11/16"	6 15/16"	6 1/2"	6 3/16"	5 15/16"
	ORD N° 3		18 7/8"	17 1/8"	16 1/16"	15 1/4"	13 13/16"	12 15/16"	12 3/8"	11 15/16"
	ORD N° 4		27 13/16"	24 13/16"	23 5/16"	22 1/4"	20 3/8"	19 5/16"	18 5/8"	18 1/8"
	ORD N° 5		30 5/16"	28 9/16"	27 1/2"	26 11/16"	25 1/4"	24 3/8"	23 13/16"	23 3/8"
	ORD N° 6		30 1/4"	29 5/8"	29 3/16"	28 13/16"	28 1/8"	27 5/8"	27 5/16"	27 1/16"
	ORD N° 7		30"	29 7/8"	29 3/4"	29 11/16"	29 1/2"	29 3/8"	29 1/4"	29 3/16"
	ORD N° 8		29 7/8"	29 7/8"	29 7/8"	29 7/8"	29 7/8"	29 7/8"	29 7/8"	29 7/8"
20"	ORD N° 1			2 11/16"	2 9/16"	2 7/16"	2 3/16"	2"	1 15/16"	1 13/16"
	ORD N° 2			10 1/4"	9 5/8"	9 1/8"	8 1/8"	7 9/16"	7 1/8"	6 7/8"
	ORD N° 3			21 1/8"	19 5/16"	18 3/16"	16 1/8"	15"	14 1/4"	13 11/16"
	ORD N° 4			31 1/4"	28"	26 5/16"	23 11/16"	22 1/4"	21 5/16"	20 11/16"
	ORD N° 5			33 7/8"	32 1/8"	30 15/16"	28 7/8"	27 3/4"	27"	26 7/16"
	ORD N° 6			33 13/16"	33 3/16"	32 11/16"	31 3/4"	31 1/8"	30 3/4"	30 7/16"
	ORD N° 7			33 1/2"	33 5/16"	33 1/4"	33"	32 13/16"	32 3/4"	32 5/8"
	ORD N° 8			33 5/16"	33 5/16"	33 5/16"	33 5/16"	33 5/16"	33 5/16"	33 5/16"

WT estándar de 30 grados. El tubo lateral (continuación)
Marcados en dieciseisavos
Tamaño del cabezal

Tamaño de la sucursal		22"	24"	30"	36"	42"	48"
22"	ORD N° 1	2 15/16"	2 13/16"	2 1/2"	2 5/16"	2 3/16"	2 1/8"
	ORD N° 2	11 5/16"	10 11/16"	9 7/16"	8 11/16"	8 3/16"	7 13/16"
	ORD N° 3	23 7/16"	21 9/16"	18 11/16"	17 3/16"	16 1/4"	15 9/16"
	ORD N° 4	34 11/16"	31 1/4"	27 1/4"	25 3/8"	24 3/16"	23 3/8"
	ORD N° 5	37 1/2"	35 5/8"	32 3/4"	31 1/4"	30 5/16"	29 5/8"
	ORD N° 6	37 3/8"	36 11/16"	35 7/16"	34 11/16"	34 3/16"	33 13/16 "
	ORD N° 7	36 15/16"	36 13/16 "	36 1/2"	36 5/16"	36 3/16"	36 1/8"
	ORD N° 8	36 13/16 "	36 13/16 "	36 13/16 "	36 13/16 "	36 13/16 "	36 13/16 "
24"	ORD N° 1		3 1/4"	2 7/8"	2 5/8"	2 1/2"	2 3/8"
	ORD N° 2		12 7/16"	10 13/16 "	9 7/8"	9 1/4"	8 1/16"
	ORD N° 3		25 3/4"	21 1/2"	19 9/16"	18 5/16"	17 1/2"
	ORD N° 4		38 3/16"	31 de 3/16"	28 5/8"	27 3/16"	26 1/8"
	ORD N° 5		41 1/8"	36 7/8"	34 15/16"	33 3/4"	32 15/16"
	ORD N° 6		40 7/8"	39 1/4"	38 3/8"	37 3/4"	37 1/4"
	ORD N° 7		40 7/16"	40 1/16"	39 7/8"	39 11/16"	39 9/16"
	ORD N° 8		40 1/4"	40 1/4"	40 1/4"	40 1/4"	40 1/4"
30"	ORD N° 1			4 1/8"	3 11/16"	3 7/16"	3 1/4"
	ORD N° 2			15 11/16"	13 15/16"	12 7/8"	12 1/8"
	ORD N° 3			32 5/8"	27 7/8"	25 1/2"	23 15/16"
	ORD N° 4			48 11/16"	40 3/8"	37 3/16"	35 1/4"
	ORD N° 5			52"	47 1/4"	44 7/8"	43 3/8"
	ORD N° 6			51 1/2"	49 3/4"	48 11/16"	47 15/16"
	ORD N° 7			50 7/8"	50 1/2"	50 1/4"	50 1/16"
	ORD N° 8			50 11/16"	50 11/16"	50 11/16"	50 11/16"

WT estándar de 30 grados. El tubo lateral (continuación)

Marcados en dieciseisavos

Tamaño del cabezal

Tamaño de la sucursal		36"	42"	48"
36"	ORD N° 1	4 15/16"	4 9/16"	4 1/4"
	ORD N° 2	18 15/16"	17 1/8"	15 15/16"
	ORD N° 3	39 1/2"	34 5/16"	31 de 9/16"
	ORD N° 4	59 3/16"	49 11/16"	45 15/16"
	ORD N° 5	62 7/8"	57 11/16"	54 15/16"
	ORD N° 6	62 1/8"	60 5/16"	59 1/16"
	ORD N° 7	61 3/8"	60 15/16"	60 11/16"
	ORD N° 8	61 1/16"	61 1/16"	61 1/16"
42"	ORD N° 1		5 13/16"	5 3/8"
	ORD N° 2		22 1/4"	20 5/16"
	ORD N° 3		46 3/8"	40 7/8"
	ORD N° 4		69 13/16 "	59 3/16"
	ORD N° 5		73 3/4"	68 3/16"
	ORD N° 6		72 3/4"	70 7/8"
	ORD N° 7		71 13/16 "	71 3/8"
	ORD N° 8		71 7/16"	71 7/16"
48"	ORD N° 1			6 5/8"
	ORD N° 2			25 1/2"
	ORD N° 3			53 5/16"
	ORD N° 4			80 7/16"
	ORD N° 5			84 5/8"
	ORD N° 6			83 3/8"
	ORD N° 7			82 1/4"
	ORD N° 8			81 13/16 "

WT estándar de 45 grados. LATERAL DEL TUBO
Marcados en octavos
Tamaño del cabezal

Tamaño de la sucursal		3"	4"	6"	8"	10"	12"	14"	16"	18"	20"	22"	24"
3"	ORD N° 1	15/16"	13/16"	11/16"	5/8"	9/16"	9/16"	9/16"	9/16"	1/2"	1/2"	1/2"	1/2"
	ORD N° 2	2 11/16"	2 5/16"	2"	1 7/8"	1 13/16"	1 3/4"	1 3/4"	1 11/16"	1 11/16"	1 11/16"	1 5/8"	1 5/8"
	ORD N° 3	3 1/16"	2 15/16"	2 13/16"	2 3/4"	2 11/16"	2 11/16"	2 11/16"	2 11/16"	2 5/8"	2 5/8"	2 5/8"	2 5/8"
	ORD N° 4	3"	3"	3"	3"	3"	3"	3"	3"	3"	3"	3"	3"
4"	ORD N° 1		1 5/16"	1 1/16"	15/16"	7/8"	13/16"	13/16"	3/4"	3/4"	3/4"	11/16"	11/16"
	ORD N° 2		3 3/4"	2 15/16"	2 11/16"	2 9/16"	2 7/16"	2 5/16"	2 5/16"	2 5/16"	2 5/16"	2 1/4"	2 1/4"
	ORD N° 3		4 1/8"	3 7/8"	3 3/4"	3 11/16"	3 5/8"	3 5/8"	3 9/16"	3 9/16"	3 9/16"	3 9/16"	3 9/16"
	ORD N° 4		4"	4"	4"	4"	4"	4"	4"	4"	4"	4"	4"
6"	ORD N° 1			1 15/16"	1 11/16"	1 1/2"	1 3/8"	1 5/16"	1 5/16"	1 1/4"	1 3/16"	1 3/16"	1 1/8"
	ORD N° 2			5 11/16"	4 11/16"	4 5/16"	4 1/16"	3 15/16"	3 13/16"	3 3/4"	3 5/8"	3 9/16"	3 9/16"
	ORD N° 3			6 1/4"	5 15/16"	5 3/4"	5 5/8"	5 9/16"	5 1/2"	5 1/2"	5 7/16"	5 7/16"	5 5/16"
	ORD N° 4			6"	6"	6"	6"	6"	6"	6"	6"	6"	6"
8"	ORD N° 1				2 11/16"	2 5/16"	2 1/8"	2"	1 7/8"	1 13/16"	1 3/4"	1 11/16"	1 5/8"
	ORD N° 2				7 13/16"	6 1/2"	6"	5 3/4"	5 1/2"	5 5/16"	5 3/16"	5 1/16"	5"
	ORD N° 3				8 5/16"	7 15/16"	7 3/4"	7 11/16"	7 9/16"	7 1/2"	7 3/8"	7 5/16"	7 5/16"
	ORD N° 4				8"	8"	8"	8"	8"	8"	8"	8"	8"
10"	ORD N° 1					3 5/16"	3"	2 13/16"	2 5/8"	2 1/2"	2 5/16"	2 5/16"	2 3/16"
	ORD N° 2					9 13/16"	8 7/16"	8"	7 1/2"	7 1/8"	6 7/8"	6 11/16"	6 9/16"
	ORD N° 3					10 7/16"	10 1/16"	9 7/8"	9 11/16"	9 9/16"	9 7/16"	9 3/8"	9 5/16"
	ORD N° 4					10"	10"	10"	10"	10"	10"	10"	10"

WT estándar de 45 grados. El tubo lateral (continuación)

Marcados en dieciseisavos

Tamaño del cabezal

Tamaño de la sucursal		10"	12"	14"	16"	18"	20"	22"	24"	30"	36"	42"	48"
10"	ORD N° 1	7/8"	13/16"	3/4"	11/16"	11/16"	5/8"	5/8"	5/8"	9/16"	1/2"	1/2"	1/2"
	ORD N° 2	3 5/16"	3"	2 13/16"	2 5/8"	2 1/2"	2 3/8"	2 15/16"	2 3/16"	2 1/16"	1 15/16"	1 7/8"	1 13/16"
	ORD N° 3	6 13/16"	5 7/8"	5 9/16"	5 3/16"	4 7/8"	4 11/16"	4 1/2"	4 3/8"	4 1/8"	3 15/16"	3 13/16"	3 3/4"
	ORD N° 4	9 13/16"	8 7/16"	8"	7 1/2"	7 1/8"	6 7/8"	6 11/16"	6 9/16"	6 3/16"	6"	5 7/8"	5 3/4"
	ORD N° 5	10 5/8"	9 11/16"	9 3/8"	9"	8 11/16"	8 1/2"	8 3/8"	8 1/4"	7 15/16"	7 3/4"	7 5/8"	7 9/16"
	ORD N° 6	10 7/16"	10 1/16"	9 7/8"	9 11/16"	9 9/16"	9 7/16"	9 3/8"	9 5/16"	9 1/8"	9 1/16"	8 15/16"	8 7/8"
	ORD N° 7	10 1/8"	10 1/16"	10"	9 15/16"	9 15/16"	9 7/8"	9 7/8"	9 13/16"	9 13/16"	9 3/4"	9 3/4"	9 3/4"
	ORD N° 8	10"	10"	10"	10"	10"	10"	10"	10"	10"	10"	10"	10"
12"	ORD N° 1		1 1/16"	1"	15/16"	7/8"	13/16"	13/16"	3/4"	11/16"	11/16"	5/8"	5/8"
	ORD N° 2		4 1/16"	3 13/16"	3 1/2"	3 1/4"	3 1/16"	2 15/16"	2 7/8"	2 5/8"	2 1/2"	2 3/8"	2 5/16"
	ORD N° 3		8 1/4"	7 9/16"	6 7/8"	6 3/8"	6 1/16"	5 13/16"	5 5/8"	5 3/16"	4 15/16"	4 3/4"	4 5/8"
	ORD N° 4		12"	10 13/16"	9 13/16"	9 1/4"	8 13/16"	8 1/2"	8 1/4"	7 3/4"	7 7/16"	7 1/4"	7 1/16"
	ORD N° 5		12 7/8"	12 1/8"	11 7/16"	11"	10 11/16"	10 7/16"	10 3/16"	9 13/16"	9 9/16"	9 3/8"	9 3/16"
	ORD N° 6		12 1/2"	12 1/4"	11 15/16"	11 3/4"	11 9/16"	11 7/16"	11 5/16"	11 1/8"	10 15/16"	10 7/8"	10 3/4"
	ORD N° 7		12 1/8"	12 1/16"	12"	11 15/16"	11 15/16"	11 7/8"	11 7/8"	11 13/16"	11 3/4"	11 3/4"	11 11/16"
	ORD N° 8		12"	12"	12"	12"	12"	12"	12"	12"	12"	12"	12"
14"	ORD N° 1			1 13/16"	1 1/16"	1"	15/16"	15/16"	7/8"	13/16"	3/4"	3/4"	11/16"
	ORD N° 2			4 1/2"	4 1/16"	3 13/16"	3 9/16"	3 7/16"	3 5/16"	3"	2 13/16"	2 11/16"	2 9/16"
	ORD N° 3			9 3/16"	8 1/8"	7 1/2"	7 1/16"	6 3/4"	6 7/16"	5 15/16"	5 5/8"	5 3/8"	5 3/16"
	ORD N° 4			13 5/16"	11 5/8"	10 3/4"	10 3/16"	9 3/4"	9 7/16"	8 13/16"	8 7/16"	8 1/8"	7 15/16"
	ORD N° 5			14 1/4"	13 3/16"	12 9/16"	12 1/8"	11 13/16"	11 9/16"	11"	10 11/16"	10 7/16"	10 5/16"
	ORD N° 6			13 7/8"	13 7/16"	13 3/16"	12 15/16"	12 13/16"	12 5/8"	12 3/8"	12 3/16"	12 1/16"	11 15/16"
	ORD N° 7			13 7/16"	13 5/16"	13 1/4"	13 3/16"	13 3/16"	13 1/8"	13 1/16"	13"	12 15/16"	12 15/16"
	ORD N° 8			13 1/4"	13 1/4"	13 1/4"	13 1/4"	13 1/4"	13 1/4"	13 1/4"	13 1/4"	13 1/4"	13 1/4"

WT estándar de 45 grados. El tubo lateral (continuación)

Marcados en dieciseisavos

Tamaño del cabezal

Tamaño de la sucursal		16"	18"	20"	22"	24"	30"	36"	42"	48"
16"	ORD Nº 1	1 3/8"	1 1/4"	1 3/16"	1 1/8"	1 1/16"	1"	15/16'	7/8"	13/16"
	ORD Nº 2	5 3/16"	4 3/4"	4 7/16"	4 1/4"	4 1/16"	3 5/8"	3 3/8"	3 1/4"	3 1/8"
	ORD Nº 3	10 11/16"	9 1/2"	8 13/16'	8 5/16"	7 15/16"	7 3/16"	6 3/4"	6 7/16"	6 3/16"
	ORD Nº 4	15 1/2"	13 9/16"	12 5/8"	12"	11 1/2"	10 9/16"	10"	9 5/8"	9 3/8"
	ORD Nº 5	16 1/2"	15 3/8"	14 5/8"	14 1/8"	13 3/4"	13"	12 9/16"	12 1/4"	12 1/16"
	ORD Nº 6	16"	15 9/16"	15 1/4"	15"	14 13/16"	14 7/16"	14 3/16"	14"	13 7/8"
	ORD Nº 7	15 7/16"	15 3/8"	15 5/16"	15 1/4"	15 3/16"	15 1/16"	15"	14 15/16"	14 15/16"
	ORD Nº 8	15 1/4"	15 1/4"	15 1/4"	15 1/4"	15 1/4"	15 1/4"	15 1/4"	15 1/4"	15 1/4"
18"	ORD Nº 1		1 9/16"	1 7/16"	1 3/8"	1 5/16"	1 3/16"	1 1/16"	1"	1"
	ORD Nº 2		5 7/8"	5 7/16"	5 1/8"	4 7/8"	4 3/8"	4 1/16"	3 13/16"	3 5/8"
	ORD Nº 3		12 1/8"	10 15/16"	10 3/16"	9 5/8"	8 9/16"	7 15/16"	7 9/16"	7 1/4"
	ORD Nº 4		17 11/16"	15 5/8"	14 1/2"	13 13/16 "	12 1/2"	11 3/4"	11 1/4"	10 7/8"
	ORD Nº 5		18 3/4"	17 1/2"	16 3/4"	16 3/16"	15 3/16"	14 9/16"	14 1/8"	13 7/8"
	ORD Nº 6		18 1/16"	17 11/16"	17 5/16"	17 1/16"	16 9/16"	16 1/4"	16"	15 13/16 "
	ORD Nº 7		17 1/2"	17 3/8"	17 5/16"	17 1/4"	17 1/8"	17"	16 15/16"	16 15/16"
	ORD Nº 8		17 1/4"	17 1/4"	17 1/4"	17 1/4"	17 1/4"	17 1/4"	17 1/4"	17 1/4"
20"	ORD Nº 1			1 3/4"	1 5/8"	1 9/16"	1 3/8"	1 1/4"	1 3/16"	1 1/8"
	ORD Nº 2			6 5/8"	6 1/8"	5 13/16"	5 1/8"	4 11/16"	4 7/16"	4 3/16"
	ORD Nº 3			13 5/8"	12 5/16"	11 1/2"	10 1/16"	9 1/4"	8 3/4"	8 3/8"
	ORD Nº 4			19 15/16"	17 5/8"	16 7/16"	14 9/16"	13 9/16"	12 15/16"	12 1/2"
	ORD Nº 5			21"	19 11/16"	18 7/8"	17 7/16"	16 5/8"	16 1/8"	15 3/4"
	ORD Nº 6			20 3/16"	19 3/4"	19 7/16"	18 3/4"	18 5/16"	18 1/16"	17 13/16"
	ORD Nº 7			19 1/2"	19 7/16"	19 5/16"	19 3/16'	19 1/16"	19"	18 15/16"
	ORD Nº 8			19 1/4"	19 1/4"	19 1/4"	19 1/4"	19 1/4"	19 1/4"	19 1/4"

WT estándar de 45 grados. El tubo lateral (continuación)

Marcados en dieciseisavos

Tamaño del cabezal

Tamaño de la sucursal		22"	24"	30"	36"	42"	48"
22"	ORD Nº 1	1 15/16"	1 13/16"	1 5/8"	1 7/16"	1 3/8"	1 5/16"
	ORD Nº 2	7 5/16"	6 7/8"	5 15/16"	5 7/16"	5 1/16"	4 13/16"
	ORD Nº 3	15 1/8"	13 3/4"	11 3/4"	10 11/16"	10"	9 1/2"
	ORD Nº 4	22 1/8"	19 11/16"	16 7/8"	15 9/16"	14 11/16"	14 1/8"
	ORD Nº 5	23 1/4"	21 7/8"	19 7/8"	18 13/16 "	18 1/8"	17 11/16"
	ORD Nº 6	22 5/16"	21 7/8"	21"	20 7/16"	20 1/8"	19 7/8"
	ORD Nº 7	21 9/16"	21 7/16"	21 1/4"	21 1/8"	21"	20 15/16"
	ORD Nº 8	21 1/4"	21 1/4"	21 1/4"	21 1/4"	21 1/4"	21 1/4"
24"	ORD Nº 1		2 1/8"	1 13/16"	1 11/16"	1 9/16"	1 1/2"
	ORD Nº 2		8"	6 7/8"	6 3/16"	5 3/4"	5 7/16"
	ORD Nº 3		16 9/16"	13 9/16"	12 3/16"	11 3/8"	10 3/4"
	ORD Nº 4		24 3/8"	19 7/16"	17 5/8"	16 9/16"	15 7/8"
	ORD Nº 5		25 1/2"	22 1/2"	21 1/8"	20 1/4"	19 11/16"
	ORD Nº 6		24 7/16"	23 5/16"	22 5/8"	22 3/16"	21 7/8"
	ORD Nº 7		23 9/16"	23 5/16"	23 1/8"	23 1/16"	22 15/16"
	ORD Nº 8		23 1/4"	23 1/4"	23 1/4"	23 1/4"	23 1/4"
30"	ORD Nº 1			2 5/8"	2 3/8"	2 3/16"	2 1/16"
	ORD Nº 2			10 1/8"	8 7/8"	8 1/8"	7 5/8"
	ORD Nº 3			21"	17 11/16"	16"	14 15/16"
	ORD Nº 4			31 1/8"	25 1/4"	23"	21 5/8"
	ORD Nº 5			32 1/4"	28 7/8"	27 3/16"	26 1/8"
	ORD Nº 6			30 13/16 "	29 9/16"	28 13/16 "	28 1/4"
	ORD Nº 7			29 11/16"	29 3/8"	29 3/16"	29 1/16"
	ORD Nº 8			29 1/4"	29 1/4"	29 1/4"	29 1/4"

WT estándar de 45 grados. El tubo lateral (continuación)

Marcados en dieciseisavos

Tamaño del cabezal

Tamaño de la sucursal		36"	42"	48"
36"	ORD N° 1	3 3/16"	2 15/16"	2 11/16"
	ORD N° 2	12 1/4"	10 15/16"	10 1/8"
	ORD N° 3	25 1/2"	21 13/16 "	19 7/8"
	ORD N° 4	37 15/16"	31 de 3/16"	28 1/2"
	ORD N° 5	39"	35 5/16"	33 3/8"
	ORD N° 6	37 3/16"	35 7/8"	35"
	ORD N° 7	35 3/4"	35 1/2"	35 1/4"
	ORD N° 8	35 1/4"	35 1/4"	35 1/4"
42"	ORD N° 1		3 3/4"	3 7/16"
	ORD N° 2		14 3/8"	13"
	ORD N° 3		29 15/16"	26 1/16"
	ORD N° 4		44 3/4"	37 3/16"
	ORD N° 5		45 3/4"	41 13/16 "
	ORD N° 6		43 9/16"	42 3/16"
	ORD N° 7		41 7/8"	41 9/16"
	ORD N° 8		41 1/4"	41 1/4"
48"	ORD N° 1			4 5/16"
	ORD N° 2			16 1/2"
	ORD N° 3			34 7/16"
	ORD N° 4			51 9/16"
	ORD N° 5			52 1/2"
	ORD N° 6			49 7/8"
	ORD N° 7			47 15/16"
	ORD N° 8			47 1/4"

WT estándar de 60 grados. LATERAL DEL TUBO
Marcados en octavos
Tamaño del cabezal

Tamaño de la sucursal		3"	4"	6"	8"	10"	12"	14"	16"	18"	20"	22"	24"
3"	ORD Nº 1	11/16"	9/16"	7/16"	7/16"	3/8"	3/8"	3/8"	5/16"	5/16"	5/16"	5/16"	5/16"
	ORD Nº 2	1 7/8"	1 1/2"	1 1/4"	1 3/16"	1 1/8"	1 1/16"	1 11/16"	1"	1"	1"	1"	1"
	ORD Nº 3	1 7/8"	1 13/16"	1 11/16"	1 5/8"	1 5/8"	1 9/16"	1 9/16"	1 9/16"	1 9/16"	1 9/16"	1 9/16"	1 9/16"
	ORD Nº 4	1 3/4"	1 3/4"	1 3/4"	1 3/4"	1 3/4"	1 3/4"	1 3/4"	1 3/4"	1 3/4"	1 3/4"	1 3/4"	1 3/4"
4"	ORD Nº 1		15/16"	11/16"	5/8"	9/16"	1/2"	1/2"	1/2"	7/16"	7/16"	7/16"	7/16"
	ORD Nº 2		2 9/16"	1 15/16"	1 3/4"	1 5/8"	1 1/2"	1 1/2"	1 7/16"	1 7/16"	1 3/8"	1 3/8"	1 3/8"
	ORD Nº 3		2 9/16"	2 5/16"	2 1/4"	2 3/16"	2 1/8"	2 1/8"	2 1/8"	2 1/8"	2 1/16"	2 1/16"	2 1/16"
	ORD Nº 4		2 5/16"	2 5/16"	2 5/16"	2 5/16"	2 5/16"	2 5/16"	2 5/16"	2 5/16"	2 5/16"	2 5/16"	2 5/16"
6"	ORD Nº 1			1 3/8"	1 1/8"	1"	15/16"	7/8"	13/16"	13/16"	3/4"	3/4"	3/4"
	ORD Nº 2			3 15/16"	3 1/8"	2 13/16"	2 5/8"	2 1/2"	2 7/16"	2 5/16"	2 1/4"	2 3/16"	2 3/16"
	ORD Nº 3			3 7/8"	3 5/8"	3 7/16"	3 3/8"	3 5/16"	3 5/16"	3 1/4"	3 1/4"	3 3/16"	3 3/16"
	ORD Nº 4			3 7/16"	3 7/16"	3 7/16"	3 7/16"	3 7/16"	3 7/16"	3 7/16"	3 7/16"	3 7/16"	3 7/16"
8"	ORD Nº 1				1 7/8"	1 5/8"	1 7/16"	1 3/8"	1 1/4"	1 3/16"	1 1/8"	1 1/8"	1 1/16"
	ORD Nº 2				5 7/16"	4 3/8"	3 15/16"	3 3/4"	3 9/16"	3 3/8"	3 1/4"	3 3/16"	3 1/8"
	ORD Nº 3				5 3/16"	4 7/8"	4 11/16"	4 5/8"	4 9/16"	4 1/2"	4 7/16"	4 3/8"	4 5/16"
	ORD Nº 4				4 5/8"	4 5/8"	4 5/8"	4 5/8"	4 5/8"	4 5/8"	4 5/8"	4 5/8"	4 5/8"
10"	ORD Nº 1					2 3/8"	2 1/16"	1 15/16"	1 13/16"	1 11/16"	1 9/16"	1 1/2"	1 7/16"
	ORD Nº 2					6 13/16"	5 11/16"	5 5/16"	4 15/16"	4 5/8"	4 7/16"	4 1/4"	4 1/8"
	ORD Nº 3					6 7/16"	6 3/16"	6 1/16"	5 7/8"	5 3/4"	5 11/16"	5 5/8"	5 9/16"
	ORD Nº 4					5 3/4"	5 3/4"	5 3/4"	5 3/4"	5 3/4"	5 3/4"	5 3/4"	5 3/4"

WT estándar de 60 grados. El tubo lateral (continuación)
Marcados en dieciseisavos
Tamaño del cabezal

Tamaño de la sucursal		10"	12"	14"	16"	18"	20"	22"	24"	30"	36"	42"	48"
10"	ORD Nº 1	5/8"	9/16"	1/2"	1/2"	7/16"	7/16"	7/16"	3/8"	3/8"	5/16"	5/16"	5/16"
	ORD Nº 2	2 3/8"	2 1/16"	1 15/16"	1 13/16"	1 11/16"	1 9/16"	1 1/2"	1 7/16"	1 5/16"	1 1/4"	1 3/16"	1 1/8"
	ORD Nº 3	4 13/16"	4 1/16"	3 13/16"	3 1/2"	3 1/4"	3 1/16"	2 15/16"	2 7/8"	2 5/8"	2 1/2"	2 3/8"	2 5/16"
	ORD Nº 4	6 13/16"	5 11/16"	5 5/16"	4 15/16"	4 5/8"	4 7/16"	4 1/4"	4 1/8"	3 7/8"	3 11/16"	3 9/16"	3 1/2"
	ORD Nº 5	7"	6 1/4"	6"	5 11/16"	5 7/16"	5 5/16"	5 3/16"	5 1/16"	4 13/16"	4 11/16"	4 9/16"	4 1/2"
	ORD Nº 6	6 7/16"	6 3/16"	6 1/16"	5 7/8"	5 3/4"	5 11/16"	5 5/8"	5 9/16"	5 7/16"	5 5/16"	5 1/4"	5 1/4"
	ORD Nº 7	5 15/16"	5 7/8"	5 7/8"	5 13/16"	5 3/4"	5 3/4"	5 3/4"	5 3/4"	5 11/16"	5 11/16"	5 5/8"	5 5/8"
	ORD Nº 8	5 3/4"	5 3/4"	5 3/4"	5 3/4"	5 3/4"	5 3/4"	5 3/4"	5 3/4"	5 3/4"	5 3/4"	5 3/4"	5 3/4"
12"	ORD Nº 1		3/4"	11/16"	5/8"	5/8"	9/16"	9/16"	1/2"	7/16"	7/16"	7/16"	3/8"
	ORD Nº 2		2 7/8"	2 11/16"	2 7/16"	2 1/4"	2 1/8"	2"	1 15/16"	1 3/4"	1 5/8"	1 1/2"	17/16"
	ORD Nº 3		5 7/8"	5 5/16"	4 11/16"	4 5/16"	4 1/16"	3 7/8"	3 11/16"	3 3/8"	3 1/8"	3"	2 7/8"
	ORD Nº 4		8 5/16"	7 3/8"	6 9/16"	6 1/8"	5 3/4"	5 1/2"	5 5/16"	4 15/16"	4 5/8"	4 1/2"	4 3/8"
	ORD Nº 5		8 1/2"	7 15/16"	7 3/8"	7"	6 3/4"	6 1/2"	6 3/8"	6"	5 13/16"	5 5/8"	5 9/16"
	ORD Nº 6		7 3/4"	7 9/16"	7 5/16"	7 1/8"	7"	6 7/8"	6 13/16"	6 5/8"	6 1/2"	6 7/16"	6 3/8"
	ORD Nº 7		7 3/16"	7 1/8"	7 1/16"	7"	7"	6 15/16"	6 15/16"	6 7/8"	6 13/16"	6 13/16"	6 13/16"
	ORD Nº 8		6 15/16"	6 15/16"	6 15/16"	6 15/16"	6 15/16"	6 15/16"	6 15/16"	6 15/16"	6 15/16"	6 15/16"	6 15/16"
14"	ORD Nº 1			13/16"	3/4"	11/16"	11/16"	5/8"	5/8"	9/16"	1/2"	7/16"	7/16"
	ORD Nº 2			3 3/16"	2 7/8"	2 5/8"	2 7/16"	2 5/16"	2 1/4"	2"	1 13/16"	1 3/4"	1 5/8"
	ORD Nº 3			6 1/2"	5 5/8"	5 1/8"	4 3/4"	4 1/2"	4 5/16"	3 7/8"	3 5/8"	3 7/16"	3 1/4"
	ORD Nº 4			9 5/16"	7 7/8"	7 3/16"	6 3/4"	6 3/8"	6 1/8"	5 5/8"	5 5/16"	5 1/16"	4 7/8"
	ORD Nº 5			9 7/16"	8 9/16"	8 1/16"	7 11/16"	7 7/16"	7 1/4"	6 13/16"	6 1/2"	6 5/16"	6 3/16"
	ORD Nº 6			8 5/8"	8 1/4"	8 1/16"	7 7/8"	7 3/4"	7 5/8"	7 3/8"	7 1/4"	7 1/8"	7 1/16"
	ORD Nº 7			7 15/16"	7 13/16"	7 3/4"	7 3/4"	7 11/16"	7 11/16"	7 5/8"	7 9/16"	7 9/16"	7 1/2"
	ORD Nº 8			7 5/8"	7 5/8"	7 5/8"	7 5/8"	7 5/8"	7 5/8"	7 5/8"	7 5/8"	7 5/8"	7 5/8"

WT estándar de 60 grados. El tubo lateral (continuación)

Marcados en dieciseisavos

Tamaño del cabezal

Tamaño de la sucursal	ORD	16"	18"	20"	22"	24"	30"	36"	42"	48"
16"	ORD N° 1	1"	7/8"	13/16"	13/16"	3/4"	11/16"	5/8"	9/16"	9/16"
	ORD N° 2	3 11/16"	3 3/8"	3 1/8"	2 15/16"	2 3/4"	2 7/16"	2 1/4"	2 1/8"	2"
	ORD N° 3	7 9/16"	6 5/8"	6 1/16"	5 11/16"	5 3/8"	4 3/4"	4 3/8"	4 1/8"	3 15/16"
	ORD N° 4	10 7/8"	9 1/4"	8 1/2"	7 15/16"	7 9/16"	6 13/16"	6 3/8"	6 1/16"	5 13/16"
	ORD N° 5	10 15/16"	10"	9 7/16"	9 1/16"	8 3/4"	8 1/8"	7 3/4"	7 1/2"	7 5/16"
	ORD N° 6	9 15/16"	9 9/16"	9 5/16"	9 1/8"	9"	8 11/16"	8 1/2"	8 5/16"	8 1/4"
	ORD N° 7	9 1/8"	9"	9"	8 15/16"	8 7/8"	8 13/16"	8 3/4"	8 11/16"	8 11/16"
	ORD N° 8	8 13/16"	8 13/16"	8 13/16"	8 13/16"	8 13/16"	8 13/16"	8 13/16"	8 13/16"	8 13/16"
18"	ORD N° 1		1 1/8"	1"	15/16"	15/16"	13/16"	3/4"	11/16"	5/8"
	ORD N° 2		4 3/16"	3 7/8"	3 9/16"	3 3/8"	2 15/16"	2 11/16"	2 1/2"	2 3/8"
	ORD N° 3		8 5/8"	7 5/8"	7"	6 9/16"	5 3/4"	5 1/4"	4 7/8"	4 5/8"
	ORD N° 4		12 3/8"	10 11/16"	9 13/16"	9 3/16"	8 1/8"	7 1/2"	7 1/8"	6 13/16"
	ORD N° 5		12 7/16"	11 7/16"	10 13/16"	10 3/8"	9 9/16"	9 1/16"	8 11/16"	8 7/16"
	ORD N° 6		11 1/4"	10 7/8"	10 5/8"	10 7/16"	10"	9 3/4"	9 9/16"	9 7/16"
	ORD N° 7		10 5/16"	10 1/4"	10 3/16"	10 1/8"	10"	9 15/16"	9 7/8"	9 13/16"
	ORD N° 8		9 15/16"	9 15/16"	9 15/16"	9 15/16"	9 15/16"	9 15/16"	9 15/16"	9 15/16"
20"	ORD N° 1			1 1/4"	1 3/16"	1 1/16"	15/16"	7/8"	13/16"	3/4"
	ORD N° 2			4 11/16"	4 3/8"	4 1/16"	3 1/2"	3 3/16"	2 15/16"	2 3/4"
	ORD N° 3			9 11/16"	8 5/8"	8"	6 13/16"	6 1/8"	5 11/16"	5 3/8"
	ORD N° 4			14"	12 1/8"	11 1/8"	9 9/16"	8 3/4"	8 1/4"	7 7/8"
	ORD N° 5			13 15/16"	12 15/16"	12 1/4"	11 1/16"	10 3/8"	9 15/16"	9 5/8"
	ORD N° 6			12 9/16"	12 3/16"	11 15/16"	11 3/8"	11"	10 13/16"	10 5/8"
	ORD N° 7			11 1/2"	11 7/16"	11 3/8"	11 1/4"	11 1/8"	11 1/16"	11"
	ORD N° 8			11 1/8"	11 1/8"	11 1/8"	11 1/8"	11 1/8"	11 1/8"	11 1/8"

WT estándar de 60 grados. El tubo lateral (continuación)
Marcados en dieciseisavos
Tamaño del cabezal

Tamaño de la sucursal		22"	24"	30"	36"	42"	48"
22"	ORD Nº 1	1 3/8"	1 5/16"	1 1/8"	1"	15/16"	7/8"
	ORD Nº 2	5 1/4"	4 7/8"	4 1/8"	3 11/16"	3 3/8"	3 3/16"
	ORD Nº 3	10 3/4"	9 11/16"	8"	7 1/8"	6 5/8"	6 3/16"
	ORD Nº 4	15 9/16"	13 9/16"	11 1/4"	10 1/8"	9 7/16"	9"
	ORD Nº 5	15 7/16"	14 3/8"	12 11/16"	11 7/8"	11 5/16"	10 7/8"
	ORD Nº 6	13 7/8"	13 1/2"	12 13/16 "	12 3/8"	12 1/16"	11 7/8"
	ORD Nº 7	12 11/16"	12 5/8"	12 7/16"	12 5/16"	12 1/4"	12 3/16"
	ORD Nº 8	12 1/4"	12 1/4"	12 1/4"	12 1/4"	12 1/4"	12 1/4"
24"	ORD Nº 1		1 1/2"	1 5/16"	1 1/8"	1 1/16"	1"
	ORD Nº 2		5 3/4"	4 13/16"	4 1/4"	3 7/8"	3 5/8"
	ORD Nº 3		11 13/16 "	9 3/8"	8 1/4"	7 9/16"	7 1/16"
	ORD Nº 4		17 1/8"	13 1/16"	11 5/8"	10 3/4"	10 3/16"
	ORD Nº 5		16 15/16"	14 1/2"	13 3/8"	12 11/16"	12 3/16"
	ORD Nº 6		15 1/4"	14 5/16"	13 3/4"	13 3/8"	13 1/8"
	ORD Nº 7		13 7/8"	13 11/16"	13 9/16"	13 7/16"	13 3/8"
	ORD Nº 8		13 7/16"	13 7/16"	13 7/16"	13 7/16"	13 7/16"
30"	ORD Nº 1			1 7/8"	1 11/16"	1 1/2"	1 7/16"
	ORD Nº 2			7 1/4"	6 1/4"	5 5/8"	5 3/16"
	ORD Nº 3			15"	12 1/4"	10 7/8"	10"
	ORD Nº 4			21 15/16"	17 1/8"	15 5/16"	14 3/16"
	ORD Nº 5			21 1/2"	18 3/4"	17 3/8"	16 1/2"
	ORD Nº 6			19 3/16"	18 3/16"	17 9/16"	17 1/8"
	ORD Nº 7			17 1/2"	17 1/4"	17 1/8"	17"
	ORD Nº 8			16 7/8"	16 7/8"	16 7/8"	16 7/8"

WT estándar de 60 grados. El tubo lateral (continuación)

Marcados en dieciseisavos

Tamaño del cabezal

Tamaño de la sucursal		36"	42"	48"
36"	ORD N° 1	2 5/16"	2 1/16"	1 7/8"
	ORD N° 2	8 3/4"	7 11/16"	7"
	ORD N° 3	18 3/16"	15 3/16"	13 5/8"
	ORD N° 4	26 3/4"	21 1/4"	19 1/16"
	ORD N° 5	26"	23"	21 7/16"
	ORD N° 6	23 3/16"	22 1/8"	21 3/8"
	ORD N° 7	21 1/16"	20 7/8"	20 11/16"
	ORD N° 8	20 3/8"	20 3/8"	20 3/8"
42"	ORD N° 1		2 11/16"	2 7/16"
	ORD N° 2		10 5/16"	9 3/16"
	ORD N° 3		21 7/16"	18 3/16"
	ORD N° 4		31 5/8"	25 7/16"
	ORD N° 5		30 1/2"	27 5/16"
	ORD N° 6		27 1/8"	26 1/16"
	ORD N° 7		24 11/16"	24 7/16"
	ORD N° 8		23 13/16 "	23 13/16 "
48"	ORD N° 1			3 1/16"
	ORD N° 2			11 13/16 "
	ORD N° 3			24 5/8"
	ORD N° 4			36 1/2"
	ORD N° 5			35 1/16"
	ORD N° 6			31 1/8"
	ORD N° 7			28 5/16"
	ORD N° 8			27 1/4"

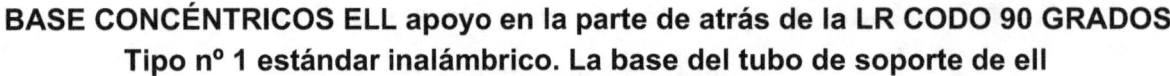

**BASE CONCÉNTRICOS ELL apoyo en la parte de atrás de la LR CODO 90 GRADOS
Tipo nº 1 estándar inalámbrico. La base del tubo de soporte de ell**

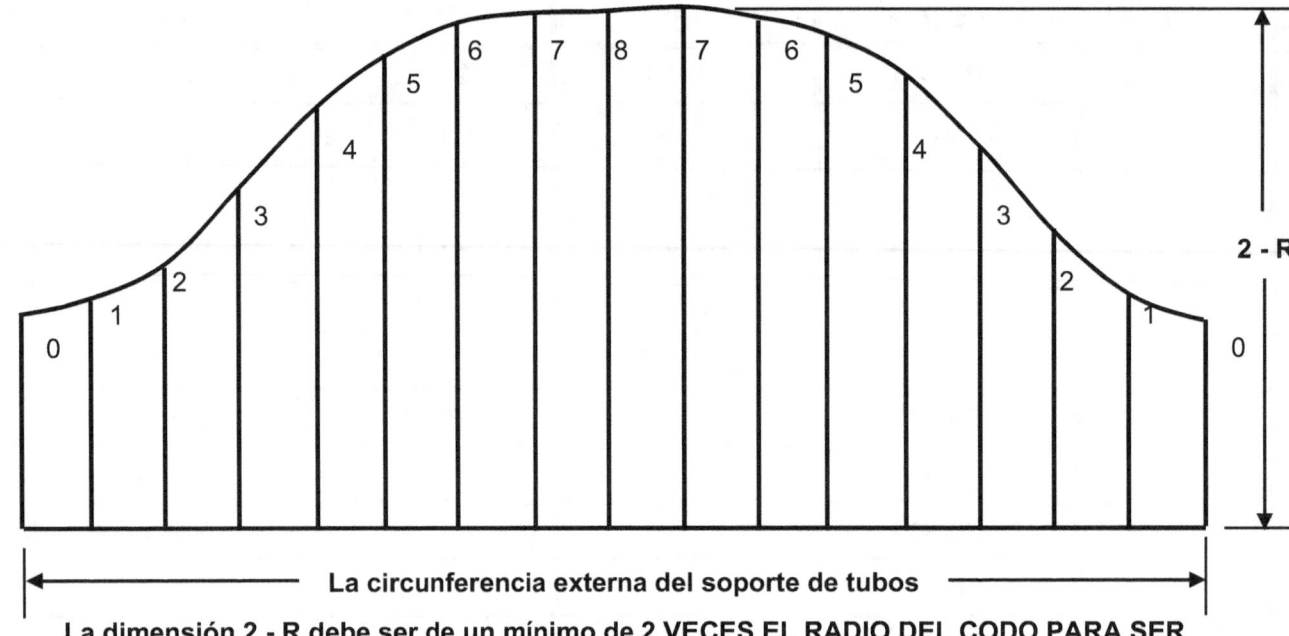

2 - R

La circunferencia externa del soporte de tubos

**La dimensión 2 - R debe ser de un mínimo de 2 VECES EL RADIO DEL CODO PARA SER
COMPATIBLE**

Mantenga siempre la punta de corte apuntando hacia el CENTRO DEL TUBO AL CORTAR

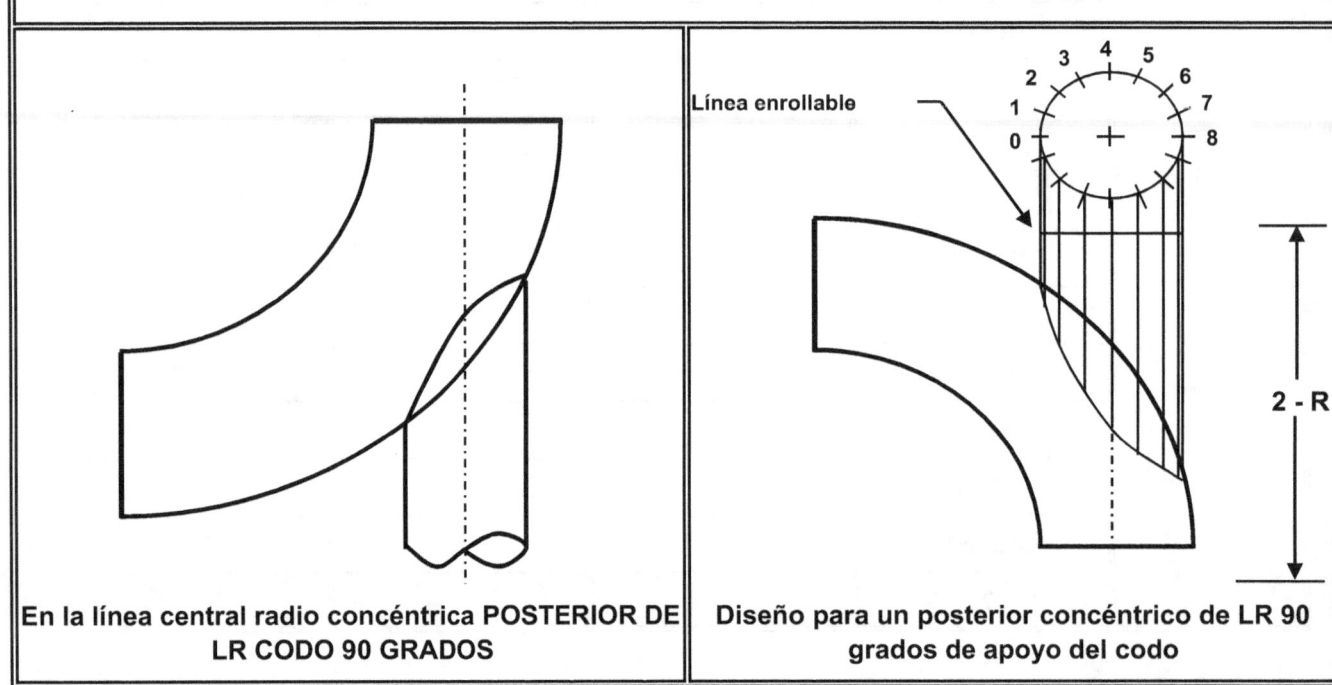

Línea enrollable

2 - R

**En la línea central radio concéntrica POSTERIOR DE
LR CODO 90 GRADOS**

**Diseño para un posterior concéntrico de LR 90
grados de apoyo del codo**

80

BASE CONCÉNTRICOS ELL APOYO (CL DE APOYO A CL DE CODO)
Tipo Nº 1 (estándar inalámbrico. Tubo) colocada en dieciseisavos
Diseño en octavos, utilice ORD Nº 0, 2, 4, 6 y 8
Tamaño del codo de 90 grados

Tamaño de soporte		2"	3"	4"	6"	8"	10"	12"
2"	ORD Nº 0	2 5/16"	3 13/16"	5 7/16"	8 5/8"	11 5/16"	15 3/16"	18 1/2"
	ORD Nº 1	2 7/16"	3 15/16"	5 1/2"	8 11/16"	12"	15 1/4"	18 9/16"
	ORD Nº 2	2 13/16"	4 3/16"	5 13/16"	9"	12 5/16"	15 1/2"	18 7/8"
	ORD Nº 3	3 3/8"	4 11/16"	6 1/4"	9 3/8"	12 11/16"	15 15/16"	19 1/4"
	ORD Nº 4	4 1/16"	5 3/16"	6 11/16"	9 13/16"	13 1/8"	16 3/8"	19 11/16"
	ORD Nº 5	4 1/2"	5 9/16"	7 1/8"	10 1/4"	13 9/16"	16 13/16 "	20 1/8"
	ORD Nº 6	4 3/4"	5 7/8"	7 7/16"	10 9/16"	13 7/8"	17 1/8"	20 7/16"
	ORD Nº 7	4 7/8"	6 1/16"	7 5/8"	10 13/16 "	14 1/8"	17 3/8"	20 11/16"
	ORD Nº 8	4 7/8"	6 1/8"	7 11/16"	10 7/8"	14 3/16"	17 7/16"	20 3/4"
3"	ORD Nº 0		3 1/2"	5 1/16"	8 3/16"	11 1/2"	14 11/16"	18"
	ORD Nº 1		3 11/16"	5 1/4"	8 3/8"	11 5/8"	14 7/8"	18 3/16"
	ORD Nº 2		4 1/4"	5 3/4"	8 13/16"	12 1/16"	15 1/4"	18 9/16"
	ORD Nº 3		5 1/8"	6 7/16"	9 7/16"	12 11/16"	15 7/8"	19 3/16"
	ORD Nº 4		6 1/8"	7 1/4"	10 3/16"	13 3/8"	16 9/16"	19 13/16 "
	ORD Nº 5		6 13/16"	7 15/16"	10 13/16 "	14"	17 3/16"	20 1/2"
	ORD Nº 6		7 3/16"	8 3/8"	11 1/4"	14 1/2"	17 11/16"	21"
	ORD Nº 7		7 5/16"	8 9/16"	11 9/16"	14 13/16 "	18"	21 5/16"
	ORD Nº 8		7 3/8"	8 5/8"	11 5/8"	14 7/8"	18 1/16"	21 7/16"
4"	ORD Nº 0			4 3/4"	7 7/8"	11 1/8"	14 5/16"	17 5/8"
	ORD Nº 1			5"	8 1/16"	11 5/16"	14 1/2"	17 13/16 "
	ORD Nº 2			5 3/4"	8 11/16"	11 7/8"	15 1/16"	18 3/8"
	ORD Nº 3			6 15/16"	9 5/8"	12 3/4"	15 7/8"	19 1/8"
	ORD Nº 4			8 3/8"	10 5/8"	13 11/16"	16 13/16 "	20 1/16"
	ORD Nº 5			9 3/8"	11 1/2"	14 9/16"	17 5/8"	20 7/8"
	ORD Nº 6			9 13/16"	12 1/16"	15 3/16"	18 1/4"	21 9/16"
	ORD Nº 7			10"	12 3/8"	15 1/2"	18 11/16"	21 15/16"
	ORD Nº 8			10 1/16"	12 1/2"	15 5/8"	18 13/16"	22 1/16"
6"	ORD Nº 0				7 1/4"	10 3/8"	13 1/2"	16 3/4"
	ORD Nº 1				7 5/8"	10 3/4"	13 13/16 "	17 1/16"
	ORD Nº 2				8 3/4"	11 3/4"	14 3/4"	18"
	ORD Nº 3				10 5/8"	13 1/4"	16 1/8"	19 5/16"
	ORD Nº 4				12 15/16"	14 7/8"	17 5/8"	20 3/4"
	ORD Nº 5				14 7/16"	16 1/4"	18 15/16"	22"
	ORD Nº 6				15 1/16"	17 1/16"	19 13/16 "	22 15/16"
	ORD Nº 7				15 5/16"	17 9/16"	20 3/8"	23 1/2"
	ORD Nº 8				15 3/8"	17 11/16"	20 1/2"	23 11/16"

ELL BASE SOPORTE concéntrico (CONT) CL DE APOYO A CL DE CODO

Tipo N° 1 (estándar inalámbrico. Tubo) colocada en dieciseisavos

Tamaño del codo de 90 grados

Tamaño de soporte		8"	10"	12"	14"	16"	18"	20"	22"	24"	30"	36"	42"	48"
8"	ORD N° 0	9 13/16"	12 7/8"	16 1/16"	19 3/4"	23"	26 5/16"	29 5/8"	32 15/16"	36 1/4"	46 3/16"			
	ORD N° 1	10 5/16"	13 5/16"	16 1/2"	20 3/16"	23 7/16"	26 3/4"	30"	33 5/16"	36 5/8"	46 5/8"			
	ORD N° 2	11 13/16"	14 11/16"	17 3/4"	21 1/2"	24 11/16"	27 15/16"	31 3/16"	34 1/2"	37 3/4"	47 11/16"			
	ORD N° 3	14 3/8"	16 3/4"	19 11/16"	23 3/8"	26 1/2"	29 11/16"	32 15/16"	36 3/16"	39 7/16"	49 5/16"			
	ORD N° 4	17 1/2"	19"	21 3/4"	25 7/16"	28 1/2"	31 5/8"	34 13/16"	38 1/16"	41 5/16"	51 1/8"			
	ORD N° 5	19 9/16"	20 13/16"	23 1/2"	27 3/16"	30 1/4"	33 3/8"	36 9/16"	39 3/4"	43"	52 7/8"			
	ORD N° 6	20 3/8"	21 7/8"	24 5/8"	28 7/16"	31 1/2"	34 5/8"	37 7/8"	41 1/16"	44 3/8"	54 3/16"			
	ORD N° 7	20 11/16"	22 7/16"	25 5/16"	29 1/8"	32 1/4"	35 7/16"	38 5/8"	41 7/8"	45 3/16"	55 1/16"			
	ORD N° 8	20 3/4"	22 5/8"	25 1/2"	29 3/8"	32 1/2"	35 11/16"	38 15/16"	42 3/16"	45 7/16"	55 3/8"			
10"	ORD N° 0		12 1/4"	15 3/8"	19"	22 1/4"	25 1/2"	28 3/4"	32 1/16"	35 3/8"	45 1/4"	55 1/4"		
	ORD N° 1		12 7/8"	16"	19 5/8"	22 13/16"	26 1/16"	29 5/16"	32 9/16"	35 7/8"	45 3/4"	55 3/4"		
	ORD N° 2		14 13/16"	17 3/4"	21 3/8"	24 1/2"	27 11/16"	30 7/8"	34 1/8"	37 3/8"	47 3/16"	57 1/8"		
	ORD N° 3		18"	20 7/16"	24"	26 15/16"	30"	33 1/8"	36 5/16"	39 9/16"	49 5/16"	59 3/16"		
	ORD N° 4		22 1/8"	23 7/16"	26 7/8"	29 5/8"	32 9/16"	35 5/8"	38 3/4"	41 15/16"	51 5/8"	61 7/16"		
	ORD N° 5		24 11/16"	25 13/16"	29 3/16"	31 7/8"	34 13/16"	37 13/16"	40 15/16"	44 1/8"	53 13/16"	63 5/8"		
	ORD N° 6		25 11/16"	27 1/8"	30 11/16"	33 3/8"	36 3/8"	39 7/16"	42 9/16"	45 3/4"	55 7/16"	65 5/16"		
	ORD N° 7		26 1/16"	27 3/4"	31 3/8"	34 1/4"	37 1/4"	40 3/8"	43 1/2"	46 3/4"	56 1/2"	66 3/8"		
	ORD N° 8		26 3/16"	27 15/16"	31 5/8"	34 1/2"	37 1/2"	40 5/8"	43 13/16"	47 1/16"	56 7/8"	66 3/4"		
12"	ORD N° 0			14 13/16"	18 3/8"	21 9/16"	24 3/4"	28"	31 1/4"	34 1/2"	44 3/8"	54 5/16"	64 5/16"	
	ORD N° 1			15 9/16"	19 1/8"	22 1/4"	25 7/16"	28 11/16"	31 15/16"	35 3/16"	45 1/16"	54 15/16"	64 7/8"	
	ORD N° 2			17 7/8"	21 3/8"	24 3/8"	27 1/2"	30 5/8"	33 13/16"	37 1/16"	46 13/16"	56 11/16"	66 9/16"	
	ORD N° 3			21 13/16"	25"	27 5/8"	30 1/2"	33 1/2"	36 5/8"	39 3/4"	49 3/8"	59 3/16"	69"	
	ORD N° 4			26 15/16"	29 3/16"	31 3/16"	33 13/16"	36 11/16"	39 11/16"	42 3/4"	52 1/4"	61 15/16"	71 3/4"	
	ORD N° 5			30 1/16"	32 3/16"	34 1/16"	36 9/16"	39 3/8"	42 5/16"	45 3/8"	54 13/16"	64 1/2"	74 3/8"	
	ORD N° 6			31 3/16"	33 11/16"	35 3/4"	38 3/8"	41 3/16"	44 3/16"	47 5/16"	56 13/16"	66 9/16"	76 3/8"	
	ORD N° 7			31 5/8"	34 3/8"	36 5/8"	39 5/16"	42 1/4"	45 5/16"	48 3/8"	58"	67 13/16"	77 11/16"	
	ORD N° 8			31 3/4"	34 9/16"	36 7/8"	39 5/8"	42 9/16"	45 5/8"	48 3/4"	58 3/8"	68 3/8"	78 1/8"	
14"	ORD N° 0				18"	21 1/8"	24 5/16"	27 9/16"	30 13/16"	34 1/16"	43 7/8"	53 13/16"	63 3/4"	73 11/16"
	ORD N° 1				18 13/16"	21 15/16"	25 1/8"	28 5/16"	31 9/16"	34 3/4"	44 9/16"	54 7/16"	64 3/8"	74 3/8"
	ORD N° 2				21 1/2"	24 7/16"	27 7/16"	30 9/16"	33 11/16"	36 7/8"	46 9/16"	56 3/8"	66 1/4"	76 3/16"
	ORD N° 3				26 1/16"	28 1/4"	31"	33 7/8"	36 7/8"	40"	49 1/2"	59 3/16"	69"	78 7/8"
	ORD N° 4				32"	32 11/16"	34 7/8"	37 1/2"	40 3/8"	43 3/8"	52 11/16"	62 5/16"	72 1/16"	81 15/16"
	ORD N° 5				35 9/16"	35 15/16"	38"	40 9/16"	43 3/8"	46 5/16"	55 9/16"	65 3/16"	74 15/16"	84 3/4"
	ORD N° 6				36 13/16"	37 11/16"	39 7/8"	42 9/16"	45 3/8"	48 3/8"	57 3/4"	67 3/8"	77 1/8"	87"
	ORD N° 7				37 5/16"	38 1/2"	40 7/8"	43 9/16"	46 1/2"	49 9/16"	59"	68 11/16"	78 9/16"	88 7/16"
	ORD N° 8				37 7/16"	38 3/4"	41 1/8"	43 15/16"	46 7/8"	49 15/16"	59 7/16"	69 3/16"	79"	88 15/16"

82

ELL BASE SOPORTE concéntrico (CONT) CL DE APOYO A CL DE CODO
Tipo N° 1 (estándar inalámbrico. Tubo) colocada en dieciseisavos
Tamaño del codo de 90 grados

Tamaño de soporte		16"	18"	20"	22"	24"	30"	36"
16"	ORD N° 0	20 1/2"	23 11/16"	26 13/16 "	30 1/16"	33 5/16"	43 1/16"	
	ORD N° 1	21 1/2"	24 5/8"	27 3/4"	30 15/16"	34 3/16"	43 7/8"	
	ORD N° 2	24 9/16"	27 1/2"	30 1/2"	33 9/16"	36 11/16"	46 1/4"	
	ORD N° 3	29 7/8"	32"	34 5/8"	37 1/2"	40 7/16"	49 3/4"	
	ORD N° 4	36 15/16"	37 1/4"	39 1/4"	41 13/16 "	44 9/16"	53 9/16"	
	ORD N° 5	41 1/16"	41 1/16"	42 7/8"	45 5/16"	48"	56 7/8"	
	ORD N° 6	42 7/16"	43"	45 1/16"	47 9/16"	50 5/16"	59 5/16"	
	ORD N° 7	43"	43 7/8"	46 1/8"	48 3/4"	51 9/16"	60 3/4"	
	ORD N° 8	43 1/8"	44 1/8"	46 7/16"	49 1/8"	52"	61 3/16"	
18"	ORD N° 0		23 1/16"	26 3/16"	29 3/8"	32 9/16"		
	ORD N° 1		24 3/16"	27 5/16"	30 7/16"	33 5/8"		
	ORD N° 2		27 11/16"	30 9/16"	33 9/16"	36 5/8"		
	ORD N° 3		33 3/4"	35 13/16 "	38 5/16"	41 1/8"		
	ORD N° 4		41 15/16"	41 7/8"	43 11/16"	46 1/8"		
	ORD N° 5		46 5/8"	46 3/16"	47 7/8"	50 1/8"		
	ORD N° 6		48 1/8"	48 3/8"	50 1/4"	52 5/8"		
	ORD N° 7		48 11/16"	49 5/16"	51 3/8"	53 15/16"		
	ORD N° 8		48 13/16 "	49 5/8"	51 3/4"	54 5/16"		
20"	ORD N° 0			25 9/16"	28 3/4"	31 7/8"	41 9/16"	51 5/16"
	ORD N° 1			26 7/8"	29 15/16"	33 1/16"	42 11/16"	52 3/8"
	ORD N° 2			30 3/4"	33 5/8"	36 5/8"	45 7/8"	55 7/16"
	ORD N° 3			37 9/16"	39 9/16"	42 1/16"	50 5/8"	59 13/16 "
	ORD N° 4			46 15/16"	46 1/2"	48 3/16"	55 13/16 "	64 11/16"
	ORD N° 5			52 3/16"	51 7/16"	52 7/8"	60 3/16"	68 15/16"
	ORD N° 6			53 13/16 "	53 3/4"	55 1/2"	63 1/8"	72"
	ORD N° 7			54 3/8"	54 13/16 "	56 3/4"	64 11/16"	73 3/4"
	ORD N° 8			54 9/16"	55 1/16"	57 1/16"	65 3/16"	74 5/16"
22"	ORD N° 0				28 1/8"	31 1/4"		
	ORD N° 1				29 1/2"	32 5/8"		
	ORD N° 2				33 13/16 "	36 11/16"		
	ORD N° 3				41 7/16"	43 3/8"		
	ORD N° 4				52"	51 3/16"		
	ORD N° 5				57 13/16 "	56 11/16"		
	ORD N° 6				59 1/2"	59 3/16"		
	ORD N° 7				60 1/8"	60 5/16"		
	ORD N° 8				60 1/4"	60 9/16"		

ELL BASE SOPORTE concéntrico (CONT) CL DE APOYO A CL DE CODO
Tipo N° 1 (estándar inalámbrico. Tubo) colocada en dieciseisavos
Tamaño del codo de 90 grados

Tamaño de soporte		24"	30"	36"	42"	48"
24"	ORD N° 0	30 5/8"	40 1/8"	49 13/16 "	59 9/16"	69 3/8"
	ORD N° 1	32 3/16"	41 9/16"	51 1/8"	60 7/8"	70 5/8"
	ORD N° 2	36 15/16"	45 3/4"	55"	64 9/16"	74 3/16"
	ORD N° 3	45 1/4"	52 1/8"	60 13/16 "	69 15/16"	79 7/16"
	ORD N° 4	57 1/16"	59 5/16"	67 1/8"	75 7/8"	85 1/8"
	ORD N° 5	63 3/8"	64 7/8"	72 3/8"	81 1/16"	90 1/4"
	ORD N° 6	65 3/16"	68 1/8"	75 7/8"	84 11/16"	93 15/16"
	ORD N° 7	65 13/16 "	69 11/16"	77 13/16 "	86 3/4"	96 1/8"
	ORD N° 8	66"	70 3/16"	78 3/8"	87 7/16"	96 7/8"

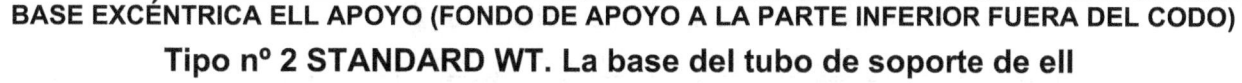

BASE EXCÉNTRICA ELL APOYO (FONDO DE APOYO A LA PARTE INFERIOR FUERA DEL CODO)
Tipo nº 2 STANDARD WT. La base del tubo de soporte de ell

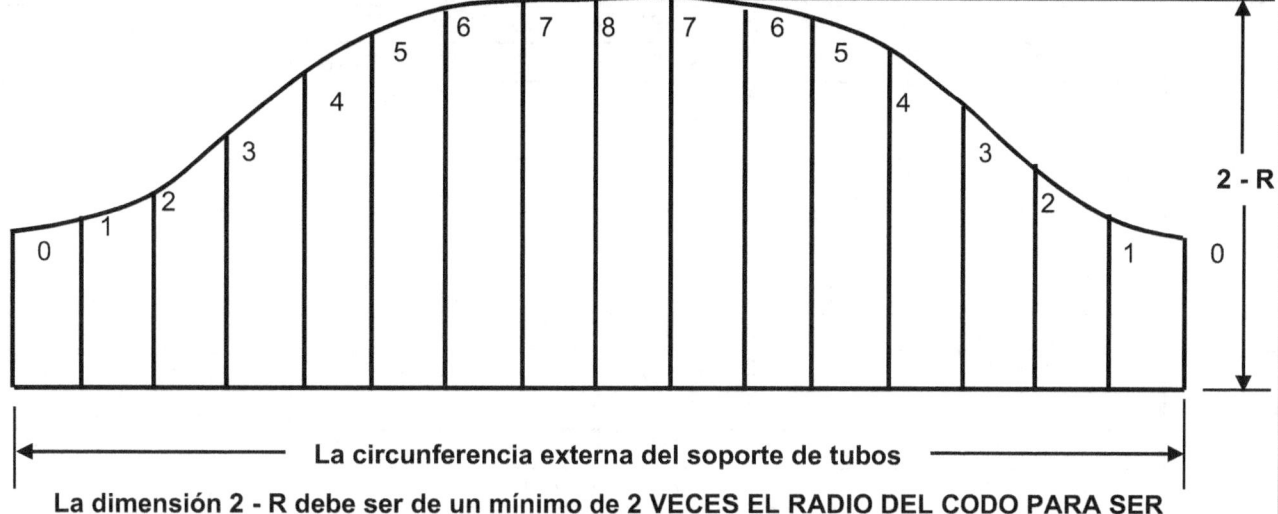

2 - R

La circunferencia externa del soporte de tubos

La dimensión 2 - R debe ser de un mínimo de 2 VECES EL RADIO DEL CODO PARA SER COMPATIBLE

Mantenga siempre la punta de corte apuntando hacia el CENTRO DEL TUBO AL CORTAR

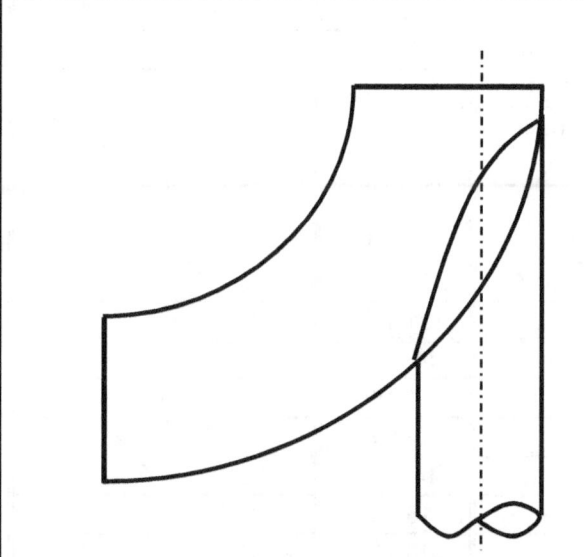

Excéntrica de radio exterior del codo de 90 grados LR

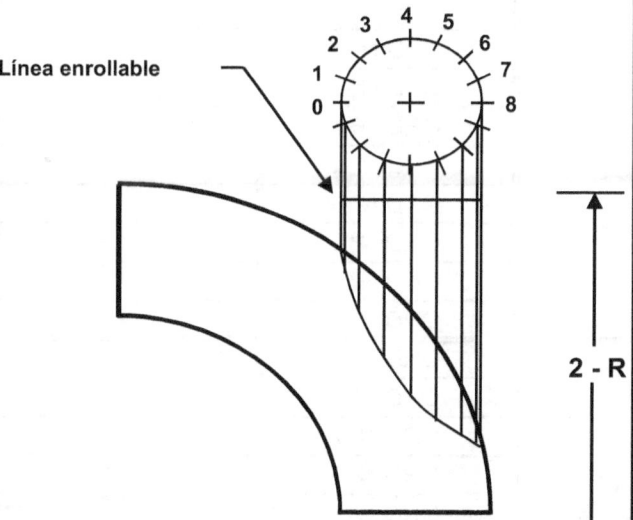

Diseño para un posterior EXCÉNTRICO DE LR 90 grados de apoyo del codo

BASE EXCÉNTRICA ELL APOYO (FONDO DE APOYO A LA PARTE INFERIOR FUERA DEL CODO
Tipo N° 2 (estándar inalámbrico. Tubo) colocada en dieciseisavos
Diseño en octavos, utilice ORD N° 0, 2, 4, 6 y 8
Tamaño del codo de 90 grados

Tamaño de soporte		3"	4"	6"	8"	10"	12"
2"	ORD N° 0	4 1/4"	6 3/8"	10 15/16"	15 13/16 "	20 3/4"	25 13/16 "
	ORD N° 1	4 3/8"	6 1/2"	11 1/8"	15 15/16"	20 15/16"	26 1/16"
	ORD N° 2	4 3/4"	6 7/8"	11 9/16"	16 7/16"	21 1/2"	26 5/8"
	ORD N° 3	5 5/16"	7 1/2"	12 1/4"	17 1/4"	22 3/8"	27 9/16"
	ORD N° 4	5 15/16"	8 1/4"	13 1/8"	18 1/4"	23 7/16"	28 3/4"
	ORD N° 5	6 9/16"	9"	14 1/16"	19 5/16"	24 11/16"	30 1/8"
	ORD N° 6	7 1/8"	9 11/16"	15"	20 7/16"	25 15/16"	31 1/2"
	ORD N° 7	7 1/2"	10 3/16"	15 3/4"	21 3/8"	27"	32 3/4"
	ORD N° 8	7 5/8"	10 7/16"	16 1/16"	21 3/4"	27 1/2"	33 1/4"
3"	ORD N° 0		5 7/16"	9 5/8"	14 3/16"	18 15/16"	23 3/4"
	ORD N° 1		5 5/8"	9 13/16"	14 7/16"	19 1/8"	24 1/16"
	ORD N° 2		6 1/8"	10 7/16"	15 1/16"	19 7/8"	24 13/16 "
	ORD N° 3		7"	11 5/16"	16 1/16"	20 15/16"	25 15/16"
	ORD N° 4		8"	12 7/16"	17 5/16"	22 5/16"	27 7/16"
	ORD N° 5		8 7/8"	13 9/16"	18 5/8"	23 13/16 "	29 1/8"
	ORD N° 6		9 9/16"	14 5/8"	19 15/16"	25 5/16"	30 3/4"
	ORD N° 7		10"	15 3/8"	20 15/16"	26 1/2"	32 1/8"
	ORD N° 8		10 1/8"	15 11/16"	21 3/8"	27 1/16"	32 3/4"
4"	ORD N° 0			8 11/16"	13"	17 1/2"	22 1/4"
	ORD N° 1			8 15/16"	13 1/4"	17 13/16 "	22 9/16"
	ORD N° 2			9 11/16"	14 1/16"	18 11/16"	23 7/16"
	ORD N° 3			10 13/16 "	15 5/16"	20"	24 13/16 "
	ORD N° 4			12 3/16"	16 3/4"	21 9/16"	26 9/16"
	ORD N° 5			13 1/2"	18 5/16"	23 5/16"	28 1/2"
	ORD N° 6			14 9/16"	19 11/16"	25"	30 3/8"
	ORD N° 7			15 5/16"	20 13/16 "	26 5/16"	31 15/16"
	ORD N° 8			15 5/8"	21 1/4"	26 7/8"	32 5/8"
6"	ORD N° 0				11 1/16"	15 1/4"	19 5/8"
	ORD N° 1				11 1/2"	15 5/8"	20"
	ORD N° 2				12 5/8"	16 13/16 "	21 1/4"
	ORD N° 3				14 5/16"	18 9/16"	23 1/16"
	ORD N° 4				16 3/8"	20 11/16"	25 5/16"
	ORD N° 5				18 1/4"	22 13/16 "	27 11/16"
	ORD N° 6				19 11/16"	24 11/16"	29 7/8"
	ORD N° 7				20 5/8"	26 1/16"	31 de 9/16"
	ORD N° 8				21"	26 5/8"	32 5/16"

BASE EXCÉNTRICA ELL APOYO (CONT.) la parte inferior del soporte hacia abajo FUERA DEL CODO

Tipo N° 2 (estándar inalámbrico. Tubo) colocada en dieciseisavos

Tamaño del codo de 90 grados

Tamaño de soporte		10"	12"	14"	16"	18"	20"	22"	24"	30"	36"	42"	48"
8"	ORD N° 0	13 9/16"	17 11/16"	22 1/8"	26 1/2"	31"	35 5/8"	40 1/4"	45"	59 9/16"			
	ORD N° 1	14 1/8"	18 3/16"	22 5/8"	27 1/16"	31 9/16"	36 3/16"	40 7/8"	45 5/8"	60 1/4"			
	ORD N° 2	15 9/16"	19 11/16"	24 1/4"	28 11/16"	33 1/4"	37 15/16"	42 11/16"	47 7/16"	62 3/16"			
	ORD N° 3	17 7/8"	22 1/16"	26 11/16"	31 3/16"	35 13/16"	40 9/16"	45 3/8"	50 5/16"	65 1/4"			
	ORD N° 4	20 5/8"	24 13/16"	29 9/16"	34 3/16"	39"	43 7/8"	48 13/16"	53 13/16"	69 3/16"			
	ORD N° 5	23 1/16"	27 1/2"	32 1/2"	37 5/16"	42 5/16"	47 3/8"	52 1/2"	57 11/16"	73 1/2"			
	ORD N° 6	24 7/8"	29 3/4"	35 1/16"	40 1/4"	45 1/2"	50 13/16"	56 3/16"	61 9/16"	78"			
	ORD N° 7	26"	31 7/16"	37"	42 1/2"	48 1/16"	53 5/8"	59 1/4"	64 7/8"	81 15/16"			
	ORD N° 8	26 3/8"	32 1/16"	37 3/4"	43 1/2"	49 3/16"	54 15/16"	60 11/16"	66 7/16"	83 13/16"			
10"	ORD N° 0		16 1/16"	20 1/4"	24 3/8"	28 11/16"	33 1/8"	37 5/8"	42 3/16"	56 1/4"	70 3/4"		
	ORD N° 1		16 11/16"	20 7/8"	25 1/16"	29 3/8"	33 13/16"	38 5/16"	42 15/16"	57 1/16"	71 9/16"		
	ORD N° 2		18 9/16"	22 7/8"	27 1/16"	31 3/8"	35 7/8"	40 7/16"	45 1/16"	59 5/16"	74"		
	ORD N° 3		21 9/16"	25 7/8"	30 1/16"	34 1/2"	39"	43 5/8"	48 3/8"	62 7/8"	77 13/16 "		
	ORD N° 4		25"	29 7/16"	33 11/16"	38 3/16"	42 13/16"	47 9/16"	52 7/16"	67 5/16"	82 5/8"		
	ORD N° 5		28 1/16"	32 11/16"	37 3/16"	41 7/8"	46 3/4"	51 3/4"	56 3/4"	72 1/4"	88"		
	ORD N° 6		30 1/8"	35 3/16"	40 1/8"	45 1/4"	50 7/16"	55 11/16"	61"	77 1/8"	93 1/2"		
	ORD N° 7		31 3/8"	36 7/8"	42 5/16"	47 13/16"	53 5/16"	58 7/8"	64 1/2"	81 3/8"	98 3/8"		
	ORD N° 8		31 13/16"	37 1/2"	43 3/16"	48 7/8"	54 5/8"	60 3/8"	66 1/16"	83 3/8"	100 3/4"		
12"	ORD N° 0			18 3/4"	22 3/4"	26 13/16 "	31 1/16"	35 7/16"	39 13/16 "	53 1/2"	67 5/8"	82 1/8"	
	ORD N° 1			19 9/16"	23 1/2"	27 5/8"	31 7/8"	36 1/4"	40 11/16"	54 3/8"	68 9/16"	83 1/8"	
	ORD N° 2			21 15/16"	25 7/8"	30"	34 1/4"	38 11/16"	43 1/8"	57"	71 3/8"	86"	
	ORD N° 3			25 11/16"	29 1/2"	33 5/8"	37 15/16"	42 3/8"	46 15/16"	61 1/16"	75 5/8"	90 9/16"	
	ORD N° 4			30 1/4"	33 13/16"	37 15/16"	42 5/16"	46 7/8"	51 1/2"	66"	81"	96 1/4"	
	ORD N° 5			33 13/16 "	37 11/16"	42 1/16"	46 5/8"	51 7/16"	56 5/16"	71 3/8"	86 7/8"	102 11/16"	
	ORD N° 6			35 15/16"	40 9/16"	45 7/16"	50 7/16"	55 9/16"	60 3/4"	76 5/8"	92 13/16"	109 1/4"	
	ORD N° 7			37 1/16"	42 7/16"	47 7/8"	53 5/16"	58 13/16"	64 3/8"	81 3/16"	98 1/8"	115 1/8"	
	ORD N° 8			37 7/16"	43 1/8"	48 13/16"	54 9/16"	60 1/4"	66"	83 5/16"	100 11/16"	118 1/16"	
14"	ORD N° 0				21 13/16"	25 13/16"	29 15/16"	34 3/16"	38 1/2"	51 15/16"	65 7/8"	80 1/8"	94 11/16"
	ORD N° 1				22 11/16"	26 11/16"	30 13/16"	35 1/16"	39 7/16"	52 7/8"	66 7/8"	81 3/16"	95 13/16"
	ORD N° 2				25 1/4"	29 1/4"	33 7/16"	37 11/16"	42 1/16"	55 11/16"	69 13/16"	84 5/16"	99 1/16"
	ORD N° 3				29 7/16"	33 5/16"	37 7/16"	41 3/4"	46 3/16"	60"	74 3/8"	89 1/8"	104 1/8"
	ORD N° 4				34 3/8"	38 1/16"	42 3/16"	46 9/16"	51 1/8"	65 5/16"	80 1/8"	95 3/16"	110 9/16"
	ORD N° 5				38 7/16"	42 7/16"	46 13/16"	51 7/16"	56 3/16"	71"	86 5/16"	101 15/16"	117 13/16"
	ORD N° 6				41 1/16"	45 3/4"	50 5/8"	55 5/8"	60 3/4"	76 1/2"	92 9/16"	108 13/16"	125 1/4"
	ORD N° 7				42 9/16"	47 15/16"	53 3/8"	58 7/8"	64 3/8"	81 1/8"	98"	115"	132 1/16"
	ORD N° 8				43 1/8"	48 13/16"	54 9/16"	60 1/4"	66"	83 5/16"	100 11/16"	118 1/16"	135 1/2"

87

BASE EXCÉNTRICA ELL APOYO (CONT.) la parte inferior del soporte hacia abajo FUERA DEL CODO
Tipo Nº 2 (estándar inalámbrico. Tubo) colocada en dieciseisavos
Tamaño del codo de 90 grados

Tamaño de soporte		18"	20"	22"	24"	30"	36"
16"	ORD Nº 0	24 5/16"	28 5/16"	32 3/8"	36 9/16"	49 5/8"	
	ORD Nº 1	25 5/16"	29 5/16"	33 3/8"	37 5/8"	50 11/16"	
	ORD Nº 2	28 5/16"	32 5/16"	36 3/8"	40 5/8"	53 13/16 "	
	ORD Nº 3	33 3/16"	36 15/16"	41"	45 1/4"	58 5/8"	
	ORD Nº 4	38 15/16"	42 1/2"	46 1/2"	50 13/16 "	64 1/2"	
	ORD Nº 5	43 11/16"	47 1/2"	51 3/4"	56 1/4"	70 5/8"	
	ORD Nº 6	46 9/16"	51 3/16"	56"	60 15/16"	76 5/16"	
	ORD Nº 7	48 1/4"	53 5/8"	59"	64 1/2"	81 1/16"	
	ORD Nº 8	48 13/16 "	54 9/16"	60 1/4"	66"	83 5/16"	
18"	ORD Nº 0		26 13/16 "	30 13/16 "	34 13/16 "		
	ORD Nº 1		28"	31 15/16"	36"		
	ORD Nº 2		31 3/8"	35 5/16"	39 3/8"		
	ORD Nº 3		36 15/16"	40 11/16"	44 5/8"		
	ORD Nº 4		43 5/8"	47"	50 7/8"		
	ORD Nº 5		48 15/16"	52 9/16"	56 3/4"		
	ORD Nº 6		52 1/8"	56 5/8"	61 3/8"		
	ORD Nº 7		53 15/16"	59 1/4"	64 11/16"		
	ORD Nº 8		54 9/16"	60 1/4"	66"		
20"	ORD Nº 0			29 3/8"	33 5/16"	45 5/8"	58 5/8"
	ORD Nº 1			30 5/8"	34 9/16"	46 15/16"	59 15/16"
	ORD Nº 2			34 7/16"	38 3/8"	50 3/4"	63 7/8"
	ORD Nº 3			40 11/16"	44 3/8"	56 5/8"	69 15/16"
	ORD Nº 4			48 5/16"	51 1/2"	63 11/16"	77 1/4"
	ORD Nº 5			54 1/4"	57 3/4"	70 5/8"	84 13/16 "
	ORD Nº 6			57 11/16"	62 1/8"	76 9/16"	91 7/8"
	ORD Nº 7			59 5/8"	64 15/16"	81 1/4"	97 13/16 "
	ORD Nº 8			60 1/4"	66"	83 5/16"	100 11/16"
22"	ORD Nº 0				31 7/8"		
	ORD Nº 1				33 5/16"		
	ORD Nº 2				37 9/16"		
	ORD Nº 3				44 1/2"		
	ORD Nº 4				53 1/16"		
	ORD Nº 5				59 9/16"		
	ORD Nº 6				63 5/16"		
	ORD Nº 7				65 5/16"		
	ORD Nº 8				66"		

Tipo Nº 2 (estándar inalámbrico. Tubo) colocada en dieciseisavos
Tamaño del codo de 90 grados

Tamaño de soporte		30"	36"	42"	48"
	ORD Nº 0	42 5/16"	54 11/16"	67 5/8"	80 15/16"
	ORD Nº 1	43 13/16 "	56 1/4"	69 1/4"	82 5/8"
	ORD Nº 2	48 7/16"	60 7/8"	73 15/16"	87 7/16"
	ORD Nº 3	55 5/8"	68"	81 1/4"	94 15/16"
24"	ORD Nº 4	64 1/4"	76 9/16"	90"	104 1/8"
	ORD Nº 5	71 15/16"	84 15/16"	99 1/16"	113 13/16"
	ORD Nº 6	77 11/16"	92 1/4"	107 1/2"	123 1/8"
	ORD Nº 7	81 11/16"	98"	114 9/16"	131 5/16"
	ORD Nº 8	83 5/16"	100 11/16"	118 1/16"	135 1/2"

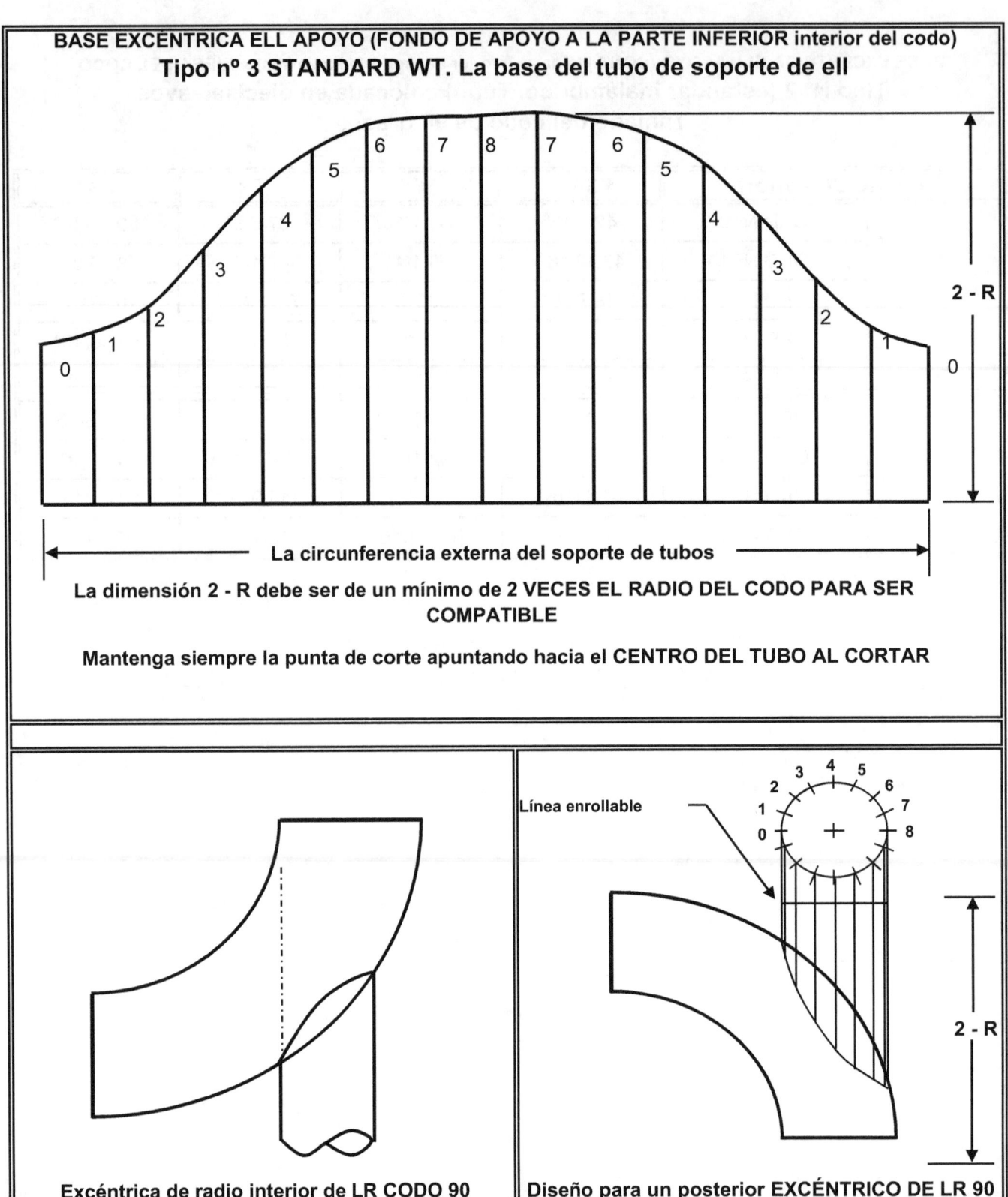

BASE EXCÉNTRICA ELL APOYO (FONDO DE APOYO A LA PARTE INFERIOR interior del codo)
Tipo nº 3 STANDARD WT. La base del tubo de soporte de ell

2 - R

La circunferencia externa del soporte de tubos

La dimensión 2 - R debe ser de un mínimo de 2 VECES EL RADIO DEL CODO PARA SER COMPATIBLE

Mantenga siempre la punta de corte apuntando hacia el CENTRO DEL TUBO AL CORTAR

Excéntrica de radio interior de LR CODO 90 GRADOS

Línea enrollable

2 - R

Diseño para un posterior EXCÉNTRICO DE LR 90 grados de apoyo del codo

BASE EXCÉNTRICA ELL APOYO (FONDO DE APOYO A LA PARTE INFERIOR interior del codo)
Tipo Nº 3 (estándar inalámbrico. Tubo) colocada en dieciseisavos
Diseño en octavos, utilice ORD Nº 0, 2, 4, 6 y 8
Tamaño del codo de 90 grados

Tamaño de soporte		3"	4"	6"	8"	10"	12"
2"	ORD Nº 0	3 7/16"	4 3/4"	7 3/16"	9 11/16"	12 1/8"	14 11/16"
	ORD Nº 1	3 9/16"	4 13/16"	7 1/4"	9 3/4"	12 3/16"	14 11/16"
	ORD Nº 2	3 13/16"	5 1/16"	7 7/16"	9 15/16"	12 3/8"	14 7/8"
	ORD Nº 3	4 3/16"	5 3/8"	7 11/16"	10 3/16"	12 9/16"	15 1/8"
	ORD Nº 4	4 9/16"	5 11/16"	8"	10 7/16"	12 7/8"	15 3/8"
	ORD Nº 5	4 7/8"	6"	8 1/4"	10 11/16"	13 1/16"	15 5/8"
	ORD Nº 6	5 1/16"	6 3/16"	8 7/16"	10 7/8"	13 1/4"	15 13/16 "
	ORD Nº 7	5 3/16"	6 1/4"	8 1/2"	11"	13 3/8"	15 7/8"
	ORD Nº 8	5 3/16"	6 5/16"	8 9/16"	11 1/16"	13 7/16"	15 15/16"
3"	ORD Nº 0		4 3/4"	7 3/16"	9 3/4"	12 3/16"	14 11/16"
	ORD Nº 1		4 15/16"	7 5/16"	9 13/16"	12 1/4"	14 13/16 "
	ORD Nº 2		5 3/8"	7 11/16"	10 1/8"	12 9/16"	15 1/16"
	ORD Nº 3		6"	8 1/8"	10 9/16"	12 15/16"	15 7/16"
	ORD Nº 4		6 11/16"	8 11/16"	11 1/16"	13 3/8"	15 7/8"
	ORD Nº 5		7 3/16"	9 1/16"	11 7/16"	13 3/4"	16 3/16"
	ORD Nº 6		7 1/2"	9 3/8"	11 11/16"	14"	16 1/2"
	ORD Nº 7		7 5/8"	9 1/2"	11 7/8"	14 3/16"	16 11/16"
	ORD Nº 8		7 11/16"	9 9/16"	11 15/16"	14 1/4"	16 11/16"
4"	ORD Nº 0			7 3/16"	9 3/4"	12 3/16"	14 11/16"
	ORD Nº 1			7 3/8"	9 15/16"	12 5/16"	14 7/8"
	ORD Nº 2			7 15/16"	10 3/8"	12 3/4"	15 1/4"
	ORD Nº 3			8 11/16"	11"	13 5/16"	15 3/4"
	ORD Nº 4			9 1/2"	11 11/16"	13 15/16"	16 3/8"
	ORD Nº 5			10 1/8"	12 1/4"	14 7/16"	16 7/8"
	ORD Nº 6			10 1/2"	12 5/8"	14 13/16 "	17 1/4"
	ORD Nº 7			10 11/16"	12 13/16 "	15"	17 7/16"
	ORD Nº 8			10 3/4"	12 7/8"	15 1/16"	17 1/2"
6"	ORD Nº 0				9 3/4"	12 3/16"	14 3/4"
	ORD Nº 1				10 1/16"	12 1/2"	15"
	ORD Nº 2				11"	13 1/4"	15 11/16"
	ORD Nº 3				12 5/16"	14 3/8"	16 11/16"
	ORD Nº 4				13 11/16"	15 1/2"	17 3/4"
	ORD Nº 5				14 3/4"	16 3/8"	18 9/16"
	ORD Nº 6				15 5/16"	17"	19 1/8"
	ORD Nº 7				15 5/8"	17 1/4"	19 7/16"
	ORD Nº 8				15 11/16"	17 3/8"	19 9/16"

BASE EXCÉNTRICA ELL APOYO (CONT) FONDO DE APOYO A LA PARTE INFERIOR INTERIOR DEL CODO
Tipo N° 3 (estándar inalámbrico. Tubo) colocada en dieciseisavos
Tamaño del codo de 90 grados

Tamaño de soporte	ORD N°	10"	12"	14"	16"	18"	20"	22"	24"	30"	36"	42"	48"
8"	ORD N° 0	12 3/4"	14 3/4"	17 15/16"	20 1/2"	23"	25 9/16"	28 1/16"	30 5/8"	38 1/4"	45 7/8"		
	ORD N° 1	12 5/8"	15 1/8"	18 5/16"	20 13/16"	23 3/8"	25 7/8"	28 3/8"	30 15/16"	38 1/2"	46 3/16"		
	ORD N° 2	13 7/8"	16 1/4"	19 3/8"	21 13/16"	24 1/4"	26 3/4"	29 1/4"	31 3/4"	39 1/4"	47 1/8"		
	ORD N° 3	15 3/4"	17 13/16"	20 15/16"	23 3/16"	25 9/16"	28"	30 7/16"	32 7/8"	40 5/16"	48 1/2"		
	ORD N° 4	17 11/16"	19 7/16"	22 1/2"	24 11/16"	26 15/16"	29 5/16"	31 11/16"	34 1/16"	41 7/16"	49 15/16"		
	ORD N° 5	19 1/8"	20 3/4"	23 3/4"	25 7/8"	28 1/16"	30 3/8"	32 3/4"	35 1/8"	42 7/16"	51 1/4"		
	ORD N° 6	19 7/8"	21 1/2"	24 9/16"	26 5/8"	28 7/8"	31 3/16"	33 1/2"	35 15/16"	43 3/16"	52 3/16"		
	ORD N° 7	20 1/4"	21 7/8"	24 15/16"	27 1/16"	29 5/16"	31 5/8"	33 15/16"	36 3/8"	43 11/16"	52 3/4"		
	ORD N° 8	20 5/16"	21 15/16"	25 1/16"	27 3/16"	29 7/16"	31 3/4"	34 1/8"	36 1/2"	43 13/16"	52 15/16"		
10"	ORD N° 0		14 3/4"	17 15/16"	20 1/2"	23 1/16"	25 9/16"	28 1/8"	30 5/8"	38 1/4"	45 7/8"		
	ORD N° 1		15 5/16"	18 1/2"	21"	23 1/2"	26"	28 9/16"	31 1/16"	38 5/8"	46 3/16"		
	ORD N° 2		17"	20 1/16"	22 7/16"	24 13/16"	27 1/4"	29 11/16"	32 3/16"	39 5/8"	47 1/8"		
	ORD N° 3		19 7/16"	22 3/8"	24 1/2"	26 11/16"	29"	31 3/8"	33 3/4"	41 1/16"	48 1/2"		
	ORD N° 4		22 1/8"	24 13/16"	26 5/8"	28 11/16"	30 13/16"	33 1/8"	35 7/16"	42 5/8"	49 15/16"		
	ORD N° 5		24 1/16"	26 5/8"	28 1/4"	30 3/16"	32 5/16"	34 9/16"	36 13/16"	43 15/16"	51 1/4"		
	ORD N° 6		25"	27 5/8"	29 1/4"	31 3/16"	33 5/16"	35 1/2"	37 13/16"	44 7/8"	52 3/16"		
	ORD N° 7		25 7/16"	28 1/8"	29 3/4"	31 11/16"	33 13/16"	36 1/16"	38 5/16"	45 7/16"	52 3/4"		
	ORD N° 8		25 1/2"	28 1/4"	29 7/8"	31 7/8"	34"	36 3/16"	38 1/2"	45 5/8"	52 15/16"		
12"	ORD N° 0			18"	20 1/2"	23 1/16"	25 9/16"	28 1/8"	30 5/8"	38 1/4"	45 7/8"	53 1/2"	
	ORD N° 1			18 11/16"	21 3/16"	23 11/16"	26 3/16"	28 11/16"	31 3/16"	38 3/4"	46 5/16"	53 7/8"	
	ORD N° 2			20 7/8"	23 1/8"	25 7/16"	27 13/16"	30 1/4"	32 11/16"	40 1/16"	47 1/2"	55 1/16"	
	ORD N° 3			24 5/16"	26"	28"	30 3/16"	32 7/16"	34 3/4"	41 15/16"	49 1/4"	56 11/16"	
	ORD N° 4			28 3/16"	29 1/8"	30 11/16"	32 5/8"	34 3/4"	36 15/16"	43 7/8"	51 1/16"	58 3/8"	
	ORD N° 5			30 13/16"	31 5/16"	32 3/4"	34 9/16"	36 9/16"	38 11/16"	45 1/2"	52 5/8"	59 15/16"	
	ORD N° 6			32"	32 9/16"	33 15/16"	35 3/4"	37 3/4"	39 7/8"	46 11/16"	53 13/16"	61 1/16"	
	ORD N° 7			32 1/2"	33 1/16"	34 1/2"	36 5/16"	38 3/8"	40 1/2"	47 5/16"	54 7/16"	61 3/4"	
	ORD N° 8			32 5/8"	33 3/16"	34 11/16"	36 1/2"	38 9/16"	40 11/16"	47 1/2"	54 11/16"	62"	
14"	ORD N° 0				20 1/2"	23 1/16"	25 9/16"	28 1/8"	30 5/8"	38 1/4"	45 7/8"	53 1/2"	61 1/16"
	ORD N° 1				21 5/16"	23 3/4"	26 1/4"	28 3/4"	31 1/4"	38 13/16"	46 3/8"	53 15/16"	61 9/16"
	ORD N° 2				23 5/8"	25 7/8"	28 3/16"	30 9/16"	33"	40 5/16"	47 3/4"	55 1/4"	62 13/16"
	ORD N° 3				27 1/4"	29"	31 1/16"	33 3/16"	35 7/16"	42 1/2"	49 3/4"	57 1/8"	64 9/16"
	ORD N° 4				31 3/16"	32 5/16"	34"	35 15/16"	38"	44 3/4"	51 13/16"	59 1/8"	66 7/16"
	ORD N° 5				33 15/16"	34 3/4"	36 1/4"	38 1/16"	40 1/16"	46 5/8"	53 5/8"	60 13/16"	68 1/8"
	ORD N° 6				35 1/4"	36 1/16"	37 9/16"	39 3/8"	41 5/16"	47 7/8"	54 7/8"	62 1/16"	69 3/8"
	ORD N° 7				35 3/4"	36 5/8"	38 3/16"	40"	42"	48 9/16"	55 5/8"	62 13/16"	70 1/8"
	ORD N° 8				35 7/8"	36 13/16"	38 5/16"	40 3/16"	42 3/16"	48 13/16"	55 13/16"	63 1/16"	70 3/8"

92

BASE EXCÉNTRICA ELL APOYO (CONT) FONDO DE APOYO A LA PARTE INFERIOR INTERIOR DEL CODC
Tipo Nº 3 (estándar inalámbrico. Tubo) colocada en dieciseisavos
Tamaño del codo de 90 grados

Tamaño de soporte		18"	20"	22"	24"	30"	36"
16"	ORD Nº 0	23 1/16"	25 9/16"	28 1/8"	30 5/8"	38 1/4"	
	ORD Nº 1	23 15/16"	26 7/16"	28 15/16"	31 7/16"	38 15/16"	
	ORD Nº 2	26 11/16"	28 15/16"	31 1/4"	33 5/8"	40 13/16 "	
	ORD Nº 3	31"	32 11/16"	34 5/8"	36 3/4"	43 1/2"	
	ORD Nº 4	35 3/4"	36 5/8"	38 3/16"	40"	46 5/16"	
	ORD Nº 5	38 15/16"	39 1/2"	40 13/16 "	42 1/2"	48 9/16"	
	ORD Nº 6	40 7/16"	41"	42 5/16"	44"	50"	
	ORD Nº 7	41"	41 5/8"	43"	44 11/16"	50 13/16 "	
	ORD Nº 8	41 1/8"	41 13/16 "	43 3/16"	44 15/16"	51 1/16"	
18"	ORD Nº 0		25 9/16"	28 1/8"	30 5/8"		
	ORD Nº 1		26 5/8"	29 1/8"	31 9/16"		
	ORD Nº 2		29 3/4"	32"	34 1/4"		
	ORD Nº 3		34 3/4"	36 5/16"	38 1/4"		
	ORD Nº 4		40 5/16"	41"	42 3/8"		
	ORD Nº 5		44"	44 5/16"	45 7/16"		
	ORD Nº 6		45 5/8"	46"	47 1/8"		
	ORD Nº 7		46 1/4"	46 11/16"	47 7/8"		
	ORD Nº 8		46 7/16"	46 7/8"	48 1/8"		
20"	ORD Nº 0			28 1/8"	30 5/8"	38 1/4"	45 7/8"
	ORD Nº 1			29 5/16"	31 3/4"	39 1/4"	46 3/4"
	ORD Nº 2			32 7/8"	35 1/16"	42"	49 3/16"
	ORD Nº 3			38 1/2"	40 1/16"	45 15/16"	52 11/16"
	ORD Nº 4			44 15/16"	45 3/8"	50 1/16"	56 5/16"
	ORD Nº 5			49 1/8"	49 3/16"	53 1/4"	59 3/16"
	ORD Nº 6			50 7/8"	51"	55 1/8"	61 1/16"
	ORD Nº 7			51 9/16"	51 3/4"	56"	62"
	ORD Nº 8			51 3/4"	52"	56 1/4"	62 5/16"
22"	ORD Nº 0				30 5/8"		
	ORD Nº 1				32"		
	ORD Nº 2				35 15/16"		
	ORD Nº 3				42 1/4"		
	ORD Nº 4				49 9/16"		
	ORD Nº 5				54 1/4"		
	ORD Nº 6				56 3/16"		
	ORD Nº 7				56 7/8"		
	ORD Nº 8				57 1/16"		

BASE EXCÉNTRICA ELL APOYO (CONT) FONDO DE APOYO A LA PARTE INFERIOR INTERIOR DEL CODO

Tipo N° 3 (estándar inalámbrico. Tubo) colocada en dieciseisavos
Tamaño del codo de 90 grados

Tamaño de soporte		30"	36"	42"	48"
	ORD N° 0	38 1/4"	45 7/8"	53 1/2"	61 1/16"
	ORD N° 1	39 9/16"	47 1/16"	54 9/16"	62 1/16"
	ORD N° 2	43 7/16"	50 3/8"	57 9/16"	64 7/8"
	ORD N° 3	49 3/16"	55 3/16"	61 7/8"	68 13/16 "
24"	ORD N° 4	55 5/16"	60 3/16"	66 5/16"	72 15/16"
	ORD N° 5	59 11/16"	64"	69 7/8"	76 5/16"
	ORD N° 6	61 7/8"	66 1/4"	72 1/16"	78 9/16"
	ORD N° 7	62 13/16 "	67 5/16"	73 1/4"	79 11/16"
	ORD N° 8	63 1/16"	67 5/8"	73 9/16"	80 1/16"

BASE EXCÉNTRICA ELL APOYO (LA PARTE SUPERIOR DEL SOPORTE A LA PARTE SUPERIOR DEL CODO TUMBADO)

Tipo Nº 4 (estándar inalámbrico. Tubo) colocada en dieciseisavos

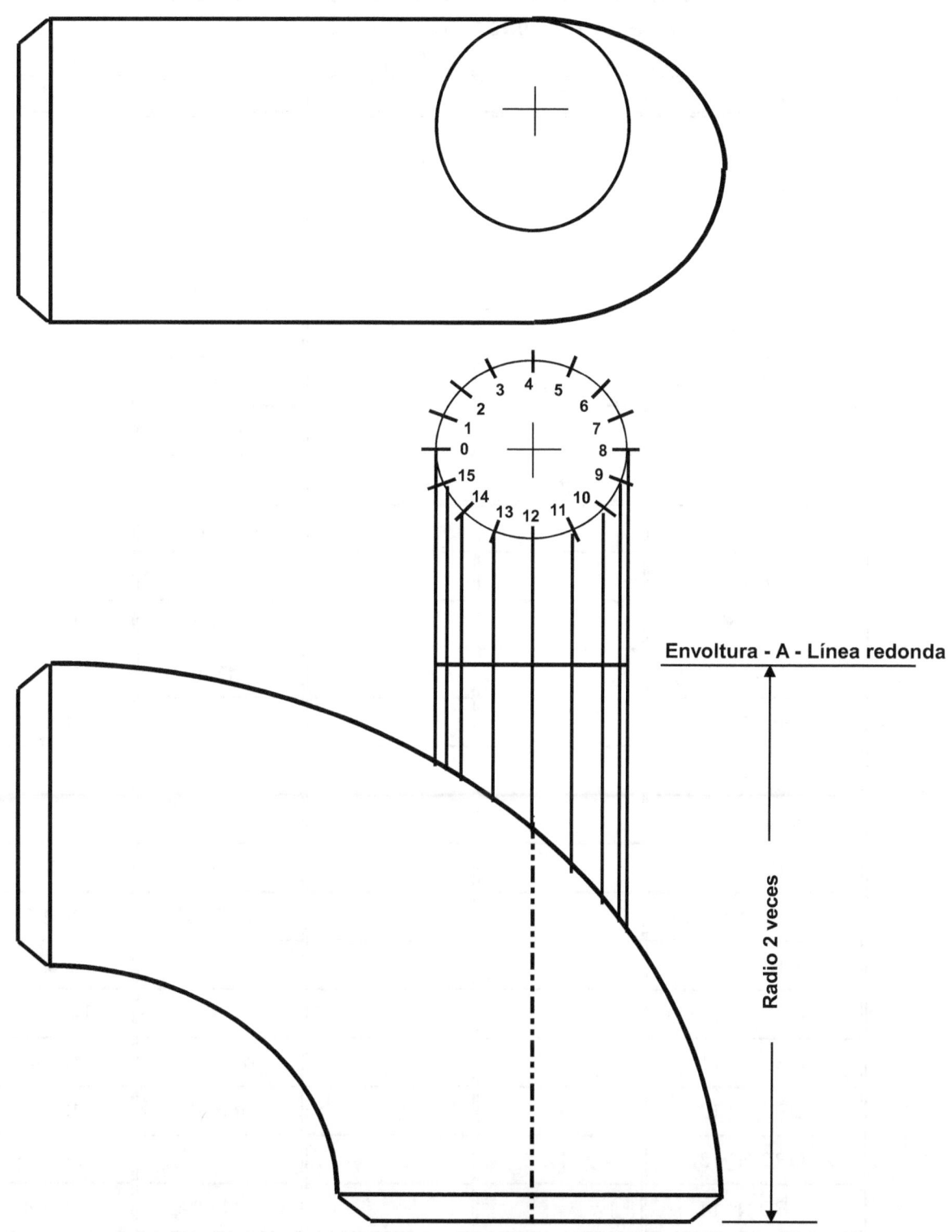

Envoltura - A - Línea redonda

Radio 2 veces

Nota: Distancia DE ENVOLTURA - A - Línea redonda debe ser de un mínimo de 2 veces el RADIO DEL CODO DEL EXTREMO DEL CODO

BASE EXCÉNTRICA ELL APOYO (LA PARTE SUPERIOR DEL SOPORTE A LA PARTE SUPERIOR DEL CODO) TUMBADO
Tipo Nº 4 (estándar inalámbrico. Tubo) colocada en dieciseisavos
2" está planeada en octavos
Tamaño del codo de 90 grados

Tamaño de soporte		3"	4"	6"	8"
2"	ORD Nº 0	3 15/16"	5 3/4"	9 5/8"	
	ORD Nº 1	4 3/4"	6 7/8"	11 1/4"	
	ORD Nº 2	6 3/8"	8 3/4"	13 5/8"	
	ORD Nº 3	6 13/16"	9"	13 5/8"	
	ORD Nº 4	6 5/16"	8 1/4"	12 5/16"	
	ORD Nº 5	5 5/8"	7 1/4"	11"	
	ORD Nº 6	4 3/4"	6 5/16"	9 7/8"	
	ORD Nº 7	4"	5 11/16"	9 5/16"	
3"	ORD Nº 0			8 11/16"	12 5/8"
	ORD Nº 1			9 5/16"	13 7/16"
	ORD Nº 2			10 3/8"	14 3/4"
	ORD Nº 3			11 13/16 "	16 1/2"
	ORD Nº 4			13 1/4"	18 1/8"
	ORD Nº 5			13 7/8"	18 11/16"
	ORD Nº 6			13 5/8"	18 1/4"
	ORD Nº 7			13 1/16"	17 7/16"
	ORD Nº 8			12 7/16"	16 1/2"
	ORD Nº 9			11 11/16"	15 9/16"
	ORD Nº 10			11"	14 11/16"
	ORD Nº 11			10 1/4"	13 7/8"
	ORD Nº 12			9 5/8"	13 1/8"
	ORD Nº 13			9"	12 9/16"
	ORD Nº 14			8 5/8"	12 1/4"
	ORD Nº 15			8 1/2"	12 1/4"

BASE EXCÉNTRICA ELL APOYO CONT (PARTE SUPERIOR DEL SOPORTE A LA PARTE SUPERIOR DEL CODO) TUMBADO

Tipo Nº 4 (estándar inalámbrico. Tubo) colocada en dieciseisavos
Tamaño del codo de 90 grados

Tamaño de soporte		8"	10"	12"	14"	16"
4"	ORD Nº 0	11 3/4"	15 5/8"	19 11/16"		
	ORD Nº 1	12 5/8"	16 11/16"	20 15/16"		
	ORD Nº 2	14"	18 3/8"	22 7/8"		
	ORD Nº 3	16"	20 11/16"	25 7/16"		
	ORD Nº 4	18"	22 15/16"	27 15/16"		
	ORD Nº 5	18 13/16 "	23 5/8"	28 9/16"		
	ORD Nº 6	18 7/16"	23"	27 11/16"		
	ORD Nº 7	17 5/8"	21 7/8"	26 5/16"		
	ORD Nº 8	16 3/4"	20 3/4"	24 15/16"		
	ORD Nº 9	15 3/4"	19 9/16"	23 9/16"		
	ORD Nº 10	14 13/16 "	18 7/16"	22 5/16"		
	ORD Nº 11	13 7/8"	17 5/16"	21 1/8"		
	ORD Nº 12	12 15/16"	16 3/8"	20 1/8"		
	ORD Nº 13	12 3/16"	15 5/8"	19 3/8"		
	ORD Nº 14	11 5/8"	15 3/16"	18 15/16"		
	ORD Nº 15	11 1/2"	15 1/8"	19"		
6"	ORD Nº 0		14"	17 3/4"	21 15/16"	25 7/8"
	ORD Nº 1		15 1/16"	19 1/16"	23 3/8"	27 9/16"
	ORD Nº 2		16 15/16"	21 3/16"	25 3/4"	30 1/4"
	ORD Nº 3		19 5/8"	24 5/16"	29 3/16"	33 15/16"
	ORD Nº 4		22 5/8"	27 9/16"	32 11/16"	37 3/4"
	ORD Nº 5		23 7/8"	28 11/16"	33 13/16 "	38 3/4"
	ORD Nº 6		23 1/2"	28"	32 7/8"	37 1/2"
	ORD Nº 7		22 9/16"	26 3/4"	31 7/16"	35 3/4"
	ORD Nº 8		21 7/16"	25 5/16"	29 13/16 "	33 15/16"
	ORD Nº 9		20 1/4"	23 7/8"	28 3/16"	32 1/16"
	ORD Nº 10		19"	22 3/8"	26 9/16"	30 1/4"
	ORD Nº 11		17 11/16"	20 15/16"	25"	28 5/8"
	ORD Nº 12		16 5/16"	19 9/16"	23 1/2"	27 1/8"
	ORD Nº 13		15 1/8"	18 3/8"	22 5/16"	25 15/16"
	ORD Nº 14		14 3/16"	17 9/16"	21 9/16"	25 3/16"
	ORD Nº 15		13/3/4"	17 5/16"	21 3/8"	25 1/8"

BASE EXCÉNTRICA ELL APOYO CONT (PARTE SUPERIOR DEL SOPORTE A LA PARTE SUPERIOR DEL CODO)
TUMBADO
Tipo N° 4 (estándar inalámbrico. Tubo) colocada en dieciseisavos
Tamaño del codo de 90 grados

Tamaño de soporte		12"	14"	16"	18"	20"	22"	24"	30"
8"	ORD N° 0	16 1/2"	20 7/16"	24 3/16"	28 1/16"	32"	36"	40 1/16"	
	ORD N° 1	17 5/8"	21 13/16 "	25 13/16 "	29 15/16"	34 1/8"	38 5/16"	42 5/8"	
	ORD N° 2	19 15/16"	24 3/8"	28 11/16"	33 1/8"	37 9/16"	42 1/16"	46 9/16"	
	ORD N° 3	23 3/8"	28 1/8"	32 7/8"	37 5/8"	42 3/8"	47 3/16"	52 1/16"	
	ORD N° 4	27 1/4"	32 3/8"	37 3/8"	42 3/8"	47 7/16"	52 9/16"	57 5/8"	
	ORD N° 5	28 15/16"	34 1/16"	38 7/8"	43 13/16 "	48 3/4"	53 11/16"	58 11/16"	
	ORD N° 6	28 5/8"	33 7/16"	37 15/16"	42 1/2"	47 1/8"	51 13/16 "	56 1/2"	
	ORD N° 7	27 9/16"	32 1/8"	36 1/4"	40 9/16"	44 7/8"	49 5/16"	53 3/4"	
	ORD N° 8	26 5/16"	30 5/8"	34 7/16"	38 7/16"	42 1/2"	46 11/16"	50 7/8"	
	ORD N° 9	24 15/16"	29"	32 9/16"	36 5/16"	40 3/16"	44 1/8"	48 3/16"	
	ORD N° 10	23 7/16"	27 5/16"	30 5/8"	34 3/16"	37 7/8"	41 11/16"	45 9/16"	
	ORD N° 11	21 3/4"	25 1/2"	28 11/16"	32 1/8"	35 11/16"	39 3/8"	43 3/16"	
	ORD N° 12	20"	23 11/16 "	26 13/16 "	30 1/4"	33 3/4"	37 7/16"	41 1/8"	
	ORD N° 13	18 5/16"	22"	25 1/4"	28 5/8"	32 3/16"	35 7/8"	39 9/16"	
	ORD N° 14	17"	20 11/16"	24 1/16"	27 9/16"	31 1/4"	34 15/16"	38 3/4"	
	ORD N° 15	16 5/16"	20 1/8"	23 11/16"	27 5/16"	31 1/16"	34 15/16"	38 13/16 "	
10"	ORD N° 0							38"	50 1/16"
	ORD N° 1							40 9/16"	53 1/4"
	ORD N° 2							44 3/4"	58 5/16"
	ORD N° 3							50 3/4"	65 1/4"
	ORD N° 4							57 3/16"	72 1/2"
	ORD N° 5							58 3/4"	73 11/16"
	ORD N° 6							56 3/4"	70 7/8"
	ORD N° 7							54"	67 5/16"
	ORD N° 8							51 1/8"	63 11/16"
	ORD N° 9							48 5/16"	60 1/4"
	ORD N° 10							45 1/2"	57"
	ORD N° 11							42 13/16 "	54"
	ORD N° 12							40 7/16"	51 7/16"
	ORD N° 13							38 7/16"	49 1/2"
	ORD N° 14							37 3/16"	48 7/16"
	ORD N° 15							36 15/16"	48 9/16"

BASE EXCÉNTRICA ELL APOYO CONT (PARTE SUPERIOR DEL SOPORTE A LA PARTE SUPERIOR DEL CODO) TUMBADO

Tipo Nº 4 (estándar inalámbrico. Tubo) colocada en dieciseisavos
Tamaño del codo de 90 grados

Tamaño de soporte		30"	36"	42"	48"
12"	ORD Nº 0	48 1/16"	60 3/16"	72 5/8"	85 3/8"
	ORD Nº 1	51 1/4"	64 1/16"	77 1/8"	90 3/8"
	ORD Nº 2	59 9/16"	70 3/16"	84"	98"
	ORD Nº 3	64 1/8"	78 3/8"	93 1/2"	108 7/16"
	ORD Nº 4	72 3/8"	87 13/16 "	103 5/16"	119"
	ORD Nº 5	74"	89"	10 3/16"	119 3/8"
	ORD Nº 6	71 3/16"	85 5/16"	99 5/8"	114 1/8"
	ORD Nº 7	67 5/8"	80 15/16"	94 1/2"	108 1/4"
	ORD Nº 8	63 15/16"	76 9/16"	89 1/2"	102 5/8"
	ORD Nº 9	60 3/8"	72 3/8"	84 3/4"	97 3/8"
	ORD Nº 10	56 7/8"	68 7/16"	80 3/8"	92 5/8"
	ORD Nº 11	53 5/8"	64 13/16 "	76 1/2"	88 1/2"
	ORD Nº 12	50 11/16"	61 3/4"	73 5/16"	85 1/8"
	ORD Nº 13	48 5/16"	59 7/16"	71"	82 13/16 "
	ORD Nº 14	46 7/16"	58 3/16"	69 7/8"	81 7/8"
	ORD Nº 15	46 11/16"	58 5/16"	70 5/16"	82 5/8"
14"	ORD Nº 0			71 1/8"	83 11/16"
	ORD Nº 1			75 11/16"	88 13/16 "
	ORD Nº 2			82 3/4"	96 11/16"
	ORD Nº 3			92 3/4"	107 9/16"
	ORD Nº 4			103 5/16"	119"
	ORD Nº 5			104 3/8"	119 9/16"
	ORD Nº 6			99 3/4"	114 3/16"
	ORD Nº 7			94 9/16"	108 3/16"
	ORD Nº 8			89 7/16"	102 7/16"
	ORD Nº 9			84 9/16"	97 1/16"
	ORD Nº 10			80"	92 1/8"
	ORD Nº 11			75 15/16"	87 3/4"
	ORD Nº 12			72 1/2"	84 1/8"
	ORD Nº 13			69 15/16"	81 9/16"
	ORD Nº 14			68 5/8"	80 7/16"
	ORD Nº 15			68 7/8"	81"

Método para calcular los ángulos entre los agujeros de los pernos de las bridas

Fórmula = 360 grados dividido por el número de agujeros de pernos = ángulo ENTRE LOS AGUJEROS DE LOS PERNOS

La figura son compatibles y no compatibles las bridas, utilizar la fórmula siguiente

Si 4 se divide en Nº DE AGUJEROS DE PERNOS iguales, entonces los FLAGES SON COMPATIBLES

Si 4 se divide en los orificios del perno IMPAR, después las bridas no son compatibles y deben ser laminado para donde la alineación de orificios están centrados

Los agujeros de los pernos que se extienden por CL de la brida	Los AGUJEROS DE LOS PERNOS DE LA BRIDA DE CL
4 agujeros = Espaciamiento de 90 grados	4 agujeros = 45 grados
8 agujeros = Espaciado de 45 grados	8 agujeros = 22 1/2 GRADOS
12 agujeros = Espaciamiento de 30 grados	12 agujeros = 15 grados
16 hoyos = 22 1/2 grados espaciado	16 hoyos = 11 1/4 GRADOS
20 agujeros = 18 grados espaciado	20 agujeros = 9 grados
24 agujeros = 15 grados espaciado	24 agujeros = 7 1/2 GRADOS

100

Método para diseñar los orificios de los pernos en las bridas

Ejemplo de ello es un 10" 150# BRIDA (círculo de pernos de 1/4" de diámetro = 14

**Fórmula para buscar DIM. "A" = multiplicar el diámetro del círculo de pernos
En el seno de 1/2 DEL ÁNGULO ENTRE LOS AGUJEROS DE LOS PERNOS**

Paso n° 1 =   360 dividido por 12 = 30 grados

Paso n° 2 =   30 grados dividido por 2 = 15 grados

Paso n° 3 =   Seno de 15 grados = 0.2588

Paso n° 4 =   14,25 ó 14 1/4"

Paso n° 5 =   14.25 x 0.2588 = 3.688 o el paso n° 4 X PASO N° 3

"DIM" =   3.688 o 3 11/16"

NO. De los orificios del perno	ANG DE AGUJEROS DE PERNOS	1/2 ANG DE AGUJEROS DE PERNOS	Seno de 1/2 agujeros de perno ANG
4	90 grados	45 grados	0.70711
6	60 grados	30 grados	0.5
8	45 grados	22.5 grados	0.3827
12	30 grados	15 grados	0.2588
16	22.5 grados	11.25 grados	0.1951
20	18 grados	9 grados	0.1564
24	15 grados	7.5 grados	0.1305
28	12.8571 grados	6.428 grados	0.1120
32	11.25 grados	5.625 grados	0.0980
36	10 grados	5 grados	0.0871
40	9 grados	4.5 grados	0.0459
44	8.1818 GRADOS	4.0910 GRADOS	0.0713
48	7.5 grados	3.75 grados	0.0654

Método para calcular las bobinas del tubo interior del depósito

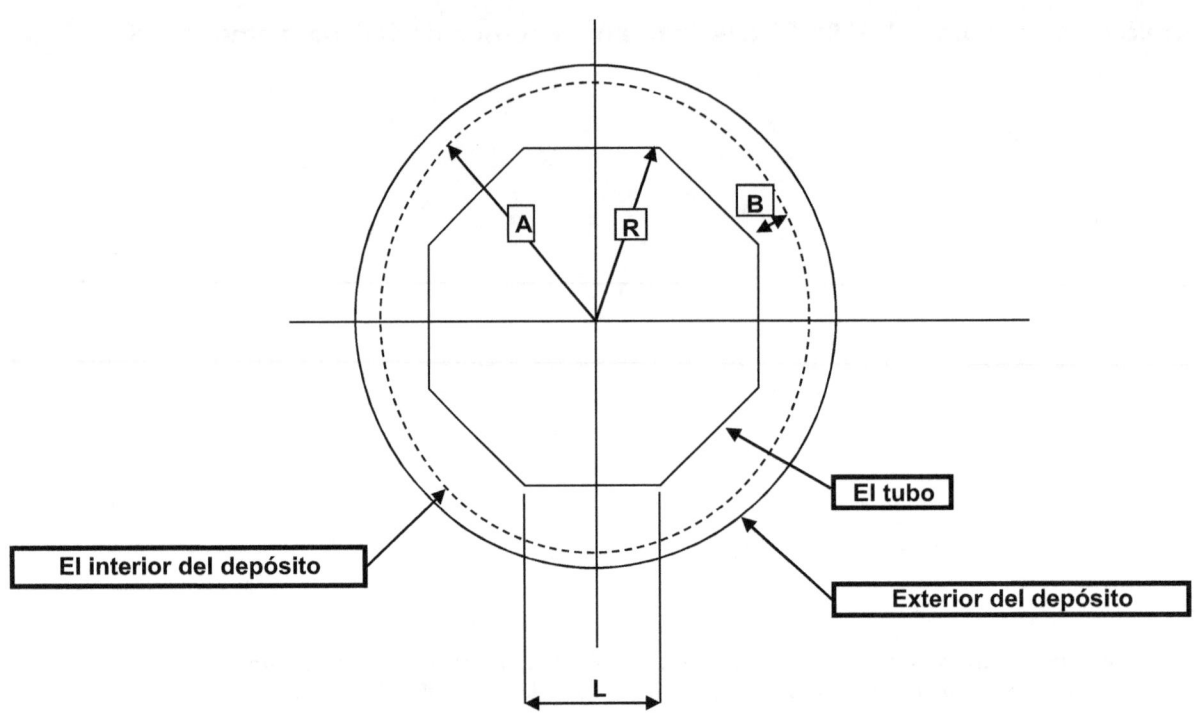

Fórmula para el DIM "L" = radio de la bobina X 2 X SINE DE 1/2 GRADOS DE GIRO

Paso nº 1 =   360 dividido por grados de vuelta = Nº DE TUBOS POR BOBINA

Paso nº 2 =   Grados de vuelta = 45 grados

Paso nº 3 =   360 dividido por 45 = 8 tubos por bobina

Nota: Radio de la bobina "A" = radio interior del depósito menos "B" la holgura entre
                  Bobina de tubo y el interior del depósito.

A =   Radio interior del depósito

B =   La holgura entre el tubo interior del tanque y bobina

R =   Radio de la bobina **Nota:** (RADIO ES CL DE CODO)

L =   De centro a centro de cada codo

Grados del ángulo de montaje	1/2 de grados del ángulo de montaje	NO. De tubos por bobina	Seno de 1/2 de grados del ángulo de montaje
90	45	4	0.70711
60	30	6	0.5
45	22.5	8	0.3827
30	15	12	0.2588
22.5	11.25	16	0.195
11.25	5.625	32	0.098

Método para calcular las bobinas del tubo exterior del depósito

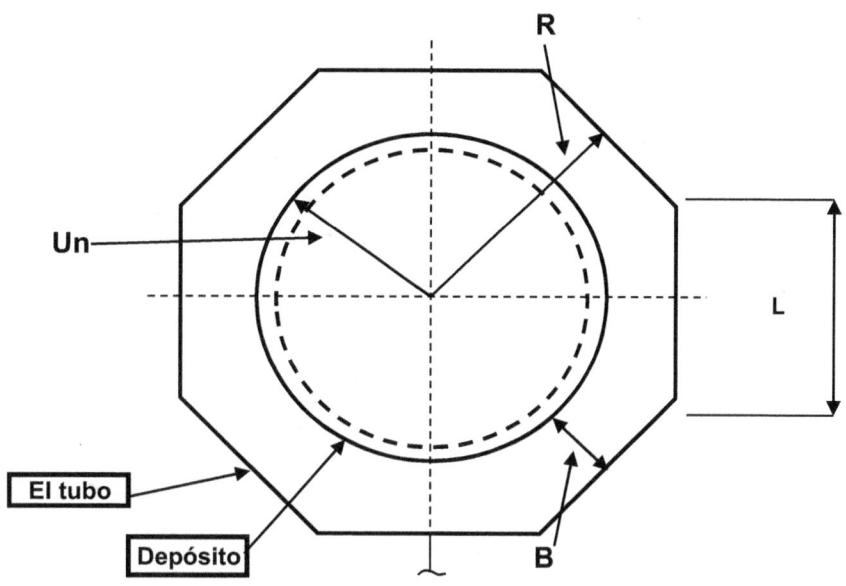

Fórmula para el DIM "L" = RADIO DE SERPENTÍN X 2 X tangente de 1/2 GRADOS DE GIRO

Paso nº 1 =   360 dividido por grados de vuelta = Nº DE TUBOS POR BOBINA

Paso nº 2 =   Grados de vuelta = 45 grados

Paso nº 3 =   360 dividido por 45 = 8 tubos por bobina

Nota: Radio de bobina = "A" Radio exterior del depósito más holgura BETWWEN "B"
La bobina del tubo y la superficie exterior del depósito

A =   Radio exterior del depósito

B =   La holgura entre el serpentín y el exterior del depósito

R=   Radio de la bobina **Nota:** (RADIO ES CL DE TUBO)

L =   De centro a centro de cada codo

Grados del ángulo de montaje	1/2 de grados del ángulo de montaje	NO. De tubos por bobina	Tangente de 1/2 de grados del ángulo de montaje
90	45	4	1.000
60	30	6	0.5773
45	22.5	8	0.4142
30	15	12	0.2679
22.5	11.25	16	0.1989
11.25	5.625	32	0.0985

Para persianas SPECTICLE DIMINSIONS

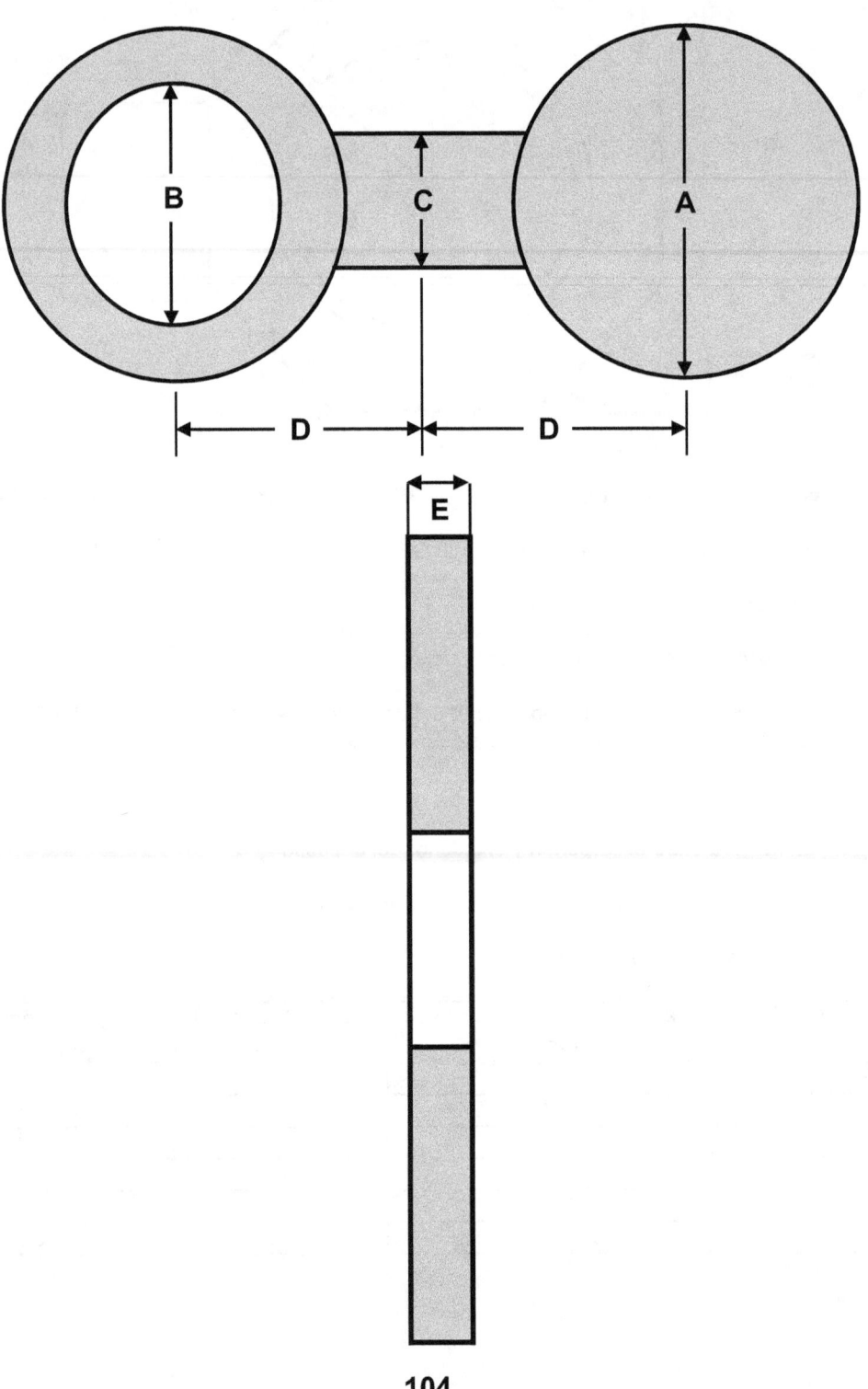

104

150 & 300# ESPECTÁCULO DIMINSIONS CIEGA

El TAMAÑO DEL TUBO	150# RF - MAX PRESS. = 275 PSI @ 100° F					300# RF - MAX PRESS. = 720 PSI @ 100° F				
	Un	B	C	D	E	Un	B	C	D	E
1"	2 1/2"	1 1/16"	1 1/4"	1 9/16"	1/4"	2 3/4"	1 1/16"	1 1/2"	1 3/4"	1/4"
1 1/2"	3 1/4"	1 5/8"	1 1/2"	1 15/16"	1/4"	3 5/8"	1 5/8"	1 1/2"	2 1/4"	1/4"
2"	4"	2 1/8"	1 1/2"	2 3/8"	1/4"	4 1/4"	2 1/8"	1"	2 1/2"	1/4"
2 1/2"	4 3/4"	2 1/2"	1 1/2"	2 3/4"	1/4"	5"	2 1/2"	1 1/2"	2 15/16"	1/4"
3"	5 1/4"	3 1/8"	1 1/2"	3"	1/4"	5 3/4"	3 1/8"	1 1/2"	3 5/16"	3/8"
4"	6 3/4"	4 1/16"	1 1/2"	3 3/4"	1/4"	7"	4 1/16"	1 1/2"	3 15/16"	1/2"
6"	8 5/8"	6 1/8"	2"	4 3/4"	3/8"	9 3/4"	6 1/8"	1 3/4"	5 5/16"	5/8"
8"	10 7/8"	8"	2"	5 7/8"	1/2"	12"	8"	2"	6 1/2"	3/4"
10"	13 1/4"	10 1/16"	2 1/2"	7 1/8"	5/8"	14 1/8"	10 1/16"	1 1/2"	7 5/8"	1"
12"	16"	12"	2 1/2"	8 1/2"	3/4"	16 1/2"	12"	2"	8 7/8"	1 1/8"
14"	17 5/8"	13 1/4"	2 3/4"	9 3/8"	3/4"	19"	13 1/4"	1 5/8"	10 1/8"	1 1/4"
16"	20 1/8"	15 1/4"	2 3/4"	10 5/8"	7/8"	21 1/8"	15 1/4"	1 3/4"	11 1/4"	1 3/8"
18"	21 1/2"	17 1/4"	2 3/4"	11 3/8"	1"	23 3/8"	17 1/4"	1 1/2"	12 3/8"	1 5/8"
20"	23 3/4"	19 1/4"	2 1/4"	12 1/2"	1 1/8"	25 5/8"	19 1/4"	1 3/4"	13 1/2"	1 3/4"
24"	28 1/8"	23 1/4"	2 3/4"	14 3/4"	1 3/8"	30 3/8"	23 1/4"	2 1/4"	16"	2 1/4"

Método para recortar un codo de 90 grados para un codo de 30 grados
Utilice su trig tablas para buscar las funciones trigonométricas
Codo de 12" se utiliza en este ejemplo

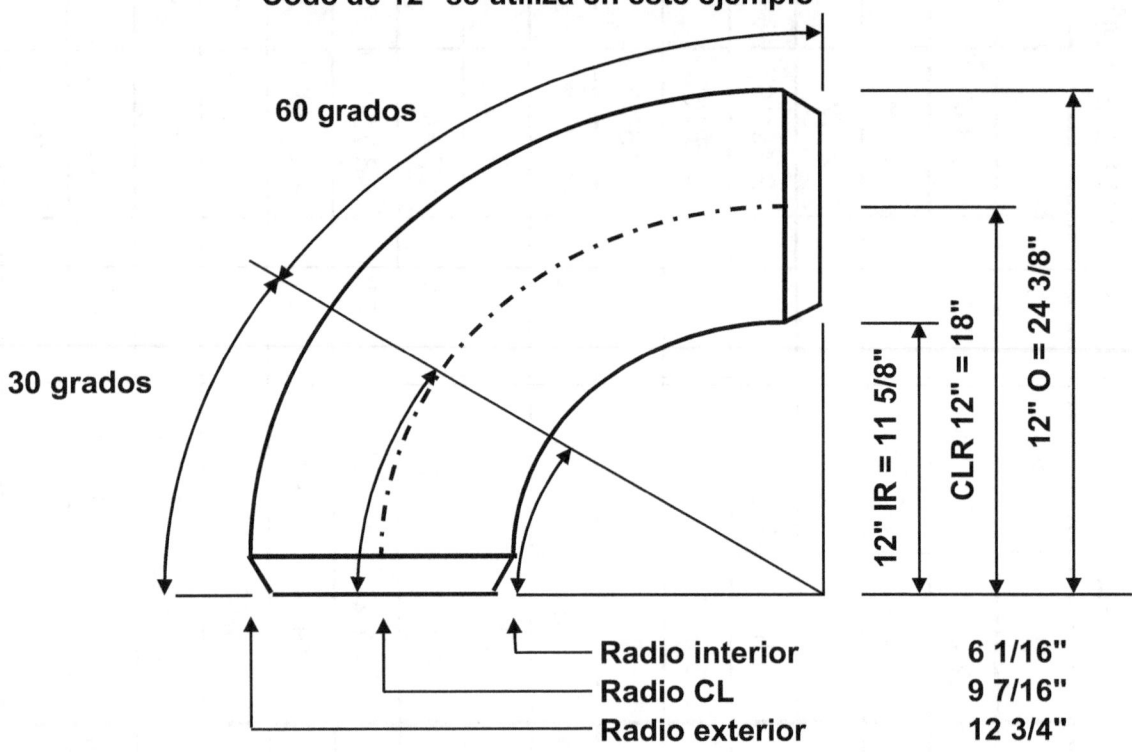

Radio interior	6 1/16"
Radio CL	9 7/16"
Radio exterior	12 3/4"

Esta información debe ser conocido antes de que usted pueda trabajar fórmula
Tubo de 12" OD = 12.75" o 12 3/4" Tubo de 12" OD dividido por 2 = 6.375" o 6 3/8"
Línea central radio del codo de 90 grados 12" = 12" x 1.5 = 18" Línea central radio del codo de 90 grados 12" = 18"
IR de 12" = codo 90 grados menos radius CL (TUBO OD dividido por 2) IR de 12" el codo 90 grados = 18" menos 6.375" IR de 12" el codo 90 grados = 11.625" o 11 5/8"
De 12" o 90 grados codo = CL plus radius (TUBO OD dividido por 2) De 12" o 90 grados codo = 18" además de 6.375" O DE 12" = 24.375 codo 90 grados" o 24 3/8"

Fórmula = radio de (12") X ELL 90 grados (grados de nuevo giro) X SENO DE UN ÁNGULO DE 1 GRADOS		
Seno de 1 grados ángulo = 0.01745 IR = 0.01745 11.625 X 30 = 6.086" o 6 1/16" CL R = 18" x 30 x 9.423 = 0.01745" o 9 7/16" O = 0.01745 X 30 X 24.375 = 12.760" o 12 3/4"	IR = R = CL O =	6 1/16" 9 7/16" 12 3/4"

Para los ángulos que no se muestran en este libro, utilice la misma fórmula

Método para encontrar tome - OFF dimensiones desde la línea central hasta el final de inglete en un codo de 30 grados ELL
Utilice la tabla trigonométrica para buscar las funciones trigonométricas

Codo de 12" se utiliza en este ejemplo

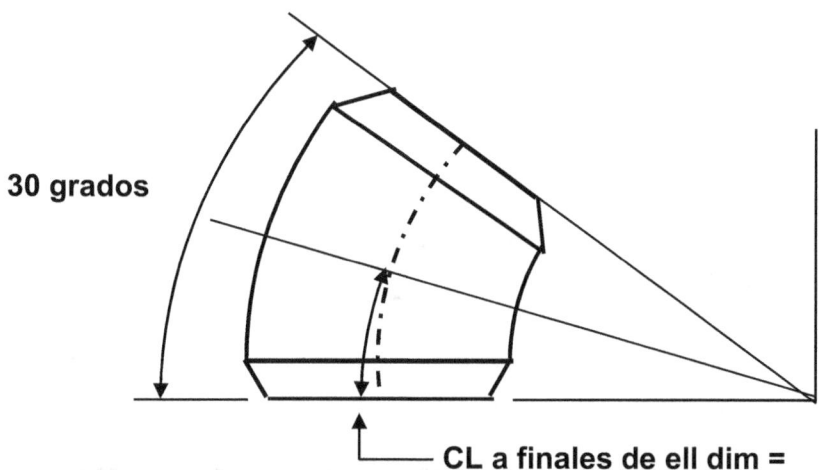

30 grados

CL a finales de ell dim =   4 13/16"

Esta información debe ser conocido antes de que usted pueda trabajar fórmula

Línea central radio del codo de 90 grados 12" = 12" x 1.5 = 18"   **Línea central radio del codo de 90 grados 12" = 18"**

Grado de vuelta = 30 grados   **Grado 1/2 de vuelta = 30.0 dividido por 2**   **30.0 dividido por 2 = 15 grados**   **Tangente de 15 grados = 0.268   Esto es 1/2 de giro de 30 grados**

Fórmula =   **Tangente de 1/2 grado del turno X CL radio de 12" el codo de 90 grados**

CL al final dim = 0.268 X 18 = 4.824 o 4 13/16"   **CL al final dim = 4 13/16"**

Para los ángulos que no se muestran en este libro, utilice la misma fórmula

Despegar DIM para 2000# racores roscados

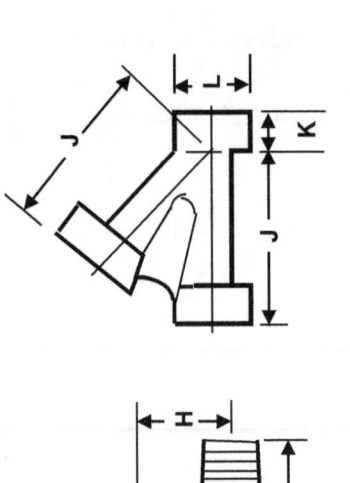

90⁰ Los codos   45⁰ Los codos   TEES   Cruza   Codos   Laterales.

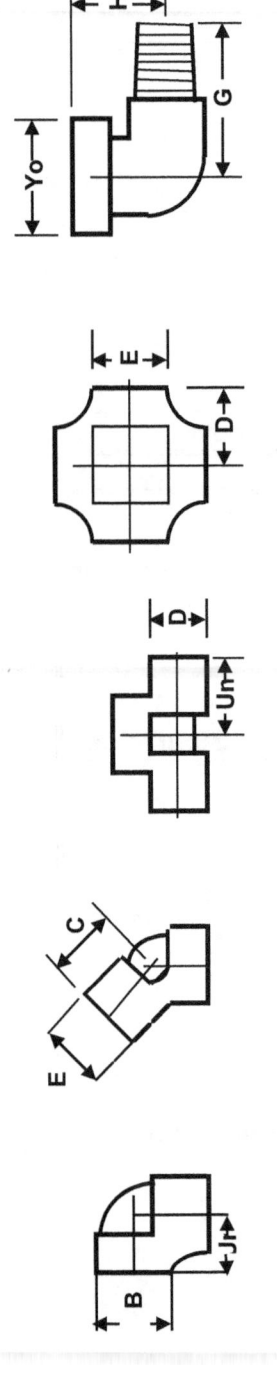

Clase de presión	NOM EL TAMAÑO DEL TUBO	Codos, tes y cruces					Codos			Laterales.		
		Un	B	C	D	E	G	H	Yo	J	K	L
	1/8"	13/16"	7/8"	11/16"	13/16"	15/16"				N/A	N/A	N/A
	1/4"	13/16"	7/8"	11/16"	13/16"	15/16"				1 11/16"	3/4"	15/16"
	3/8"	1"	1"	3/4"	1"	1 1/16"				1 15/16"	7/8"	1"
	1/2"	1 1/8"	1 5/16"	7/8"	1 1/8"	1 5/16"				2 3/16"	15/16"	1 1/4"
	3/4"	1 5/16"	1 1/2"	1"	1 5/16"	1 1/2"		N/A		2 5/8"	1 1/16"	1 1/2"
2000	1"	1 1/2"	1 13/16"	1 1/8"	1 1/2"	1 13/16"				3 1/16"	1 3/16"	1 13/16"
	1 1/4"	1 3/4"	2 3/16"	1 5/16"	1 3/4"	2 1/4"				3 9/16"	1 3/8"	2 1/4"
	1 1/2"	2"	2 7/16"	1 3/8"	2"	2 1/2"				4"	1 1/2"	2 1/2"
	2"	2 3/8"	3"	1 11/16"	2 3/8"	3 1/16"				4 13/16"	1 3/4"	3 1/16"
	2 1/2"	3"	3 5/8"	2 1/16"	3 1/4"	4"				6 7/8"	2 1/8"	3 5/8"
	3"	3 3/8"	4 5/16"	2 1/2"	3 3/8"	4 5/8"				7"	2 1/8"	4 1/16"
	4"	4 3/16"	5 3/4"	3 1/8"	4 3/16"	5 3/4"				8 1/2"	2 1/2"	5 1/8"

Despegar DIM para 3000# racores roscados

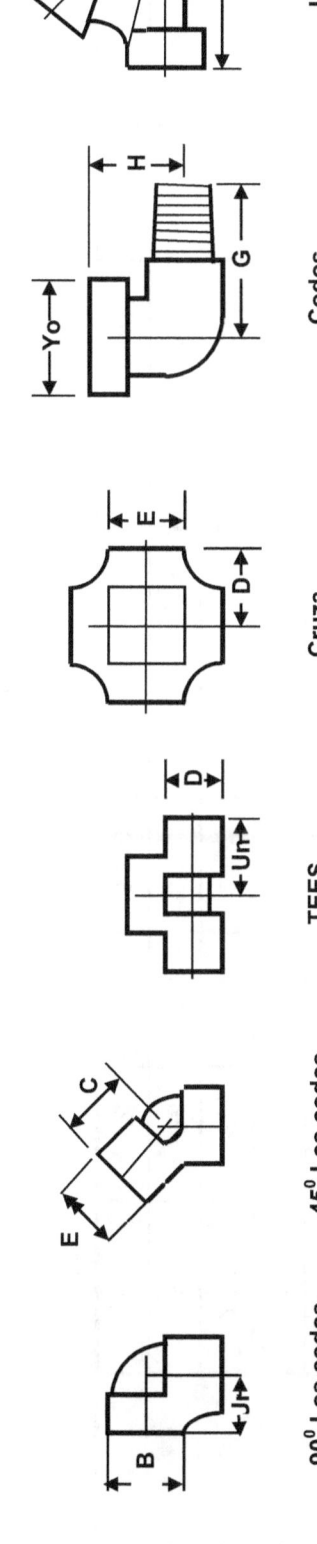

90° Los codos   45° Los codos   TEES   Cruza   Codos   Laterales.

Clase de presión	NOM EL TAMAÑO DEL TUBO	Codos, tes y cruces					Codos			Laterales.		
		Un	B	C	D	E	G	H	Yo	J	K	L
3000	1/8"	13/16"	7/8"	11/16"	13/16"	15/16"	1 1/4"	7/8"	1 1/16"	N/A	N/A	N/A
	1/4"	1"	1"	3/4"	1"	1 1/16"	1 1/4"	7/8"	1 1/16"	1 15/16"	7/8"	1"
	3/8"	1 1/8"	1 5/16"	7/8"	1 1/8"	1 5/16"	1 1/2"	1"	1 1/4"	2 3/16"	15/16"	1 1/4"
	1/2"	1 5/16"	1 1/2"	1"	1 5/16"	1 1/2"	1 5/8"	1 1/8"	1 1/2"	2 5/8"	1 1/16"	1 1/2"
	3/4"	1 1/2"	1 13/16"	1 1/8"	1 1/2"	1 13/16"	1 7/8"	1 3/8"	1 3/4"	3 1/16"	1 3/16"	1 13/16"
	1"	1 3/4"	2 3/16"	1 5/16"	1 3/4"	2 1/4"	2 1/4"	1 3/4"	2"	3 9/16"	1 3/8"	2 1/4"
	1 1/4"	2"	2 7/16"	1 3/8"	2"	2 1/2"	2 5/8"	2"	2 7/16"	4"	1 1/2"	2 1/2"
	1 1/2"	2 3/8"	3"	1 11/16"	2 3/8"	3 1/16"	2 13/16"	2 1/8"	2 3/4"	4 13/16"	1 3/4"	3 1/16"
	2"	2 1/2"	3 5/16"	1 3/4"	2 1/2"	3 5/16"	3 5/16"	2 1/2"	3 5/16"	6 7/8"	2 1/8"	3 5/8"
	2 1/2"	3 1/4"	4"	2 1/16"	3 1/4"	4"	N/A	N/A	N/A	7"	2 1/8"	4 1/16"
	3"	3 3/4"	4 3/4"	2 1/2"	3 3/8"	4 5/8"	N/A	N/A	N/A	8 1/2"	2 1/2"	5 1/8"
	4"	4 1/2"	6"	3 1/8"	4 3/16"	5 3/4"	N/A	N/A	N/A	13 5/8"	4"	6 3/4"

109

Despegar DIM para 6000# racores roscados

90° Los codos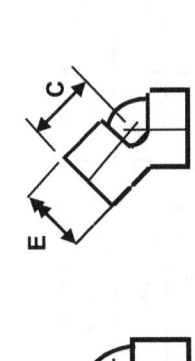

45° Los codos

TEES

Cruza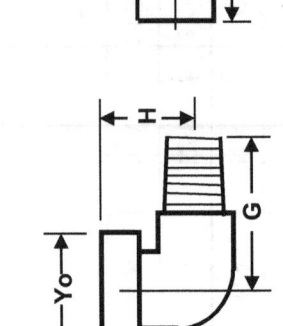

Codos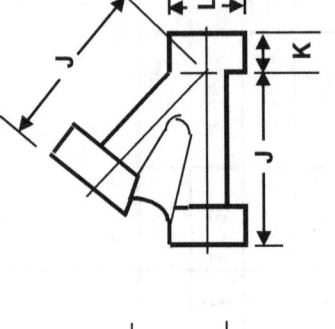

Laterales.

Clase de presión	NOM EL TAMAÑO DEL TUBO	Codos, tes y cruces					Codos			Laterales		
		Un	B	C	D	E	G	H	Yo	J	K	L
6000	1/8"	1"	1"	3/4"	1"	1 1/16"	N/A	N/A	N/A	N/A	N/A	N/A
	1/4"	1 1/8"	1 5/16"	7/8"	1 1/8"	1 5/16"	1 1/2"	1"	1 1/4"	N/A	N/A	N/A
	3/8"	1 5/16"	1 1/2"	1"	1 5/16"	1 1/2"	1 5/8"	1 1/8"	1 1/2"	2 5/8"	1 1/16"	1 1/2"
	1/2"	1 1/2"	1 13/16"	1 1/8"	1 1/2"	1 13/16"	1 7/8"	1 3/8"	1 3/4"	3 1/16"	1 3/16"	1 13/16"
	3/4"	1 3/4"	2 3/16"	1 5/16"	1 3/4"	2 1/4"	2 1/4"	1 3/4"	2"	3 9/16"	1 3/8"	2 1/4"
	1"	2"	2 7/16"	1 3/8"	2"	2 1/2"	2 5/8"	2"	2 7/16"	4"	1 1/2"	2 1/2"
	1 1/4"	2 3/8"	3"	1 11/16"	2 3/8"	3 1/16"	2 13/16"	2 1/8"	2 3/4"	4 13/16"	1 3/4"	3 1/16"
	1 1/2"	2 1/2"	3 5/16"	1 3/4"	2 1/2"	3 5/16"	3 5/16"	2 1/2"	3 5/16"	6 7/8"	2 1/8"	3 5/8"
	2"	3 1/4"	4"	2 1/16"	3 1/4"	4"	N/A	N/A	N/A	7"	2 1/8"	4 1/16"
	2 1/2"	3 3/4"	4 3/4"	2 1/2"	3 3/8"	4 3/4"	N/A	N/A	N/A	8 1/2"	2 1/2"	5 1/8"
	3"	4 3/16"	5 3/4"	3 1/8"	4 3/16"	5 3/4"	N/A	N/A	N/A	8 1/2"	2 1/2"	5 1/8"
	4"	4 1/2"	6"	3 1/8"	4 1/2"	6"	N/A	N/A	N/A	8 1/2"	2 1/2"	5 1/8"

110

Despegar DIM para 3000# SOCKET soldar accesorios

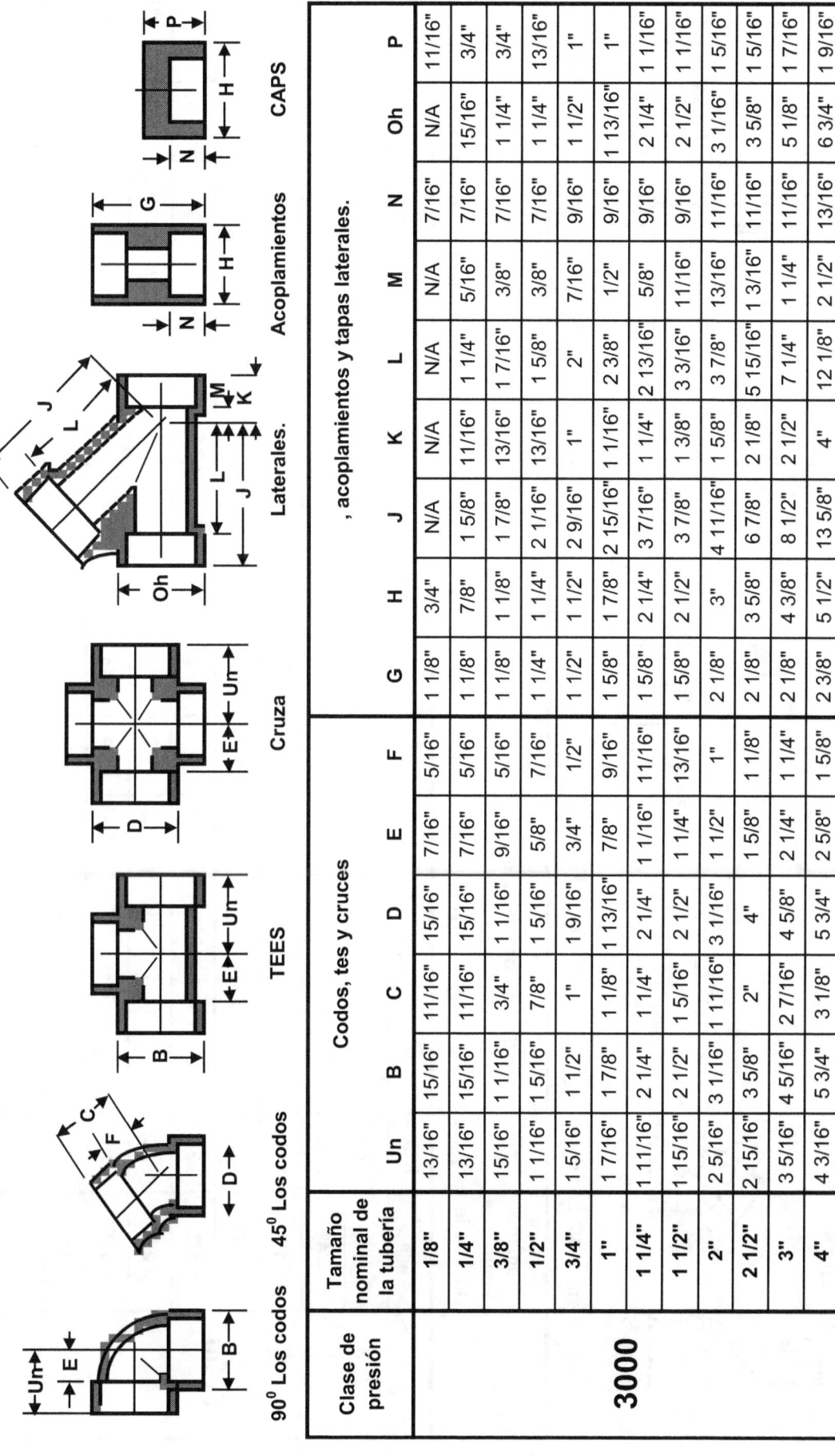

90° Los codos   45° Los codos   TEES   Cruza   Laterales.   Acoplamientos   CAPS

Clase de presión	Tamaño nominal de la tubería	Codos, tes y cruces								Laterales, acoplamientos y tapas laterales.						
		Un	B	C	D	E	F	G	H	J	K	L	M	N	Oh	P
3000	1/8"	13/16"	15/16"	11/16"	15/16"	7/16"	5/16"	1 1/8"	3/4"	N/A	N/A	N/A	N/A	7/16"	N/A	11/16"
	1/4"	13/16"	15/16"	11/16"	15/16"	7/16"	5/16"	1 1/8"	7/8"	1 5/8"	11/16"	1 1/4"	5/16"	7/16"	15/16"	3/4"
	3/8"	15/16"	1 1/16"	3/4"	1 1/16"	9/16"	5/16"	1 1/8"	1 1/8"	1 7/8"	13/16"	1 7/16"	3/8"	7/16"	1 1/4"	3/4"
	1/2"	1 1/16"	1 5/16"	7/8"	1 5/16"	5/8"	7/16"	1 1/4"	1 1/4"	2 1/16"	13/16"	1 5/8"	3/8"	7/16"	1 1/4"	13/16"
	3/4"	1 5/16"	1 1/2"	1"	1 9/16"	3/4"	1/2"	1 1/2"	1 1/2"	2 9/16"	1"	2"	7/16"	9/16"	1 1/2"	1"
	1"	1 7/16"	1 7/8"	1 1/8"	1 13/16"	7/8"	9/16"	1 5/8"	1 7/8"	2 15/16"	1 1/16"	2 3/8"	1/2"	9/16"	1 13/16"	1"
	1 1/4"	1 11/16"	2 1/4"	1 1/4"	2 1/4"	1 1/16"	11/16"	1 5/8"	2 1/4"	3 7/16"	1 1/4"	2 13/16"	5/8"	9/16"	2 1/4"	1 1/16"
	1 1/2"	1 15/16"	2 1/2"	1 5/16"	2 1/2"	1 1/4"	13/16"	1 5/8"	2 1/2"	3 7/8"	1 3/8"	3 3/16"	11/16"	9/16"	2 1/2"	1 1/16"
	2"	2 5/16"	3 1/16"	1 11/16"	3 1/16"	1 1/2"	1"	2 1/8"	3"	4 11/16"	1 5/8"	3 7/8"	13/16"	11/16"	3 1/16"	1 5/16"
	2 1/2"	2 15/16"	3 5/8"	2"	4"	1 5/8"	1 1/8"	2 1/8"	3 5/8"	6 7/8"	2 1/8"	5 15/16"	1 3/16"	11/16"	3 5/8"	1 5/16"
	3"	3 5/16"	4 5/16"	2 7/16"	4 5/8"	2 1/4"	1 1/4"	2 1/8"	4 3/8"	8 1/2"	2 1/2"	7 1/4"	1 1/4"	11/16"	5 1/8"	1 7/16"
	4"	4 3/16"	5 3/4"	3 1/8"	5 3/4"	2 5/8"	1 5/8"	2 3/8"	5 1/2"	13 5/8"	4"	12 1/8"	2 1/2"	13/16"	6 3/4"	1 9/16"

Despegar DIM para 6000# SOCKET soldar accesorios

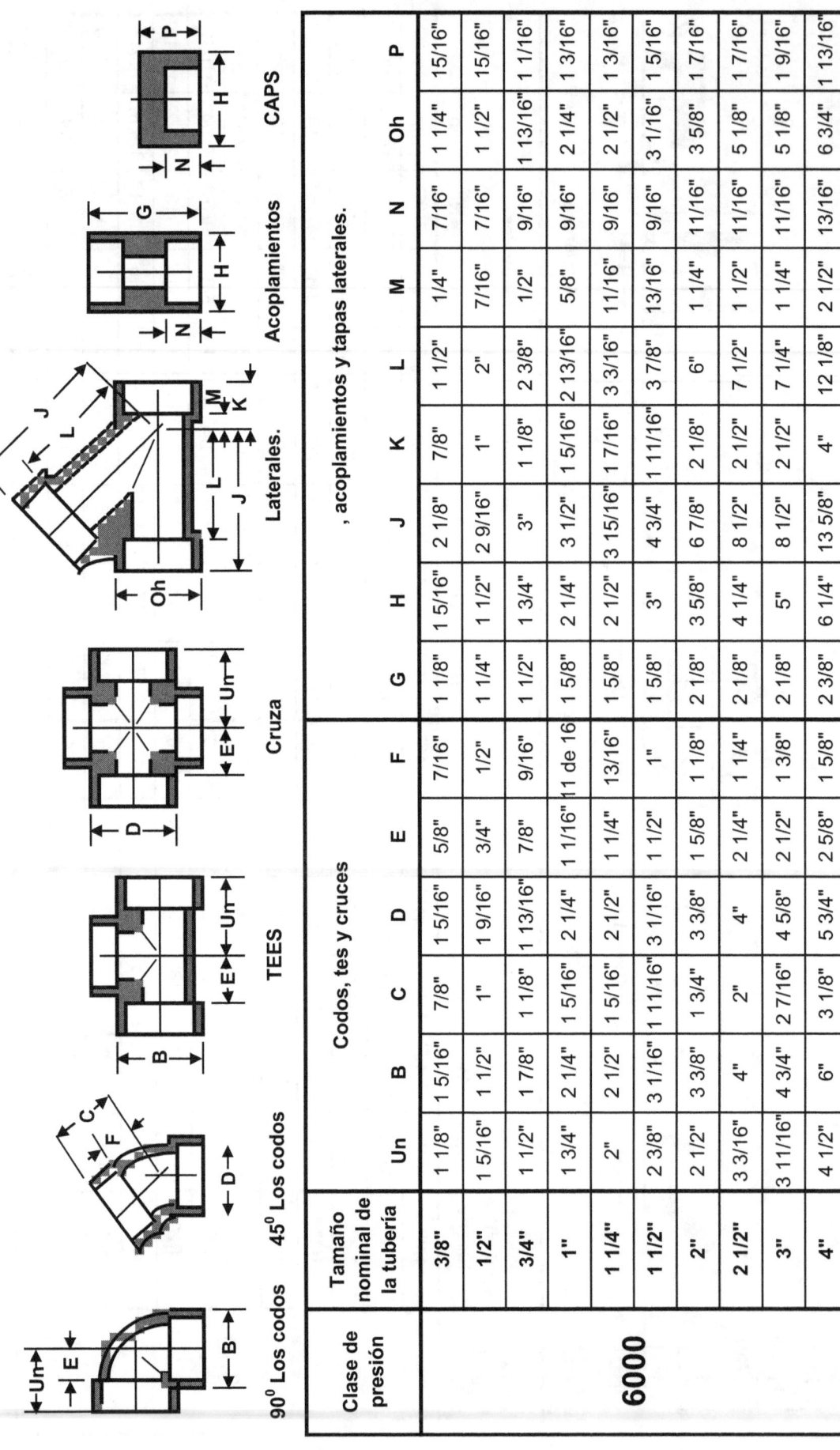

90° Los codos **45° Los codos** **TEES** **Cruza** **Laterales** **Acoplamientos** **CAPS**

Clase de presión	Tamaño nominal de la tubería	Codos, tes y cruces										, acoplamientos y tapas laterales.				
		Un	B	C	D	E	F	G	H	J	K	L	M	N	Oh	P
	3/8"	1 1/8"	1 5/16"	7/8"	1 5/16"	5/8"	7/16"	1 1/8"	1 5/16"	2 1/8"	7/8"	1 1/2"	1/4"	7/16"	1 1/4"	15/16"
	1/2"	1 5/16"	1 1/2"	1"	1 9/16"	3/4"	1/2"	1 1/4"	1 1/2"	2 9/16"	1"	2"	7/16"	7/16"	1 1/2"	15/16"
	3/4"	1 1/2"	1 7/8"	1 1/8"	1 13/16"	7/8"	9/16"	1 1/2"	1 3/4"	3"	1 1/8"	2 3/8"	1/2"	9/16"	1 13/16"	1 1/16"
	1"	1 3/4"	2 1/4"	1 5/16"	2 1/4"	1 1/16"	11 de 16	1 5/8"	2 1/4"	3 1/2"	1 5/16"	2 13/16"	5/8"	9/16"	2 1/4"	1 3/16"
6000	1 1/4"	2"	2 1/2"	1 5/16"	2 1/2"	1 1/4"	13/16"	1 5/8"	2 1/2"	3 15/16"	1 7/16"	3 3/16"	11/16"	9/16"	2 1/2"	1 3/16"
	1 1/2"	2 3/8"	3 1/16"	1 11/16"	3 1/16"	1 1/2"	1"	1 5/8"	3"	4 3/4"	1 11/16"	3 7/8"	13/16"	9/16"	3 1/16"	1 5/16"
	2"	2 1/2"	3 3/8"	1 3/4"	3 3/8"	1 5/8"	1 1/8"	2 1/8"	3 5/8"	6 7/8"	2 1/8"	6"	1 1/4"	11/16"	3 5/8"	1 7/16"
	2 1/2"	3 3/16"	4"	2"	4"	2 1/4"	1 1/4"	2 1/8"	4 1/4"	8 1/2"	2 1/2"	7 1/2"	1 1/2"	11/16"	5 1/8"	1 7/16"
	3"	3 11/16"	4 3/4"	2 7/16"	4 5/8"	2 1/2"	1 3/8"	2 1/8"	5"	8 1/2"	2 1/2"	7 1/4"	1 1/4"	11/16"	5 1/8"	1 9/16"
	4"	4 1/2"	6"	3 1/8"	5 3/4"	2 5/8"	1 5/8"	2 3/8"	6 1/4"	13 5/8"	4"	12 1/8"	2 1/2"	13/16"	6 3/4"	1 13/16"

112

Despegue DIM PARA PROGRAMAR 40 - juntas de soldadura - Permite

DIMINSION ES DESDE EL CENTRO DEL CABEZAL HASTA EL EXTREMO DE SOLDADURA - O - LET

Tamaño del cabezal

		2"	3"	4"	6"	8"	10"	12"
Tamaño de salida de rama	1"	2 1/4"	2 13/16"	3 5/16"	4 3/8"	5 3/8"	6 7/16"	7 3/8"
	1 1/2"	2 1/2"	3 1/16"	3 9/16"	4 5/8"	5 5/8"	6 11/16"	7 11/16"
	2"		3 1/4"	3 3/4"	4 13/16"	5 13/16"	6 7/8"	7 7/8"
	2 1/2"		3 3/8"	3 7/8"	4 15/16"	5 15/16"	7"	8"
	3"			4"	5 1/16"	6 1/16"	7 1/8"	8 1/8"
	4"				5 5/16"	6 5/16"	7 3/8"	8 3/8"
	6"					6 11/16"	7 3/4"	8 3/4"
	8"						8 1/8"	9 1/8"
	10"							9 7/16"

Despegue DIM PARA PROGRAMAR 80 - O - Soldadura permite

DIMINSION ES DESDE EL CENTRO DEL CABEZAL HASTA EL EXTREMO DE SOLDADURA - O - LET

Tamaño del cabezal

		2"	3"	4"	6"	8"	10"	12"
Tamaño de salida de rama	1"	2 1/4"	2 13/16"	3 5/16"	4 3/8"	5 3/8"	6 7/16"	7 3/8"
	1 1/2"	2 1/2"	3 1/16"	3 9/16"	4 5/8"	5 5/8"	6 11/16"	7 11/16"
	2"		3 1/4"	3 3/4"	4 13/16"	5 13/16"	6 7/8"	7 7/8"
	2 1/2"		3 3/8"	3 7/8"	4 15/16"	5 15/16"	7"	8"
	3"			4"	5 1/16"	6 1/16"	7 1/8"	8 1/8"
	4"				5 5/16"	6 5/16"	7 3/8"	8 3/8"
	6"					7 3/8"	8 7/16"	9 7/16"
	8"						9 1/4"	10 1/4"
	10"							10 1/16"

Despegar DIMINSIONS para el estándar inalámbrico. Soldadura accesorios

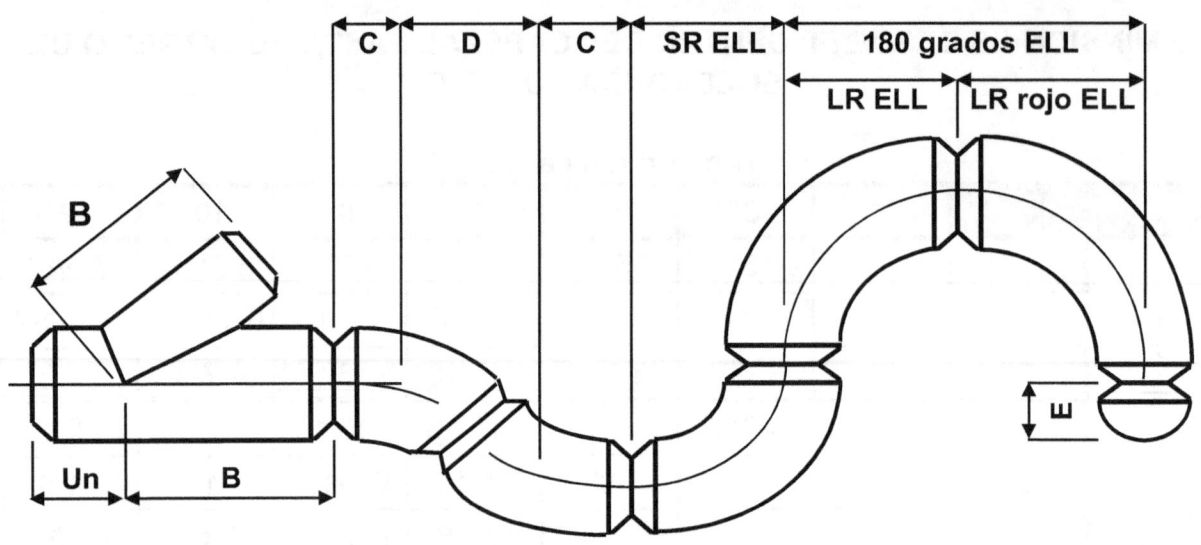

El TAMAÑO DEL TUBO	Laterales.		Los codos de 45 grados		Los codos de 90 grados			Los codos de 180 grados	CAPS
	Un	B	C	D	SR	LR	ELL ROJO		E
1/2"	N/A	N/A	5/8"	7/8"	N/A	1 1/2"	N/A	3"	1"
3/4"	N/A	N/A	7/16"	5/8"	N/A	1 1/8"	N/A	2 1/4"	1 1/4"
1"	1 3/4"	5 3/4"	7/8"	1 1/4"	1"	1 1/2"	N/A	3"	1 1/2"
1 1/4"	1 3/4"	6 1/4"	1"	1 7/16"	1 1/4"	1 7/8"	N/A	3 3/4"	1 1/2"
1 1/2"	2"	7"	1 1/8"	1 9/16"	1 1/2"	2 1/4"	N/A	4 1/2"	1 1/2"
2"	2 1/2"	8"	1 3/8"	1 15/16"	2"	3"	3"	6"	1 1/2"
2 1/2"	2 1/2"	9 1/2"	1 3/4"	2 1/2"	2 1/2"	3 3/4"	3 3/4"	7 1/2"	1 1/2"
3"	3"	10"	2"	2 13/16"	3"	4 1/2"	4 1/2"	9"	2"
4"	3"	12"	2 1/2"	3 9/16"	4"	6"	6"	12"	2 1/2"
6"	3 1/2"	14 1/2"	3 3/4"	5 5/16"	6"	9"	9"	18"	3 1/2"
8"	4 1/2"	17 1/2"	5"	7 1/16"	8"	12"	12"	24"	4"
10"	5"	20 1/2"	6 1/4"	8 13/16"	10"	15"	15"	30"	5"
12"	5 1/2"	24 1/2"	7 1/2"	10 5/8"	12"	18"	18"	36"	6"
14"	6"	27"	8 3/4"	12 3/8"	14"	21"	21"	42"	6 1/2"
16"	6 1/2"	30"	10"	14 1/8"	16"	24"	24"	48"	7"
18"	7"	32"	11 1/4"	15 15/16"	18"	27"	27"	54"	8"
20"	8"	35"	12 1/2"	17 11/16"	20"	30"	30"	60"	9"
22"	N/A	N/A	13 1/2"	19 1/16"	22"	33"	33"	66"	10"
24"	9"	40 1/2"	15"	21 3/16"	24"	36"	36"	72"	10 1/2"
30"	N/A	N/A	18 1/2"	26 3/16"	N/A	45"	N/A	90"	10 1/2"
36"	N/A	N/A	22 1/4"	31 de 7/16	N/A	54"	N/A	N/A	10 1/2"
42"	N/A	N/A	26"	36 3/4"	N/A	63"	N/A	N/A	12"
48"	N/A	N/A	29 7/8"	42 1/4"	N/A	72"	N/A	N/A	N/A

Despegue de ETS DIMINSIONS WT. Racores BUTTWELD

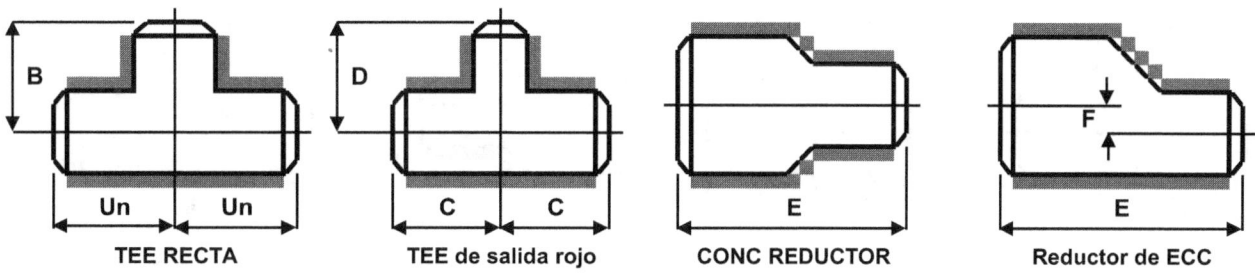

| TEE RECTA | TEE de salida rojo | CONC REDUCTOR | Reductor de ECC |

El TAMAÑO DEL TUBO	TEES RECTA		Reducción tees de salida		CONC y reductores de ECC	ECC CL CL DIMINSION ROJO
	Un	**B**	**C**	**D**	**E**	**F**
1/2"	1"	1"	N/A	N/A	N/A	N/A
1/2" x 1/4"	N/A	N/A	1"	1"	N/A	N/A
1/2" x 3/8"	N/A	N/A	1"	1"	N/A	N/A
3/4"	1 1/8"	1 1/8"	N/A	N/A	N/A	N/A
3/4" x 3/8"	N/A	N/A	1 1/8"	1 1/8"	1 1/2"	3/16"
3/4" x 1/2"	N/A	N/A	1 1/8"	1 1/8"	1 1/2"	1/8"
1"	1 1/2"	1 1/2"	N/A	N/A	N/A	N/A
1" x 1/2"	N/A	N/A	1 1/2"	1 1/2"	2"	1/4"
1" x 3/4"	N/A	N/A	1 1/2"	1 1/2"	2"	1/8"
1 1/4"	1 7/8"	1 7/8"	N/A	N/A	N/A	N/A
1 1/4" x 1/2"	N/A	N/A	1 7/8"	1 7/8"	2"	7/16"
1 1/4" x 3/4"	N/A	N/A	1 7/8"	1 7/8"	2"	5/16"
1 1/4" X 1"	N/A	N/A	1 7/8"	1 7/8"	2"	3/16"
1 1/2"	2 1/4"	2 1/4"	N/A	N/A	N/A	N/A
1 1/2" x 1/2"	N/A	N/A	2 1/4"	2 1/4"	2 1/2"	9/16"
1 1/2" x 3/4"	N/A	N/A	2 1/4"	2 1/4"	2 1/2"	7/16"
1 1/2" X 1"	N/A	N/A	2 1/4"	2 1/4"	2 1/2"	1/4"
1 1/2" X 1 1/4"	N/A	N/A	2 1/4"	2 1/4"	2 1/2"	1/8"
2"	2 1/2"	2 1/2"	N/A	N/A	N/A	N/A
2" x 3/4"	N/A	N/A	2 1/2"	1 3/4"	3"	11/16"
2" X 1"	N/A	N/A	2 1/2"	2"	3"	1/2"
2" X 1 1/4"	N/A	N/A	2 1/2"	2 1/4"	3"	3/8"
2" X 1 1/2"	N/A	N/A	2 1/2"	2 3/8"	3"	1/4"
2 1/2"	3"	3"	N/A	N/A	N/A	N/A
2 1/2" X 1"	N/A	N/A	3"	2 1/4"	3 1/2"	3/4"

Despegue de ETS DIMINSIONS WT. Racores BUTTWELD

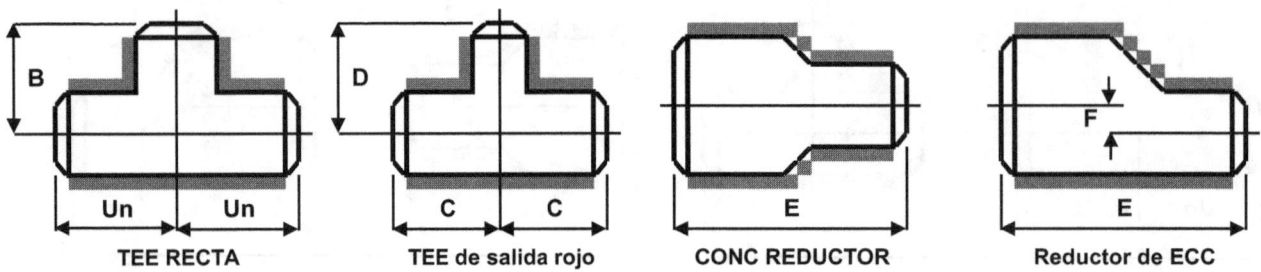

| TEE RECTA | TEE de salida rojo | CONC REDUCTOR | Reductor de ECC |

El TAMAÑO DEL TUBO	TEES RECTA		Reducción tees de salida		CONC y reductores de ECC	ECC CL CL DIMINSION ROJO
	Un	B	C	D	E	F
2 1/2" X 1 1/4"	N/A	N/A	3"	2 1/2"	3 1/2"	5/8"
2 1/2" X 1 1/2"	N/A	N/A	3"	2 5/8"	3 1/2"	1/2"
2 1/2" X 2"	N/A	N/A	3"	2 3/4"	3 1/2"	1/4"
3"	3 3/8"	3 3/8"	N/A	N/A	N/A	N/A
3" X 1 1/4"	N/A	N/A	3 3/8"	2 3/4"	3 1/2"	15/16"
3" X 1 1/2"	N/A	N/A	3 3/8"	2 7/8"	3 1/2"	13/16"
3" X 2"	N/A	N/A	3 3/8"	3"	3 1/2"	9/16"
3" X 2 1/2"	N/A	N/A	3 3/8"	3 1/4"	3 1/2"	5/16"
4"	4 1/8"	4 1/8"	N/A	N/A	N/A	N/A
4" X 1 1/2"	N/A	N/A	4 1/8"	3 3/8"	4"	1 15/16"
4" X 2"	N/A	N/A	4 1/8"	3 1/2"	4"	1 1/16"
4" X 2 1/2"	N/A	N/A	4 1/8"	3 3/4"	4"	13/16"
4" X 3"	N/A	N/A	4 1/8"	3 7/8"	4"	1/2"
5"	4 7/8"	4 7/8"	N/A	N/A	N/A	N/A
5" X 2"	N/A	N/A	4 7/8"	4 1/8"	5"	1 5/8"
5" X 2 1/2"	N/A	N/A	4 7/8"	4 1/4"	5"	1 3/8"
5" X 3"	N/A	N/A	4 7/8"	4 3/8"	5"	1 1/16"
5" X 4"	N/A	N/A	4 7/8"	4 5/8"	5"	9/16"
6"	5 5/8"	5 5/8"	N/A	N/A	N/A	N/A
6" X 2 1/2"	N/A	N/A	5 5/8"	4 3/4"	5 1/2"	1 7/8"
6" X 3"	N/A	N/A	5 5/8"	4 7/8"	5 1/2"	1 9/16"
6" X 4"	N/A	N/A	5 5/8"	5 1/8"	5 1/2"	1 1/16"
6" X 5"	N/A	N/A	5 5/8"	5 3/8"	5 1/2"	9/16"
8"	7	7	N/A	N/A	N/A	N/A
8" X 4"	N/A	N/A	7"	6 1/8"	6"	2 1/16"

Despegue de ETS DIMINSIONS WT. Racores BUTTWELD

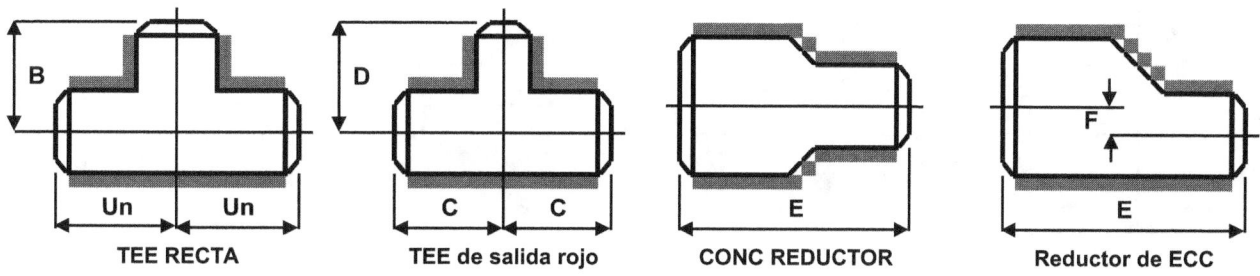

TEE RECTA   TEE de salida rojo   CONC REDUCTOR   Reductor de ECC

El TAMAÑO DEL TUBO	TEES RECTA		Reducción tees de salida		CONC y reductores de ECC	ECC CL CL DIMINSION ROJO
	Un	B	C	D	E	F
8" X 5"	N/A	N/A	7"	6 3/8"	6"	1 9/16"
8" X 6"	N/A	N/A	7"	6 5/8"	6"	1"
10"	8 1/2"	8 1/2"	N/A	N/A	N/A	N/A
10" x 4"	N/A	N/A	8 1/2"	7 1/4"	7"	3 1/8"
10" x 5"	N/A	N/A	8 1/2"	7 1/2"	7"	2 5/8"
10" x 6"	N/A	N/A	8 1/2"	7 5/8"	7"	2 1/16"
10" x 8"	N/A	N/A	8 1/2"	8"	7"	1 1/16"
12"	10"	10"	N/A	N/A	N/A	N/A
12" x 5"	N/A	N/A	10"	8 1/2"	8"	3 5/8"
12" x 6"	N/A	N/A	10"	8 5/8"	8"	3 1/16"
12" x 8"	N/A	N/A	10"	9"	8"	2 1/16"
12" X 10"	N/A	N/A	10"	9 1/2"	8"	1"
14"	11"	11"	N/A	N/A	N/A	N/A
14" x 6"	N/A	N/A	11"	9 3/8"	13"	3 11/16"
14" x 8"	N/A	N/A	11"	9 3/4"	13"	2 11/16"
14" X 10"	N/A	N/A	11"	10 1/8"	13"	1 5/8"
14" X 12"	N/A	N/A	11"	10 5/8"	13"	5/8"
16"	12"	12"	N/A	N/A	N/A	N/A
16" x 6"	N/A	N/A	12"	10 3/8"	N/A	N/A
16" x 8"	N/A	N/A	12"	10 3/4"	14"	3 11/16"
16" X 10"	N/A	N/A	12"	11 1/8"	14"	2 5/8"
16" X 12"	N/A	N/A	12"	11 5/8"	14"	1 5/8"
16" X 14"	N/A	N/A	12"	12"	14"	1"
18"	13 1/2"	13 1/2"	N/A	N/A	N/A	N/A
18" x 8"	N/A	N/A	13 1/2"	11 3/4"	N/A	N/A

Despegue de ETS DIMINSIONS WT. Racores BUTTWELD

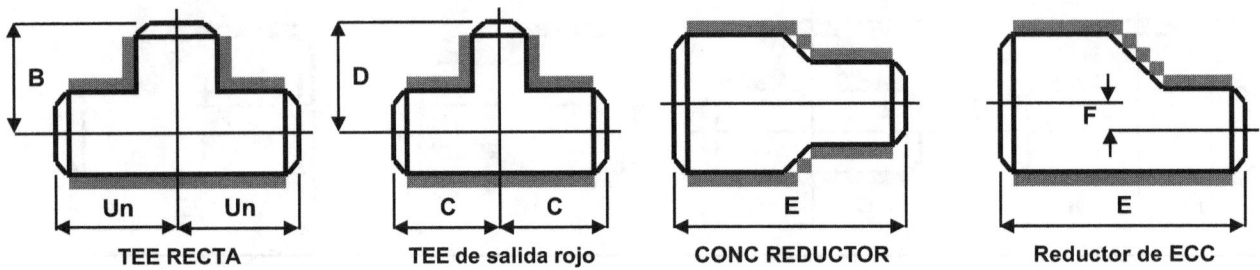

TEE RECTA   TEE de salida rojo   CONC REDUCTOR   Reductor de ECC

El TAMAÑO DEL TUBO	TEES RECTA		Reducción tees de salida		CONC y reductores de ECC	ECC CL CL DIMINSION ROJO
	Un	B	C	D	E	F
18" X 10"	N/A	N/A	13 1/2"	12 1/8"	15"	3 5/8"
18" X 12"	N/A	N/A	13 1/2"	12 5/8"	15"	2 11/16"
18" X 14"	N/A	N/A	13 1/2"	13"	15"	2"
18" X 16"	N/A	N/A	13 1/2"	13"	15"	1"
20"	15"	15"	N/A	N/A	N/A	N/A
20" x 8"	N/A	N/A	15"	12 3/4"	N/A	N/A
20" X 10"	N/A	N/A	15"	13 1/8"	N/A	N/A
20" X 12"	N/A	N/A	15"	13 5/8"	20"	3 5/8"
20" X 14"	N/A	N/A	15"	14"	20"	3"
20" X 16"	N/A	N/A	15"	14"	20"	2"
20" X 18"	N/A	N/A	15"	14 1/2"	20"	1"
22"	16 1/2"	16 1/2"	N/A	N/A	N/A	N/A
22" X 10"	N/A	N/A	16 1/2"	14 1/8"	N/A	N/A
22" X 12"	N/A	N/A	16 1/2"	14 5/8"	N/A	N/A
22" X 14"	N/A	N/A	16 1/2"	15"	20"	4"
22" X 16"	N/A	N/A	16 1/2"	15"	20"	3"
22" X 18"	N/A	N/A	16 1/2"	15 1/2"	20"	2"
22" X 20"	N/A	N/A	16 1/2"	16"	20"	1"
24"	17"	17"	N/A	N/A	N/A	N/A
24" X 10"	N/A	N/A	17"	15 1/8"	N/A	N/A
24" X 12"	N/A	N/A	17"	15 5/8"	N/A	N/A
24" X 14"	N/A	N/A	17"	16"	N/A	N/A
24" X 16"	N/A	N/A	17"	16"	20"	4"
24" X 18"	N/A	N/A	17"	16 1/2"	20"	3"
24" X 20"	N/A	N/A	17"	17"	20"	2"

Despegue de ETS DIMINSIONS WT. Racores BUTTWELD

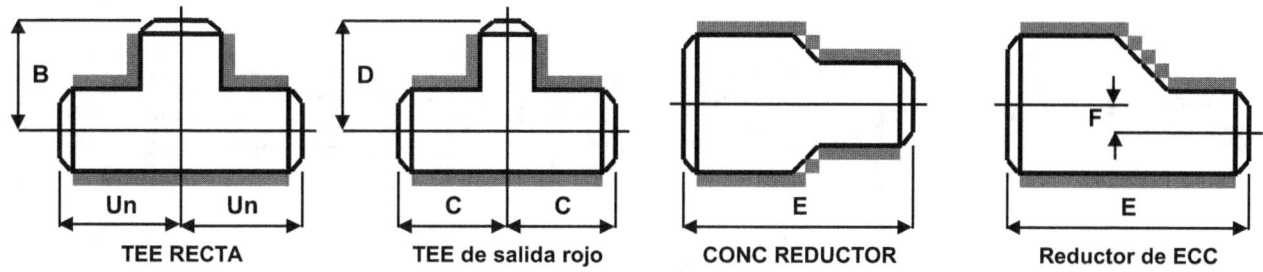

	TEE RECTA	TEE de salida rojo	CONC REDUCTOR	Reductor de ECC

El TAMAÑO DEL TUBO	TEES RECTA		Reducción tees de salida		CONC y reductores de ECC	ECC CL CL DIMINSION ROJO
	Un	B	C	D	E	F
24" X 22"	N/A	N/A	17"	17"	20"	1"
30"	22"	22"	N/A	N/A	N/A	N/A
30" X 20"	N/A	N/A	22"	20"	24"	5"
30" X 22"	N/A	N/A	22"	20 1/2"	N/A	N/A
30" X 24"	N/A	N/A	22"	21"	24"	3"
36"	26 1/2"	26 1/2"	N/A	N/A	N/A	N/A
36" X 16"	N/A	N/A	26 1/2"	22"	N/A	N/A
36" X 18"	N/A	N/A	26 1/2"	22 1/2"	N/A	N/A
36" X 24"	N/A	N/A	26 1/2"	24"	24"	6"
36" X 30"	N/A	N/A	26 1/2"	25"	24"	3"
42"	30"	28"	N/A	N/A	N/A	N/A
42" X 16"	N/A	N/A	30"	25"	N/A	N/A
42" X 18"	N/A	N/A	30"	25 1/2"	N/A	N/A
42" X 20"	N/A	N/A	30"	26"	N/A	N/A
42" X 22"	N/A	N/A	30"	26"	N/A	N/A
42" X 24"	N/A	N/A	30"	26"	N/A	N/A
42" X 30"	N/A	N/A	30"	28"	24"	6"
42" X 36"	N/A	N/A	30"	28"	24"	3"
48"	35"	33"	N/A	N/A	N/A	N/A
48" X 22"	N/A	N/A	35"	29"	N/A	N/A
48" X 24"	N/A	N/A	35"	29"	N/A	N/A
48" X 30"	N/A	N/A	35"	30"	N/A	N/A
48" X 36"	N/A	N/A	35"	31"	N/A	N/A
48" X 42"	N/A	N/A	35"	32"	28"	3"

Utilice este gráfico para hacer el menor uso posible de combinaciones de codos de 90 grados El codo y el codo de un extraño ángulo de la espalda. Divida el tamaño nominal de la tubería en el Desplazamiento DESEADO PARA LOGRAR EL DESPLAZAMIENTO. Junto AL FACTOR DE DESPLAZAMIENTO ENCONTRARÁ El ángulo requerido para el extraño ángulo del codo.

ANG impares + CODO codo 90 grados	FACTOR DE DESPLAZAMIENTO	ANG impares + CODO codo 90 grados	FACTOR DE DESPLAZAMIENTO	ANG impares + CODO codo 90 grados	FACTOR DE DESPLAZAMIENTO
1^{Oh}	0.0264	31^{Oh}	0.9868	61^{Oh}	2.0847
2^{Oh}	0.0533	32^{Oh}	1.0228	62^{Oh}	2.1202
3^{Oh}	0.0806	33^{Oh}	1.0590	63^{Oh}	2.1555
4^{Oh}	0.1083	34^{Oh}	1.0952	64^{Oh}	2.1906
5^{Oh}	0.1364	35^{Oh}	1.1316	65^{Oh}	2.2255
6^{Oh}	0.1650	36^{Oh}	1.1682	66^{Oh}	2.2602
7^{Oh}	0.1940	37^{Oh}	1.2048	67^{Oh}	2.2947
8^{Oh}	0.2234	38^{Oh}	1.2415	68^{Oh}	2.3289
9^{Oh}	0.2531	39^{Oh}	1.2783	69^{Oh}	2.3628
10^{Oh}	0.2833	40^{Oh}	1.3151	70^{Oh}	2.3965
11^{Oh}	0.3138	41^{Oh}	1.3520	71^{Oh}	2.4299
12^{Oh}	0.3446	42^{Oh}	1.3890	72^{Oh}	2.4631
13^{Oh}	0.3759	43^{Oh}	1.4260	73^{Oh}	2.4959
14^{Oh}	0.4074	44^{Oh}	1.4630	74^{Oh}	2.5284
15^{Oh}	0.4393	45^{Oh}	1.5000	75^{Oh}	2.5607
16^{Oh}	0.4716	46^{Oh}	1.5370	76^{Oh}	2.5926
17^{Oh}	0.5041	47^{Oh}	1.5740	77^{Oh}	2.6241
18^{Oh}	0.5369	48^{Oh}	1.6110	78^{Oh}	2.6554
19^{Oh}	0.5701	49^{Oh}	1.6480	79^{Oh}	2.6862
20^{Oh}	0.6035	50^{Oh}	1.6849	80^{Oh}	2.7167
21^{Oh}	0.6372	51^{Oh}	1.7217	81^{Oh}	2.7469
22^{Oh}	0.6711	52^{Oh}	1.7585	82^{Oh}	2.7766
23^{Oh}	0.7053	53^{Oh}	1.7952	83^{Oh}	2.8060
24^{Oh}	0.7398	54^{Oh}	1.8318	84^{Oh}	2.8350
25^{Oh}	0.7745	55^{Oh}	1.8684	85^{Oh}	2.8636
26^{Oh}	0.8094	56^{Oh}	1.9048	86^{Oh}	2.8917
27^{Oh}	0.8445	57^{Oh}	1.9410	87^{Oh}	2.9194
28^{Oh}	0.8798	58^{Oh}	1.9772	88^{Oh}	2.9467
29^{Oh}	0.9153	59^{Oh}	2.0132	89^{Oh}	2.9736
30^{Oh}	0.9510	60^{Oh}	2.0490	90^{Oh}	3.0000

Adaptador para montaje offsets usando ángulo extraño codos

A veces, cuando se conecta a una bomba o abertura en un buque, usted necesita hacer un Desplazamiento corto para la alineación, para hacer esto, simplemente divida el tamaño nominal de la tubería en el Compensación deseada para obtener el factor de compensación, mire hacia abajo la columna Factor offset Averiguar en qué medida los dos codos necesita estar.

Ángulo	FACTOR DE DESPLAZAMIENTO	Ángulo	FACTOR DE DESPLAZAMIENTO	Ángulo	FACTOR DE DESPLAZAMIENTO
0.5^{Oh}	0.0001	15.5^{Oh}	0.1091	30.5^{Oh}	0.4151
1^{Oh}	0.0005	16^{Oh}	0.1162	31^{Oh}	0.4285
1.5^{Oh}	0.0010	16.5^{Oh}	0.1235	31.5^{Oh}	0.4421
2^{Oh}	0.0018	17^{Oh}	0.1311	32^{Oh}	0.4558
2.5^{Oh}	0.0029	17.5^{Oh}	0.1388	32.5^{Oh}	0.4698
3^{Oh}	0.0041	18^{Oh}	0.1468	33^{Oh}	0.4840
3.5^{Oh}	0.0056	18.5^{Oh}	0.1550	33.5^{Oh}	0.4983
4^{Oh}	0.0073	19^{Oh}	0.1634	34^{Oh}	0.5129
4.5^{Oh}	0.0092	19.5^{Oh}	0.1721	34.5^{Oh}	0.5276
5^{Oh}	0.0114	20^{Oh}	0.1809	35^{Oh}	0.5425
5.5^{Oh}	0.0138	20.5^{Oh}	0.1900	35.5^{Oh}	0.5576
6^{Oh}	0.0164	21^{Oh}	0.1993	36^{Oh}	0.5729
6.5^{Oh}	0.0193	21.5^{Oh}	0.2087	36.5^{Oh}	0.5884
7^{Oh}	0.0224	22^{Oh}	0.2184	37^{Oh}	0.6041
7.5^{Oh}	0.0257	22.5^{Oh}	0.2284	37.5^{Oh}	0.6199
8^{Oh}	0.0292	23^{Oh}	0.2384	38^{Oh}	0.6360
8.5^{Oh}	0.0253	23.5^{Oh}	0.2488	38.5^{Oh}	0.6522
9^{Oh}	0.0369	24^{Oh}	0.2594	39^{Oh}	0.6685
9.5^{Oh}	0.0411	24.5^{Oh}	0.2701	39.5^{Oh}	0.6851
10^{Oh}	0.0456	25^{Oh}	0.2811	40^{Oh}	0.7019
10.5^{Oh}	0.0502	25.5^{Oh}	0.2922	40.5^{Oh}	0.7188
11^{Oh}	0.0551	26^{Oh}	0.3036	41^{Oh}	0.7359
11.5^{Oh}	0.0602	26.5^{Oh}	0.3152	41.5^{Oh}	0.7531
12^{Oh}	0.0656	27^{Oh}	0.3270	42^{Oh}	0.7706
12.5^{Oh}	0.0711	27.5^{Oh}	0.3390	42.5^{Oh}	0.7881
13^{Oh}	0.0769	28^{Oh}	0.3512	43^{Oh}	0.8059
13.5^{Oh}	0.0829	28.5^{Oh}	0.3635	43.5^{Oh}	0.8239
14^{Oh}	0.0891	29^{Oh}	0.3761	44^{Oh}	0.8420
14.5^{Oh}	0.0956	29.5^{Oh}	0.3889	44.5^{Oh}	0.8602
15^{Oh}	0.1022	30^{Oh}	0.4020	45^{Oh}	0.8787

Adaptador para montaje offsets usando ángulo extraño los codos (continuación)

A veces, cuando se conecta a una bomba o abertura en un buque, usted necesita hacer un Desplazamiento corto para la alineación, para hacer esto, simplemente divida el tamaño nominal de la tubería en el Compensación deseada para obtener el factor de compensación, mire hacia abajo la columna Factor offset Averiguar en qué medida los dos codos necesita estar.

Ángulo	FACTOR DE DESPLAZAMIENTO	Ángulo	FACTOR DE DESPLAZAMIENTO	Ángulo	FACTOR DE DESPLAZAMIENTO
45.5^{Oh}	0.8973	60.5^{Oh}	1.5227	75.5^{Oh}	2.2488
46^{Oh}	0.9160	61^{Oh}	1.5455	76^{Oh}	2.2742
46.5^{Oh}	0.9349	61.5^{Oh}	1.5685	76.5^{Oh}	2.2996
47^{Oh}	0.9540	62^{Oh}	1.5916	77^{Oh}	2.3251
47.5^{Oh}	0.9732	62.5^{Oh}	1.6147	77.5^{Oh}	2.3506
48^{Oh}	0.9926	63^{Oh}	1.6380	78^{Oh}	2.3762
48.5^{Oh}	1.0121	63.5^{Oh}	1.6614	78.5^{Oh}	2.4018
49^{Oh}	1.0318	64^{Oh}	1.6849	79^{Oh}	2.4275
49.5^{Oh}	1.0516	64.5^{Oh}	1.7084	79.5^{Oh}	2.4532
50^{Oh}	1.0716	65^{Oh}	1.7321	80^{Oh}	2.4790
50.5^{Oh}	1.0917	65.5^{Oh}	1.7559	80.5^{Oh}	2.5048
51^{Oh}	1.1120	66^{Oh}	1.7798	81^{Oh}	2.5306
51.5^{Oh}	1.1324	66.5^{Oh}	1.8037	81.5^{Oh}	2.5565
52^{Oh}	1.1530	67^{Oh}	1.8278	82^{Oh}	2.5824
52.5^{Oh}	1.1737	67.5^{Oh}	1.8519	82.5^{Oh}	2.6084
53^{Oh}	1.1945	68^{Oh}	1.8761	83^{Oh}	2.6343
53.5^{Oh}	1.2155	68.5^{Oh}	1.9005	83.5^{Oh}	2.6603
54^{Oh}	1.2366	69^{Oh}	1.9249	84^{Oh}	2.6863
54.5^{Oh}	1.2579	69.5^{Oh}	1.9493	84.5^{Oh}	2.7124
55^{Oh}	1.2792	70^{Oh}	1.9739	85^{Oh}	2.7385
55.5^{Oh}	1.3008	70.5^{Oh}	1.9985	85.5^{Oh}	2.7646
56^{Oh}	1.3224	71^{Oh}	2.0233	86^{Oh}	2.7907
56.5^{Oh}	1.3442	71,5^{Oh}	2.0480	86.5^{Oh}	2.8168
57^{Oh}	1.3661	72^{Oh}	2.0729	87^{Oh}	2.8429
57.5^{Oh}	1.3881	72.5^{Oh}	2.0978	87.5^{Oh}	2.8691
58^{Oh}	1.4102	73^{Oh}	2.1228	88^{Oh}	2.8952
58.5^{Oh}	1.4325	73.5^{Oh}	2.1479	88.5^{Oh}	2.9214
59^{Oh}	1.4549	74^{Oh}	2.1730	89^{Oh}	2.9476
59.5^{Oh}	1.4774	74.5^{Oh}	2.1982	89.5^{Oh}	2.9737
60^{Oh}	1.5000	75^{Oh}	2.2235	90^{Oh}	2.9999

Despegar DIMINSIONS para bridas de 150# y termina de mangueta

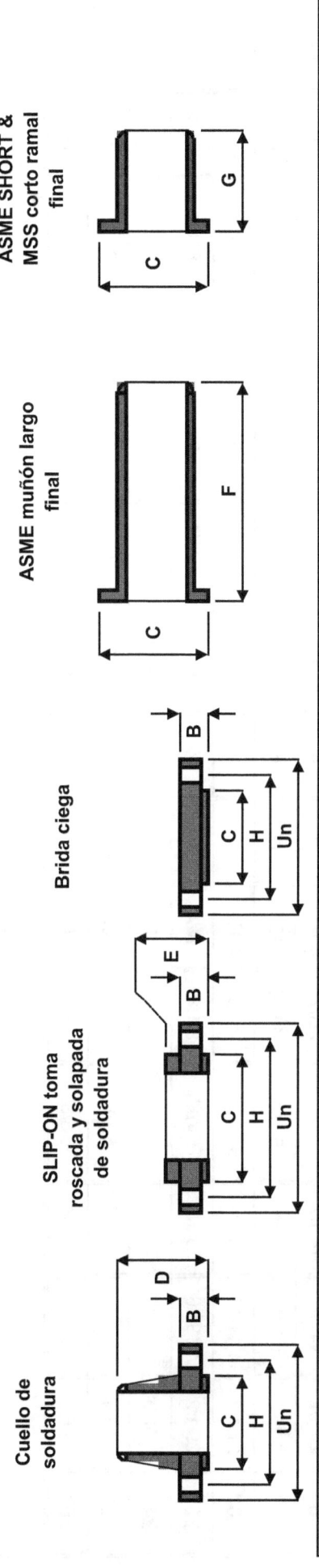

Cuello de soldadura

SLIP-ON toma roscada y solapada de soldadura

Brida ciega

ASME muñón largo final

ASME SHORT & MSS corto ramal final

El TAMAÑO DEL TUBO	D.e. de la brida	THK BRIDA	DIAM cara elevada	Longitud THRU HUB			Extremos de mangueta			DIAM círculo de pernos	Nº DE TORNILLOS	DIAM DE PERNOS	Longitud de los tornillos		
				Cuello de soldadura	SLIP-ON THRD SW	Junta de solape	ASME tan largo	ASME tan corto	MSS tan corto				Espárragos	Conjunto de anillo	Tornillos de Mach
	Un	B	C	D	E	E	F	G	G	H					
1/2"	3 1/2"	7/16"	1 3/8"	1 7/8"	5/8"	5/8"	3"	2"	2"	2 3/8"	4	1/2"	2 1/2"	N/A	2"
3/4"	3 7/8"	1/2"	1 11/16"	2 1/16"	5/8"	5/8"	3"	2"	2"	2 3/4"	4	1/2"	2 1/2"	N/A	2 1/4"
1"	4 1/4"	9/16"	2"	2 3/16"	11/16"	11/16"	4"	2"	2"	3 1/8"	4	1/2"	2 3/4"	3 1/4"	2 1/4"
1 1/4"	4 5/8"	5/8"	2 1/2"	2 1/4"	13/16"	13/16"	4"	2"	2"	3 1/2"	4	1/2"	2 3/4"	3 1/4"	2 1/2"
1 1/2"	5"	11/16"	2 7/8"	2 7/16"	7/8"	7/8"	4"	2"	2"	3 7/8"	4	1/2"	3"	3 1/2"	2 1/2"
2"	6"	3/4"	3 5/8"	2 1/2"	1"	1"	6"	2 1/2"	2 1/2"	4 3/4"	4	5/8"	3 1/4"	3 3/4"	3"
2 1/2"	7"	7/8"	4 1/8"	2 3/4"	1 1/8"	1 1/8"	6"	2 1/2"	2 1/2"	5 1/2"	4	5/8"	3 1/2"	4"	3 1/4"
3"	7 1/2"	15/16"	5"	2 3/4"	1 3/16"	1 3/16"	6"	2 1/2"	2 1/2"	6"	4	5/8"	3 3/4"	4 1/4"	3 1/4"
4"	9"	15/16"	6 3/16"	3"	1 5/16"	1 5/16"	6"	3"	3"	7 1/2"	8	5/8"	3 3/4"	4 1/4"	3 1/4"
5"	10"	15/16"	7 5/16"	3 1/2"	1 7/16"	1 7/16"	8"	3"	3"	8 1/2"	8	3/4"	4"	4 1/2"	3 1/2"
6"	11"	1"	8 1/2"	3 1/2"	1 9/16"	1 9/16"	8"	3 1/2"	3 1/2"	9 1/2"	8	3/4"	4"	4 1/2"	3 1/2"

Despegar DIMINSIONS para bridas de 150# y termina de mangueta

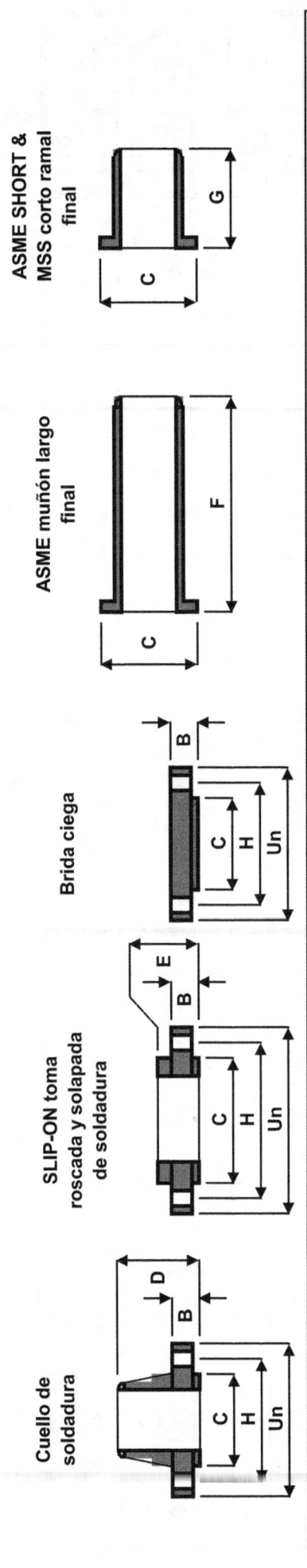

Cuello de soldadura

SLIP-ON toma roscada y solapada de soldadura

Brida ciega

ASME muñón largo final

ASME SHORT & MSS corto ramal final

El TAMAÑO DEL TUBO	D.e. de la brida	THK BRIDA	DIAM cara elevada	Cuello de soldadura	Longitud THRU HUB		Extremos de mangueta			DIAM círculo de pernos	Nº DE TORNILLOS	DIAM DE PERNOS	Longitud de los tornillos		
					SLIP-ON THRD SW	Junta de solape	ASME tan largo	ASME tan corto	MSS tan corto				Espárragos	Conjunto de anillo	Tornillos de Mach
Un	Un	B	C	D	E	E	F	G	G	H					
8"	13 1/2"	1 1/8"	10 5/8"	4"	1 3/4"	1 3/4"	8"	4"	4"	11 3/4"	8	3/4"	4 1/4"	4 3/4"	3 3/4"
10"	16"	1 3/16"	12 3/4"	4"	1 15/16"	1 15/16"	10"	5"	5"	14 1/4"	12	7/8"	4 3/4"	5"	4"
12"	19"	1 1/4"	15"	4 1/2"	2 3/16"	2 3/16"	10"	6"	6"	17"	12	7/8"	4 3/4"	5 1/4"	4 1/4"
14"	21"	1 3/8"	16 1/4"	5"	2 1/4"	3 1/8"	12"	6"	6"	18 3/4"	12	1"	5 1/4"	5 3/4"	4 1/2"
16"	23 1/2"	1 7/16"	18 1/2"	5"	2 1/2"	3 7/16"	12"	6"	6"	21 1/4"	16	1"	5 1/2"	6"	4 3/4"
18"	25"	1 9/16"	21"	5 1/2"	2 11/16"	3 13/16"	12"	6"	6"	22 3/4"	16	1 1/8"	6"	6 1/2"	5"
20"	27 1/2"	1 11/16"	23"	5 11/16"	2 7/8"	4 1/16"	12"	6"	6"	25"	20	1 1/8"	6 1/4"	6 3/4"	5 1/2"
22"	29 1/2"	1 13/16"	25 1/4"	5 7/8"	3 1/8"	N/A	N/A	N/A	N/A	27 1/4"	20	1 1/4"	6 3/4"	7 1/4"	6"
24"	32"	1 7/8"	27 1/4"	6"	3 1/4"	4 3/8"	12"	6"	6"	29 1/2"	20	1 1/4"	7"	7 1/2"	6"
30"	38 3/4"	2 1/8"	33 3/4"	5 1/8"	3 1/2"	N/A	N/A	N/A	N/A	36"	28	1 1/4"	7 1/2"	N/A	6 1/2"
36"	46"	2 3/8"	40 1/4"	5 3/8"	3 3/4"	N/A	N/A	N/A	N/A	42 3/4"	32	1 1/2"	8 1/2"	N/A	7 1/4"

Despegar DIMINSIONS para bridas de 300#

Cuello de soldadura

SLIP-ON toma roscada y solapada de soldadura

Brida ciega

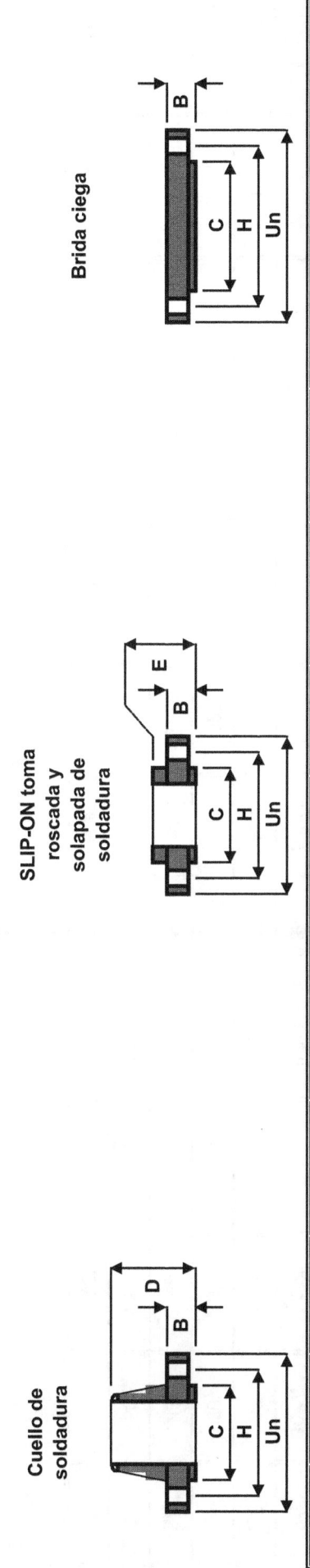

El TAMAÑO DEL TUBO	D.e. de la brida	THK BRIDA	DIAM cara elevada	Longitud THRU HUB			DIAM círculo de pernos	N° DE TORNILLOS	DIAM DE PERNOS	Longitud de los tornillos		
				Cuello de soldadura	SLIP-ON THRD SW	Junta de solape				Espárragos	Conjunto de anillo	Tornillos de Mach
	Un	B	C	D	E	E	H					
1/2"	3 3/4"	9/16"	1 3/8"	2 1/16"	7/8"	7/8"	2 5/8"	4	1/2"	2 3/4"	3 1/4"	2 1/4"
3/4"	4 5/8"	5/8"	1 11/16"	2 1/4"	1"	1"	3 1/4"	4	5/8"	3"	3 1/2"	2 3/4"
1"	4 7/8"	11/16"	2"	2 7/16"	1 1/16"	1 1/16"	3 1/2"	4	5/8"	3 1/4"	3 3/4"	2 3/4"
1 1/4"	5 1/4"	3/4"	2 1/2"	2 9/16"	1 1/16"	1 1/16"	3 7/8"	4	5/8"	3 1/4"	3 3/4"	3"
1 1/2"	6 1/8"	13/16"	2 7/8"	2 11/16"	1 3/16"	1 3/16"	4 1/2"	4	3/4"	3 3/4"	4 1/4"	3 1/4"
2"	6 1/2"	7/8"	3 5/8"	2 3/4"	1 5/16"	1 5/16"	5"	8	5/8"	3 1/2"	4 1/4"	3 1/4"
2 1/2"	7 1/2"	1"	4 1/8"	3"	1 1/2"	1 1/2"	5 7/8"	8	3/4"	4"	4 3/4"	3 1/2"
3"	8 1/4"	1 1/8"	5"	3 1/8"	1 11/16"	1 11/16"	6 5/8"	8	3/4"	4 1/4"	5"	3 3/4"
4"	10"	1 1/4"	6 3/16"	3 3/8"	1 7/8"	1 7/8"	7 7/8"	8	3/4"	4 1/2"	5 1/4"	4"
5"	11"	1 3/8"	7 5/16"	3 7/8"	2"	2"	9 1/4"	8	3/4"	4 3/4"	5 1/2"	4 1/4"
6"	12 1/2"	1 7/16"	8 1/2"	3 7/8"	2 1/16"	2 1/16"	10 5/8"	12	3/4"	5"	5 3/4"	4 1/2"
8"	15"	1 5/8"	10 5/8"	4 3/8"	2 7/16"	2 7/16"	13"	12	7/8"	5 1/2"	6 1/4"	5"

Despegar DIMINSIONS para bridas de 300#

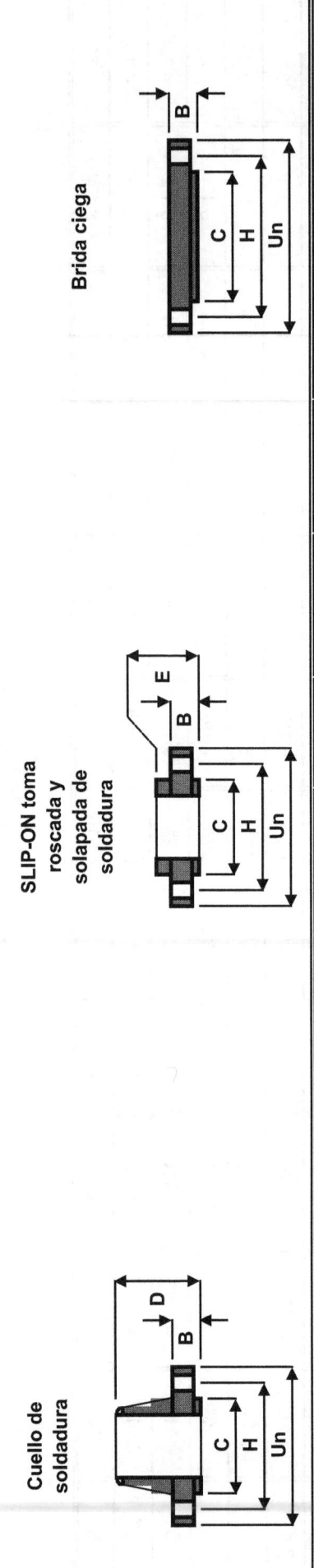

Cuello de soldadura

SLIP-ON toma roscada y solapada de soldadura

Brida ciega

El TAMAÑO DEL TUBO	D.e. de la brida	THK BRIDA	DIAM cara elevada	Cuello de soldadura	SLIP-ON THRD SW	Junta de solape	DIAM círculo de pernos	Nº DE TORNILLOS	DIAM DE PERNOS	Espárragos	Conjunto de anillo	Tornillos de Mach
	Un	B	C	D	E	E	H					
										Longitud de los tornillos		
10"	17 1/2"	1 7/8"	12 3/4"	4 5/8"	2 5/8"	3 3/4"	15 1/4"	16	1"	6 1/4"	7"	5 1/2"
12"	20 1/2"	2"	15"	5 1/8"	2 7/8"	4"	17 3/4"	16	1 1/8"	6 3/4"	7 1/2"	6"
14"	23"	2 1/8"	16 1/4"	5 5/8"	3"	4 3/8"	20 1/4"	20	1 1/8"	7"	7 3/4"	6 1/4"
16"	25 1/2"	2 1/4"	18 1/2"	5 3/4"	3 1/4"	4 3/4"	22 1/2"	20	1 1/4"	7 1/2"	8 1/4"	6 3/4"
18"	28"	2 3/8"	21"	6 1/4"	3 1/2"	5 1/8"	24 3/4"	24	1 1/4"	7 3/4"	8 1/2"	7"
20"	30 1/2"	2 1/2"	23"	6 3/8"	3 3/4"	5 1/2"	27"	24	1 1/4"	8 1/4"	9"	7 1/4"
22"	33"	2 5/8"	25 1/4"	6 1/2"	4"	N/A	29 1/4"	24	1 1/2"	9"	10"	7 3/4"
24"	36"	2 3/4"	27 1/4"	6 5/8"	4 3/16"	6"	32"	24	1 1/2"	9 1/4"	10 1/4"	8"
30"	43"	3 5/8"	33 3/4"	8 1/4"	8 1/4"	N/A	39 1/4"	28	1 3/4"	11 1/2"	12 1/2"	10 1/4"
36"	50"	4 1/8"	40 1/4"	9 1/2"	9 1/2"	N/A	46"	32	2"	13"	14 1/4"	11 1/2"
42"	57"	4 5/8"	47"	10 7/8"	10 7/8"	N/A	52 3/4"	36	2"	14"	15 1/4"	12 1/4"

Longitud THRU HUB: Cuello de soldadura (D), SLIP-ON THRD SW (E), Junta de solape (E)

Despegar DIMINSIONS bridas de 400#
Para tamaños de 1/2" a 3" Utilice las bridas de 600#

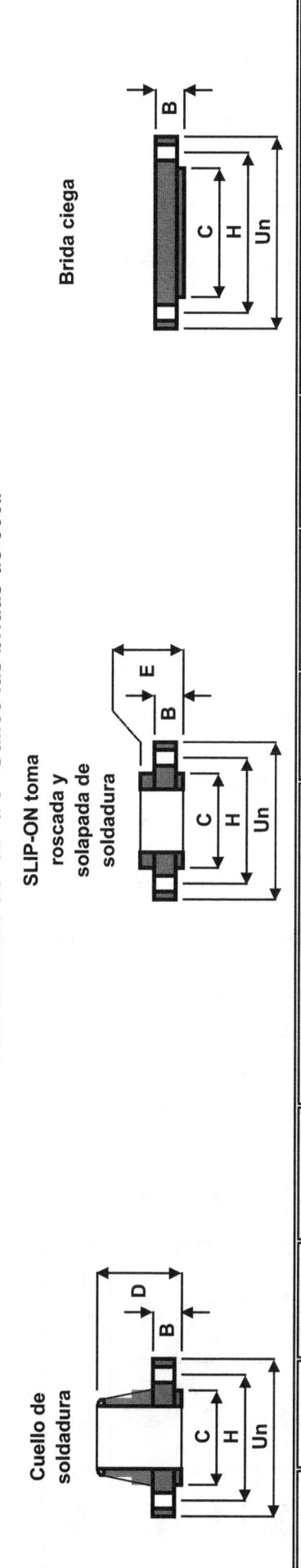

Cuello de soldadura

SLIP-ON toma roscada y solapada de soldadura

Brida ciega

El TAMAÑO DEL TUBO	D.e. de la brida	THK BRIDA	DIAM cara elevada	Longitud THRU HUB				Nº DE TORNILLOS	DIAM DE PERNOS	Longitud de los tornillos		
				Cuello de soldadura	SLIP-ON THRD SW	Junta de solape	DIAM círculo de pernos			Espárragos	Conjunto de anillo	Macho y hembra, de lengüeta y ranura
	Un	B	C	D	E	E	H					
4"	10"	1 3/8"	6 3/16"	3 1/2"	2"	2"	7 7/8"	8	7/8"	5 1/2"	5 3/4"	5 1/4"
5"	11"	1 1/2"	7 5/16"	4"	2 1/8"	2 1/8"	9 1/4"	8	7/8"	5 3/4"	6"	5 1/2"
6"	12 1/2"	1 5/8"	8 1/2"	4 1/16"	2 1/4"	2 1/4"	10 5/8"	12	7/8"	6"	6 1/4"	5 3/4"
8"	15"	1 7/8"	10 5/8"	4 5/8"	2 11/16"	2 11/16"	13"	12	1"	6 3/4"	7"	6 1/2"
10"	17 1/2"	2 1/8"	12 3/4"	4 7/8"	2 7/8"	4"	15 1/4"	16	1 1/8"	7 1/2"	7 3/4"	7 1/4"
12"	20 1/2"	2 1/4"	15"	5 3/8"	3 1/8"	4 1/4"	17 3/4"	16	1 1/4"	8"	8 1/4"	7 3/4"
14"	23"	2 3/8"	16 1/4"	5 7/8"	3 5/16"	4 5/8"	20 1/4"	20	1 1/4"	8 1/4"	8 1/2"	8"
16"	25 1/2"	2 1/2"	18 1/2"	6"	3 11/16"	5"	22 1/2"	20	1 3/8"	8 3/4"	9"	8 1/2"

Despegar DIMINSIONS bridas de 400#

Cuello de soldadura

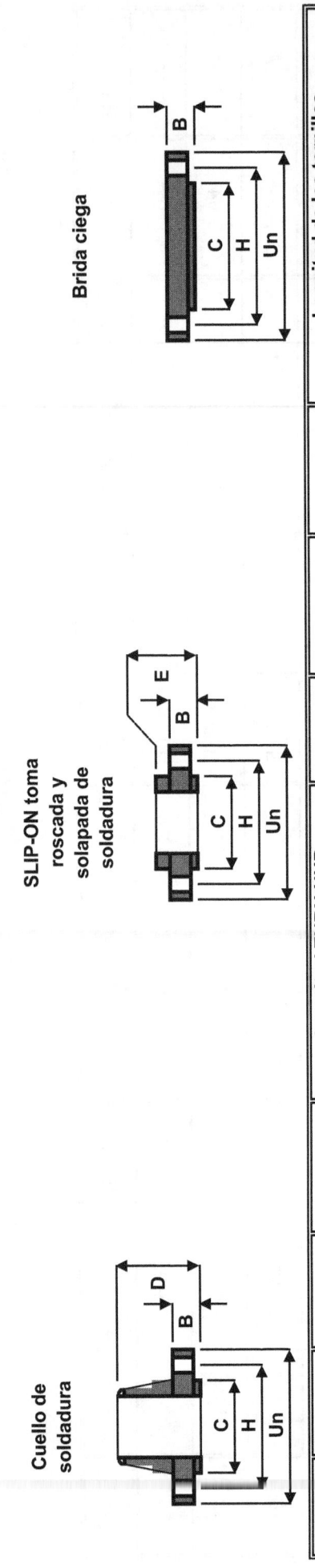

SLIP-ON toma roscada y solapada de soldadura

Brida ciega

El TAMAÑO DEL TUBO	D.e. de la brida	THK BRIDA	DIAM cara elevada	Longitud THRU HUB			DIAM círculo de pernos	Nº DE TORNILLOS	DIAM DE PERNOS	Longitud de los tornillos		
				Cuello de soldadura	SLIP-ON THRD SW	Junta de solape				Espárragos	Conjunto de anillo	Macho y hembra, de lengüeta y ranura
	Un	B	C	D	E	E	H					
18"	28"	2 5/8"	21"	6 1/2"	3 7/8"	5 3/8"	24 3/4"	24	1 3/8"	9"	9 1/4"	8 3/4"
20"	30 1/2"	2 3/4"	23"	6 5/8"	4"	5 3/4"	27"	24	1 1/2"	9 3/4"	10"	9 1/2"
22"	33"	2 7/8"	25 1/4"	6 3/4"	4 1/4"	N/A	29 1/4"	24	1 5/8"	10 1/4"	10 3/4"	10"
24"	36"	3"	27 1/4"	6 7/8"	4 1/2"	6 1/4"	32"	24	1 3/4"	10 3/4"	11 1/4"	10 1/2"
30"	43"	4"	33 3/4"	8 5/8"	8 5/8"	N/A	39 1/4"	28	2"	13 1/4"	13 3/4"	13"
36"	50"	4 1/2"	40 1/4"	9 7/8"	9 7/8"	N/A	46"	32	2"	14 1/4"	15"	14"
42"	57"	5 1/8"	47"	11 3/8"	11 3/8"	N/A	52 3/4"	32	2 1/2"	16 1/2"	17 1/4"	16 1/4"

Despegar DIMINSIONS para bridas de 600#

Cuello de soldadura

SLIP-ON toma roscada y solapada de soldadura

Brida ciega

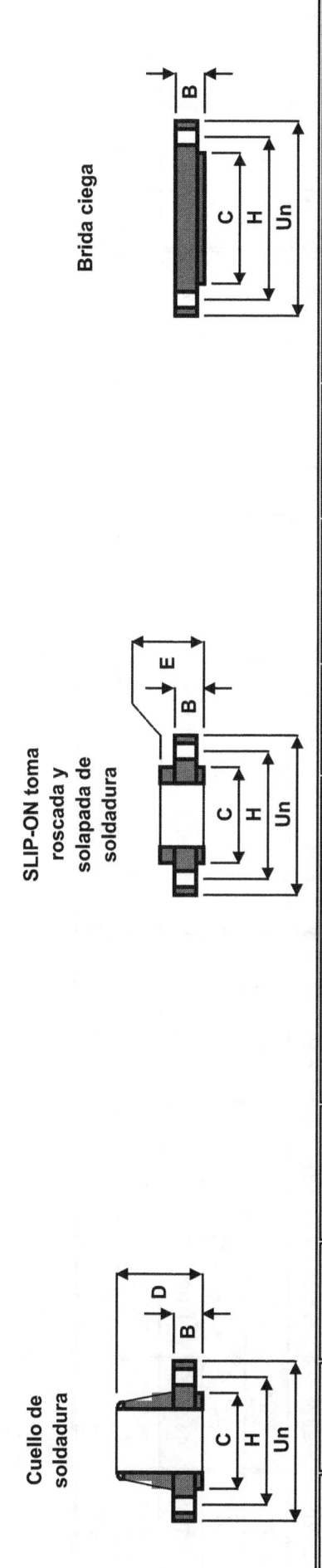

El TAMAÑO DEL TUBO	D.e. de la brida (Un)	THK BRIDA (B)	DIAM cara elevada (C)	Longitud THRU HUB — Cuello de soldadura (D)	Longitud THRU HUB — SLIP-ON THRD SW (E)	Longitud THRU HUB — Junta de solape (E)	DIAM círculo de pernos (H)	Nº DE TORNILLOS	DIAM DE PERNOS	Longitud de los tornillos — Espárragos	Longitud de los tornillos — Conjunto de anillo	Longitud de los tornillos — Macho y hembra, de lengüeta y ranura
1/2"	3 3/4"	9/16"	1 3/8"	2 1/16"	7/8"	7/8"	2 5/8"	4	1/2"	3 1/4"	3 1/4"	3"
3/4"	4 5/8"	5/8"	1 11/16"	2 1/4"	1"	1"	3 1/4"	4	5/8"	3 1/2"	3 1/2"	3 1/4"
1"	4 7/8"	11/16"	2"	2 7/16"	1 1/16"	1 1/16"	3 1/2"	4	5/8"	3 3/4"	3 3/4"	3 1/2"
1 1/4"	5 1/4"	13/16"	2 1/2"	2 5/8"	1 1/8"	1 1/8"	3 7/8"	4	5/8"	4"	4"	3 3/4"
1 1/2"	6 1/8"	7/8"	2 7/8"	2 3/4"	1 1/4"	1 1/4"	4 1/2"	4	3/4"	4 1/4"	4 1/4"	4"
2"	6 1/2"	1"	3 5/8"	2 7/8"	1 7/16"	1 7/16"	5"	8	5/8"	4 1/4"	4 1/2"	4"
2 1/2"	7 1/2"	1 1/8"	4 1/8"	3 1/8"	1 5/8"	1 5/8"	5 7/8"	8	3/4"	4 3/4"	5"	4 1/2"
3"	8 1/4"	1 1/4"	5"	3 1/4"	1 13/16"	1 13/16"	6 5/8"	8	3/4"	5"	5 1/4"	4 3/4"
4"	10 3/4"	1 1/2"	6 3/16"	4"	2 1/8"	2 1/8"	8 1/2"	8	7/8"	5 3/4"	6"	5 1/2"
5"	13"	1 3/4"	7 5/16"	4 1/2"	2 3/8"	2 3/8"	10 1/2"	8	1"	6 1/2"	6 3/4"	6 1/4"
6"	14"	1 7/8"	8 1/2"	4 5/8"	2 5/8"	2 5/8"	11 1/2"	12	1"	6 3/4"	7"	6 1/2"
8"	16 1/2"	2 3/16"	10 5/8"	5 1/4"	3"	3"	13 3/4"	12	1 1/8"	7 3/4"	8"	7 1/2"

129

Despegar DIMINSIONS para bridas de 600#

Cuello de soldadura

SLIP-ON toma roscada y solapada de soldadura

Brida ciega

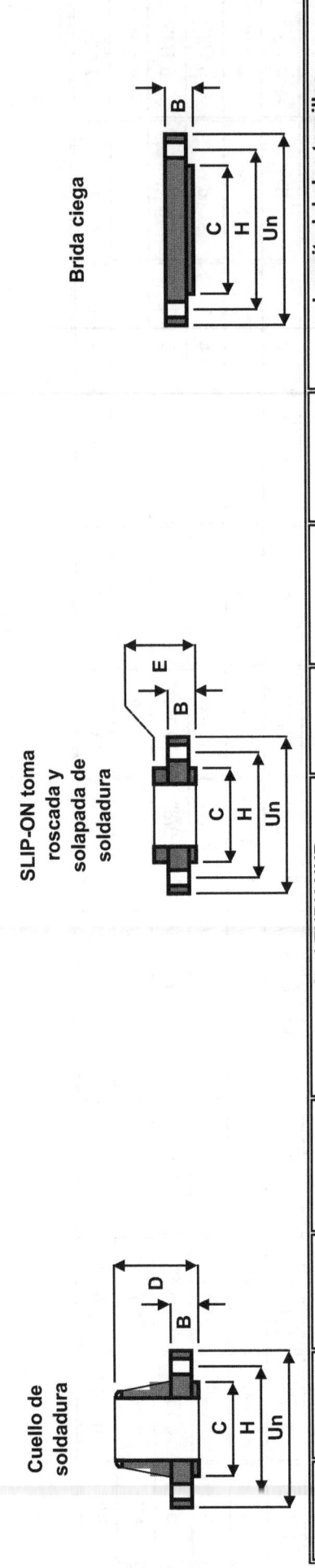

El TAMAÑO DEL TUBO	D.e. de la brida (Un)	THK BRIDA (B)	DIAM cara elevada (C)	Longitud THRU HUB			DIAM círculo de pernos (H)	Nº DE TORNILLOS	DIAM DE PERNOS	Longitud de los tornillos		
				Cuello de soldadura (D)	SLIP-ON THRD SW (E)	Junta de solape (E)				Espárragos	Conjunto de anillo	Macho y hembra, de lengüeta y ranura
10"	20"	2 1/2"	12 3/4"	6"	3 3/8"	4 3/8"	17"	16	1 1/4"	8 1/2"	8 3/4"	8 1/4"
12"	22"	2 5/8"	15"	6 1/8"	3 5/8"	4 5/8"	19 1/4"	20	1 1/4"	8 3/4"	9"	8 1/2"
14"	23 3/4"	2 3/4"	16 1/4"	6 1/2"	3 11/16"	5"	20 3/4"	20	1 3/8"	9 1/4"	9 1/2"	9"
16"	27"	3"	18 1/2"	7"	4 3/16"	5 1/2"	23 3/4"	20	1 1/2"	10"	10 1/4"	9 3/4"
18"	29 1/4"	3 1/4"	21"	7 1/4"	4 5/8"	6"	25 3/4"	20	1 5/8"	10 3/4"	11"	10 1/2"
20"	32"	3 1/2"	23"	7 1/2"	5"	6 1/2"	28 1/2"	24	1 5/8"	11 1/2"	11 3/4"	11 1/4"
22"	34 1/4"	3 3/4"	25 1/4"	7 3/4"	5 1/4"	N/A	30 5/8"	24	1 3/4"	12 1/4"	12 3/4"	12"
24"	37"	4"	27 1/4"	8"	5 1/2"	7 1/4"	33"	24	1 7/8"	13"	13 1/2"	12 3/4"
30"	44 1/2"	4 1/2"	33 3/4"	9 3/4"	9 3/4"	N/A	40 1/4"	28	2"	14 1/4"	14 3/4"	14"
36"	51 3/4"	4 7/8"	40 1/4"	11 1/8"	11 1/8"	N/A	47"	28	2 1/2"	16"	16 3/4"	15 3/4"
42"	58 3/4"	5 1/2"	47"	12 3/4"	12 3/4"	N/A	53 3/4"	28	2 3/4"	17 3/4"	18 1/4"	17 1/2"

130

Despegar DIMINSIONS para bridas de 900#
Para tamaños de 1/2" hasta 2 1/2" USE 1500# bridas

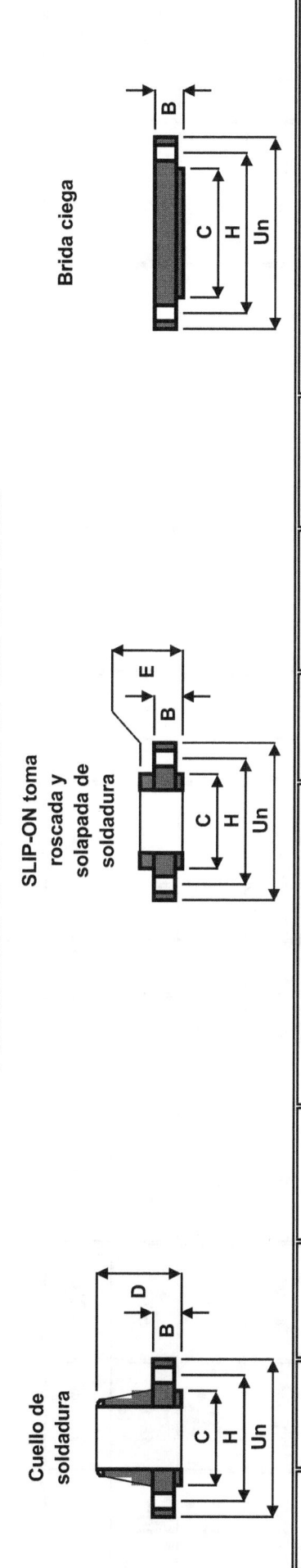

Brida ciega

SLIP-ON toma roscada y solapada de soldadura

Cuello de soldadura

El TAMAÑO DEL TUBO	D.e. de la brida Un	THK BRIDA B	DIAM cara elevada C	Longitud THRU HUB			DIAM círculo de pernos H	Nº DE TORNILLOS	DIAM DE PERNOS	Longitud de los tornillos		
				Cuello de soldadura D	SLIP-ON THRD SW E	Junta de solape E				Espárragos	Conjunto de anillo	Macho y hembra, de lengüeta y ranura
3"	9 1/2"	1 1/2"	5"	4"	2 1/8"	2 1/8"	7 1/2"	8	7/8"	5 3/4"	6"	5 1/2"
4"	11 1/2"	1 3/4"	6 3/16"	4 1/2"	2 3/4"	2 3/4"	9 1/4"	8	1 1/8"	6 3/4"	7"	6 1/2"
5"	13 3/4"	2"	7 5/16"	5"	3 1/8"	3 1/8"	11"	8	1 1/4"	7 1/2"	7 3/4"	7 1/4"
6"	15"	2 3/16"	8 1/2"	5 1/2"	3 3/8"	3 3/8"	12 1/2"	12	1 1/8"	7 3/4"	7 3/4"	7 1/2"
8"	18 1/2"	2 1/2"	10 5/8"	6 3/8"	4"	4 1/2"	15 1/2"	12	1 3/8"	8 3/4"	9"	8 1/2"
10"	21 1/2"	2 3/4"	12 3/4"	7 1/4"	4 1/4"	5"	18 1/2"	16	1 3/8"	9 1/4"	9 1/2"	9"
12"	24"	3 1/8"	15"	7 7/8"	4 5/8"	5 5/8"	21"	20	1 3/8"	10"	10 1/4"	9 3/4"

Despegar DIMINSIONS para bridas de 900#

Cuello de soldadura

SLIP-ON toma roscada y solapada de soldadura

Brida ciega

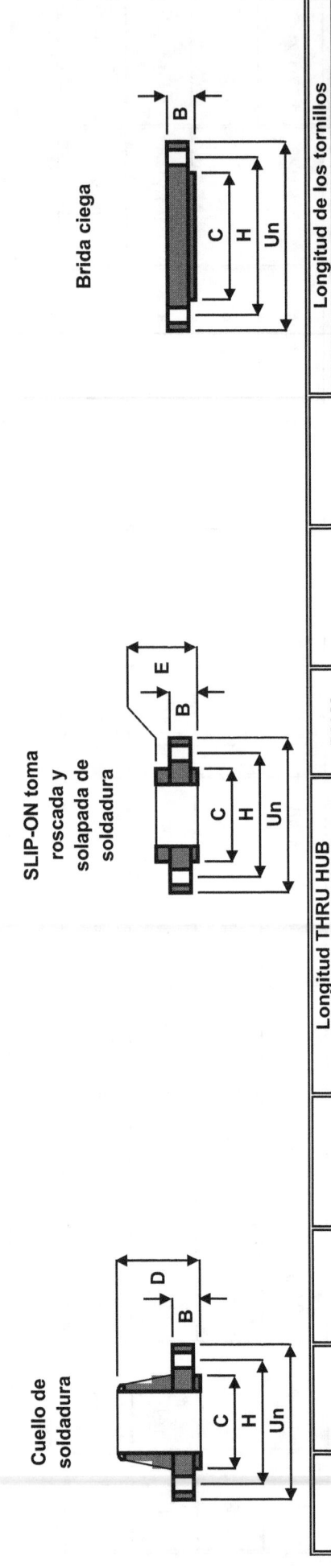

El TAMAÑO DEL TUBO	D.e. de la brida	THK BRIDA	DIAM cara elevada	Longitud THRU HUB			DIAM círculo de pernos	Nº DE TORNILLOS	DIAM DE PERNOS	Longitud de los tornillos		
				Cuello de soldadura	SLIP-ON THRD SW	Junta de solape				Espárragos	Conjunto de anillo	Macho y hembra, de lengüeta y ranura
	Un	B	C	D	E	E	H					
14"	25 1/4"	3 3/8"	16 1/4"	8 3/8"	5 1/8"	6 1/8"	22"	20	1 1/2"	10 3/4"	11 1/4"	10 1/2"
16"	27 3/4"	3 1/2"	18 1/2"	8 1/2"	5 1/4"	6 1/2"	24 1/4"	20	1 5/8"	11 1/4"	11 3/4"	11"
18"	31"	4"	21"	9"	6"	7 1/2"	27"	20	1 7/8"	13"	13 1/2"	12 3/4"
20"	33 3/4"	4 1/4"	23"	9 3/4"	6 1/4"	8 1/4"	29 1/2"	20	2"	13 3/4"	14 1/4"	13 1/2"
24"	41"	5 1/2"	27 1/4"	11 1/2"	8"	10 1/2"	35 1/2"	20	2 1/2"	17 1/4"	18"	17"
30"	48 1/2"	5 7/8"	33 3/4"	12 1/4"	12 1/4"	N/A	42 3/4"	20	3"	19"	20 1/4"	18 3/4"
36"	57 1/2"	6 3/4"	40 1/4"	14 1/4"	14 1/4"	N/A	50 3/4"	20	3 1/2"	21 3/4"	23 1/4"	21 1/2"

Despegar DIMINSIONS PARA 1500# bridas

Cuello de soldadura

SLIP-ON toma roscada y solapada de soldadura

Brida ciega

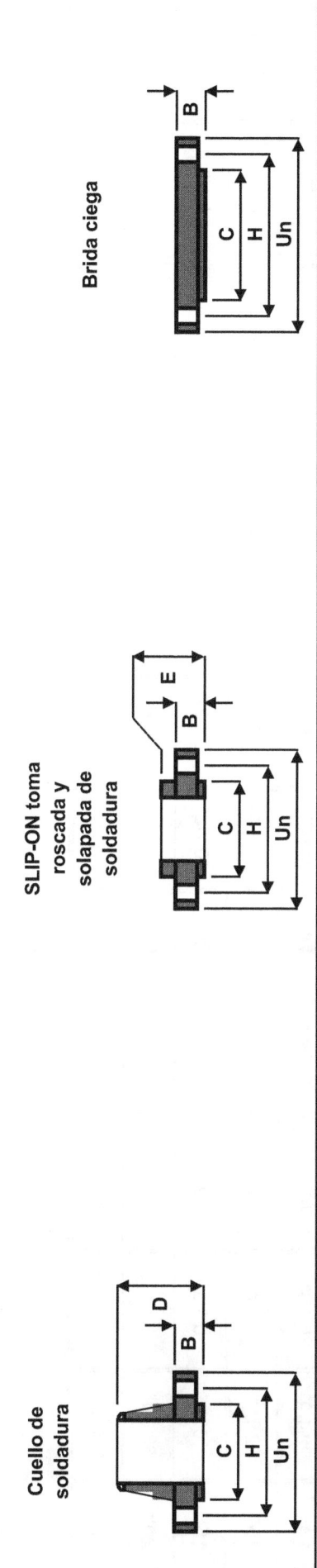

El TAMAÑO DEL TUBO	D.e. de la brida (Un)	THK BRIDA (B)	DIAM cara elevada (C)	Longitud THRU HUB Cuello de soldadura (D)	Longitud THRU HUB SLIP-ON THRD SW (E)	Longitud THRU HUB Junta de solape (E)	DIAM círculo de pernos (H)	Nº DE TORNILLOS	DIAM DE PERNOS	Espárragos	Conjunto de anillo	Macho y hembra, de lengüeta y ranura
1/2"	4 3/4"	7/8"	1 3/8"	2 3/8"	1 1/4"	1 1/4"	3 1/4"	4	3/4"	4 1/4"	4 1/4"	4"
3/4"	5 1/8"	1"	1 11/16"	2 3/4"	1 3/8"	1 3/8"	3 1/2"	4	3/4"	4 1/2"	4 1/2"	4 1/4"
1"	5 7/8"	1 1/8"	2"	2 7/8"	1 5/8"	1 5/8"	4"	4	7/8"	5"	5"	4 3/4"
1 1/4"	6 1/4"	1 1/8"	2 1/2"	2 7/8"	1 5/8"	1 5/8"	4 3/8"	4	7/8"	5"	5"	4 3/4"
1 1/2"	7"	1 1/4"	2 7/8"	3 1/4"	1 3/4"	1 3/4"	4 7/8"	4	1"	5 1/2"	5 1/2"	5 1/4"
2"	8 1/2"	1 1/2"	3 5/8"	4"	2 1/4"	2 1/4"	6 1/2"	8	7/8"	5 3/4"	6"	5 1/2"
2 1/2"	9 5/8"	1 5/8"	4 1/8"	4 1/8"	2 1/2"	2 1/2"	7 1/2"	8	1"	6 1/4"	6 1/2"	6"
3"	10 1/2"	1 7/8"	5"	4 5/8"	2 7/8"	2 7/8"	8"	8	1 1/8"	7"	7 1/4"	6 3/4"
4"	12 1/4"	2 1/8"	6 3/16"	4 7/8"	3 9/16"	3 9/16"	9 1/2"	8	1 1/4"	7 3/4"	8"	7 1/2"
5"	14 3/4"	2 7/8"	7 5/16"	6 1/8"	4 1/8"	4 1/8"	11 1/2"	8	1 1/2"	9 3/4"	10"	9 1/2"

Despegar DIMINSIONS PARA 1500# bridas

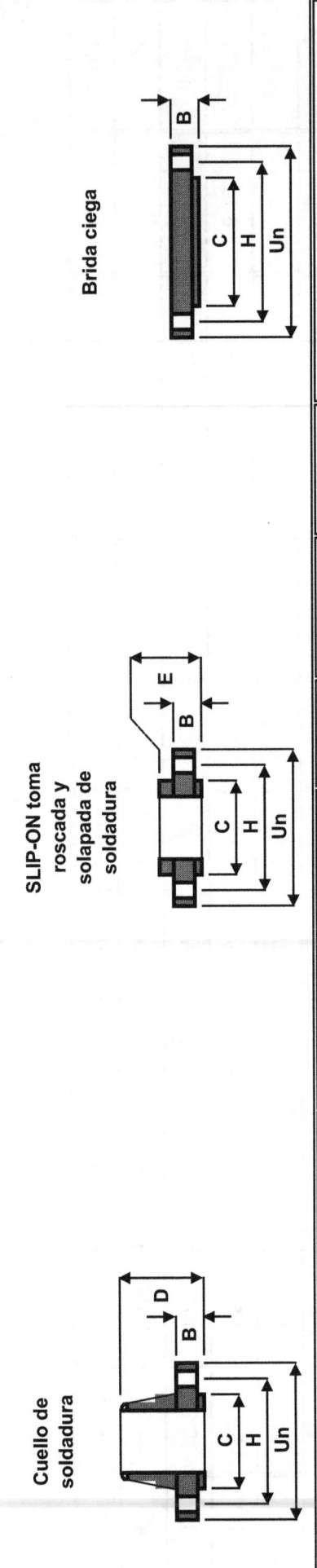

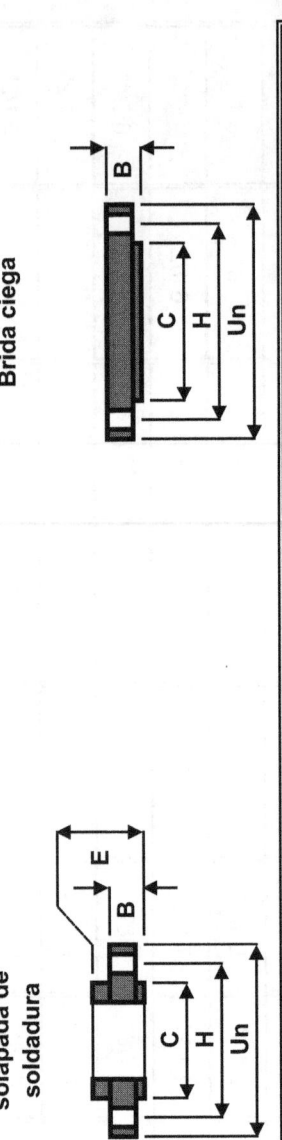

Brida ciega

Cuello de soldadura

SLIP-ON toma roscada y solapada de soldadura

El TAMAÑO DEL TUBO	D.e. de la brida	THK BRIDA	DIAM cara elevada	Longitud THRU HUB				Nº DE TORNILLOS	DIAM DE PERNOS	Longitud de los tornillos		
				Cuello de soldadura	SLIP-ON THRD SW	Junta de solape	DIAM círculo de pernos			Espárragos	Conjunto de anillo	Macho y hembra, de lengüeta y ranura
	Un	B	C	D	E	E	H					
6"	15 1/2"	3 1/4"	8 1/2"	6 3/4"	4 11/16"	4 11/16"	12 1/2"	12	1 3/8"	10 1/4"	10 1/2"	10"
8"	19"	3 5/8"	10 5/8"	8 3/8"	5 5/8"	5 5/8"	15 1/2"	12	1 5/8"	11 1/2"	12"	11 1/4"
10"	23"	4 1/4"	12 3/4"	10"	6 1/4"	7"	19"	12	1 7/8"	13 1/2"	13 3/4"	13 1/4"
12"	26 1/2"	4 7/8"	15"	11 1/8"	7 1/8"	8 5/8"	22 1/2"	16	2"	15"	15 1/2"	14 3/4"
14"	29 1/2"	5 1/4"	16 1/4"	11 3/4"	N/A	9 1/2"	25"	16	2 1/4"	16 1/4"	17"	16"
16"	32 1/2"	5 3/4"	18 1/2"	12 1/4"	N/A	10 1/4"	27 3/4"	16	2 1/2"	17 3/4"	18 3/4"	17 1/2"
18"	36"	6 3/8"	21"	12 7/8"	N/A	10 7/8"	30 1/2"	16	2 3/4"	19 1/2"	20 1/2"	19 1/4"
20"	38 3/4"	7"	23"	14"	N/A	11 1/2"	32 3/4"	16	3"	21 1/4"	22 1/2"	21"
24"	46"	8"	27 1/4"	16"	N/A	13"	39"	16	3 1/2"	24 1/4"	25 3/4"	24"

134

Despegar DIMINSIONS PARA 2500# bridas

Cuello de soldadura

SLIP-ON toma roscada y solapada de soldadura

Brida ciega

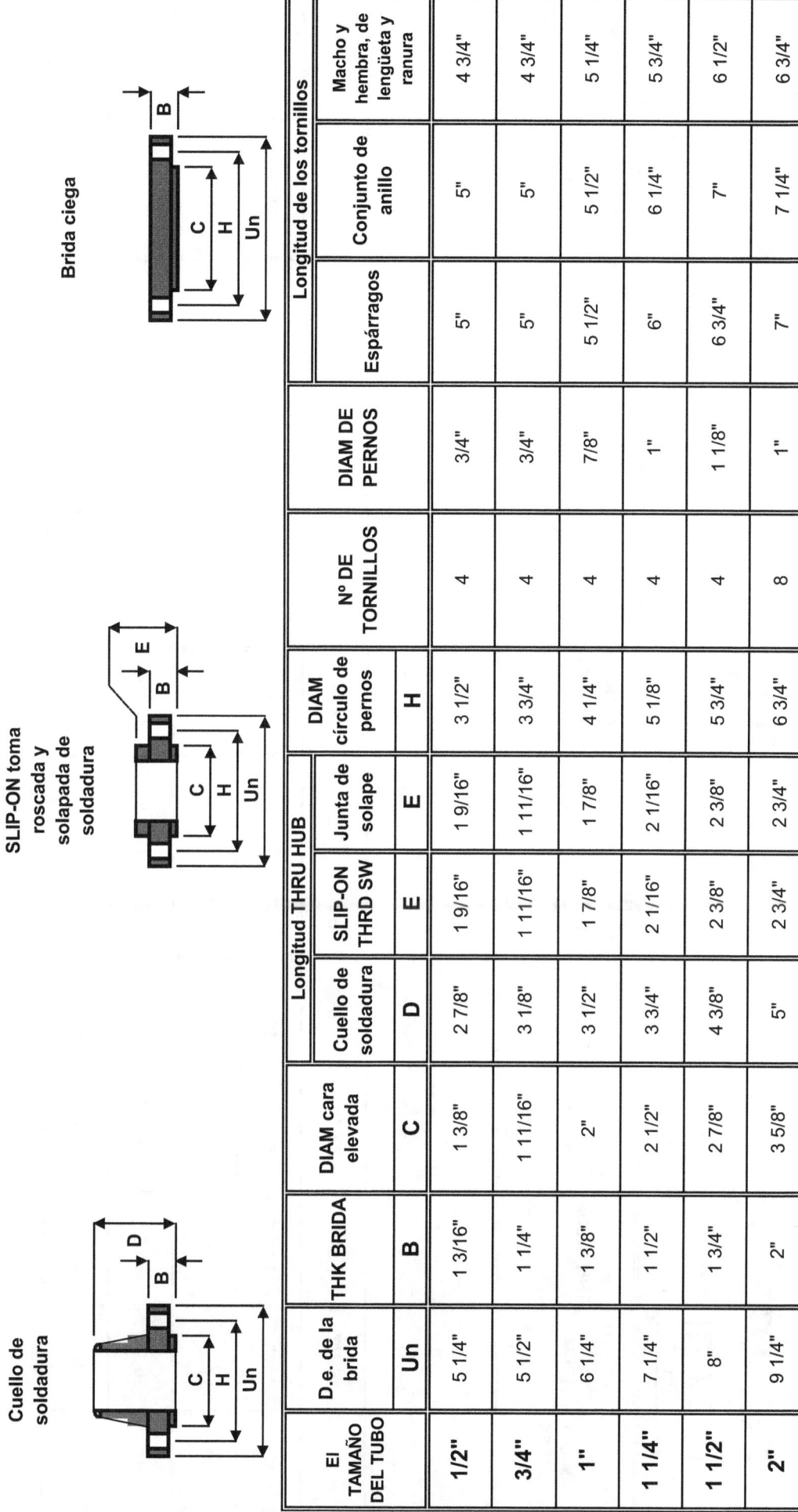

El TAMAÑO DEL TUBO	D.e. de la brida	THK BRIDA	DIAM cara elevada	Longitud THRU HUB			DIAM círculo de pernos	Nº DE TORNILLOS	DIAM DE PERNOS	Longitud de los tornillos		
				Cuello de soldadura	SLIP-ON THRD SW	Junta de solape				Espárragos	Conjunto de anillo	Macho y hembra, de lengüeta y ranura
	Un	B	C	D	E	E	H					
1/2"	5 1/4"	1 3/16"	1 3/8"	2 7/8"	1 9/16"	1 9/16"	3 1/2"	4	3/4"	5"	5"	4 3/4"
3/4"	5 1/2"	1 1/4"	1 11/16"	3 1/8"	1 11/16"	1 11/16"	3 3/4"	4	3/4"	5"	5"	4 3/4"
1"	6 1/4"	1 3/8"	2"	3 1/2"	1 7/8"	1 7/8"	4 1/4"	4	7/8"	5 1/2"	5 1/2"	5 1/4"
1 1/4"	7 1/4"	1 1/2"	2 1/2"	3 3/4"	2 1/16"	2 1/16"	5 1/8"	4	1"	6"	6 1/4"	5 3/4"
1 1/2"	8"	1 3/4"	2 7/8"	4 3/8"	2 3/8"	2 3/8"	5 3/4"	4	1 1/8"	6 3/4"	7"	6 1/2"
2"	9 1/4"	2"	3 5/8"	5"	2 3/4"	2 3/4"	6 3/4"	8	1"	7"	7 1/4"	6 3/4"
2 1/2"	10 1/2"	2 1/4"	4 1/8"	5 5/8"	3 1/8"	3 1/8"	7 3/4"	8	1 1/8"	7 3/4"	8"	7 1/2"

135

Despegar DIMINSIONS PARA 2500# bridas

Cuello de soldadura

SLIP-ON toma roscada y solapada de soldadura

Brida ciega

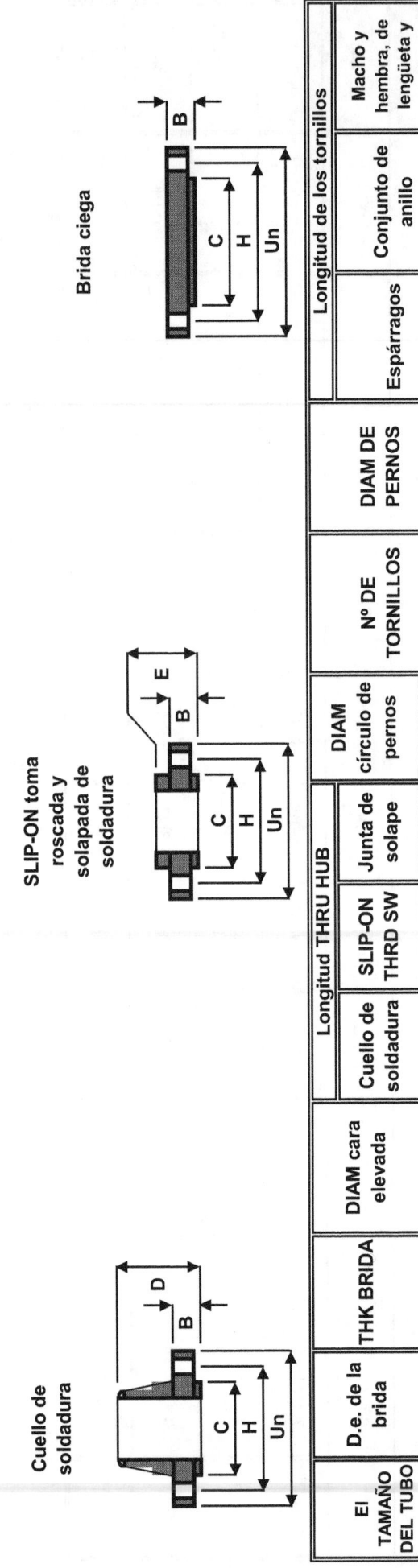

El TAMAÑO DEL TUBO	D.e. de la brida Un	THK BRIDA B	DIAM cara elevada C	Longitud THRU HUB Cuello de soldadura D	SLIP-ON THRD SW E	Junta de solape E	DIAM círculo de pernos H	Nº DE TORNILLOS	DIAM DE PERNOS	Longitud de los tornillos Espárragos	Conjunto de anillo	Macho y hembra, de lengüeta y ranura
3"	12"	2 5/8"	5"	6 5/8"	3 5/8"	3 5/8"	9"	8	1 1/4"	8 3/4"	9"	8 1/2"
4"	14"	3"	6 3/16"	7 1/2"	4 1/4"	4 1/4"	10 3/4"	8	1 1/2"	10"	10 1/2"	9 3/4"
5"	16 1/2"	3 5/8"	7 5/16"	9"	5 1/8"	5 1/8"	12 3/4"	8	1 3/4"	11 3/4"	12 1/2"	11 1/2"
6"	19"	4 1/4"	8 1/2"	10 3/4"	6"	6"	14 1/2"	8	2"	13 3/4"	14 1/4"	13 1/2"
8"	21 3/4"	5"	10 5/8"	12 1/2"	7"	7"	17 1/4"	12	2"	15 1/4"	15 3/4"	15"
10"	26 1/2"	6 1/2"	12 3/4"	16 1/2"	9"	9"	21 1/4"	12	2 1/2"	19 1/4"	20 1/4"	19"
12"	30"	7 1/4"	15"	18 1/4"	10"	10"	24 3/8"	12	2 3/4"	21 1/4"	22 1/4"	21"

Despegar DIMINSIONS para bridas de orificio 300#

Suelde el cuello de cara elevada y conjuntos de anillo

- Deslizamiento sobre & cara elevada & anillo roscado JOINT

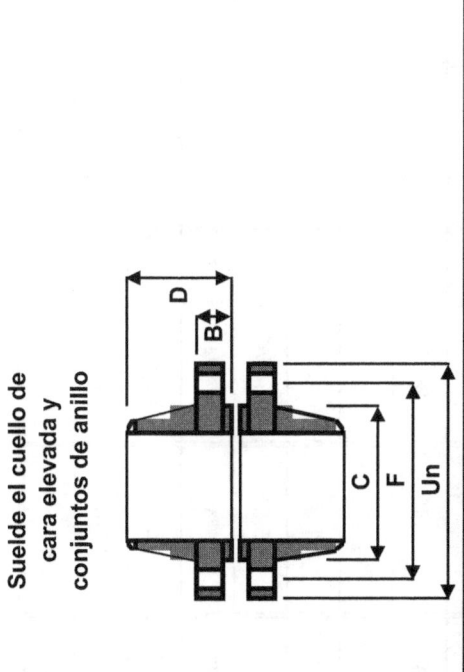

El TAMAÑO DEL TUBO	D.e. de la brida	El espesor de la brida		DIAM cara elevada	Longitud THRU HUB				DIAM círculo de pernos	Nº DE TORNILLOS	DIAM DE PERNOS	Longitud de los tornillos	
		De cara elevada	Conjunto de anillo		Cuello de soldadura		SLIP-ON/ROSCA					De cara elevada	Conjunto de anillo
					De cara elevada	Conjunto de anillo	De cara elevada	Conjunto de anillo					
	Un	B	B	C	D	D	E	E	F				
1"	4 7/8"	1 1/2"	1 1/4"	2"	3 1/4"	3"	1 7/8"	1 5/8"	3 1/2"	4	5/8"	4 1/4"	5"
1 1/4"	5 1/4"	1 1/2"	1 1/4"	2 1/2"	3 5/16"	3 1/16"	1 13/16"	1 9/16"	3 7/8"	4	5/8"	4 1/4"	5"
1 1/2"	6 1/8"	1 1/2"	1 1/4"	2 7/8"	3 3/8"	3 1/8"	1 7/8"	1 5/8"	4 1/2"	4	3/4"	4 1/2"	5 1/4"
2"	6 1/2"	1 1/2"	1 1/4"	3 5/8"	3 3/8"	3 1/8"	1 15/16"	1 11/16"	5"	8	5/8"	4 1/4"	5"
2 1/2"	7 1/2"	1 1/2"	1 1/4"	4 1/8"	3 1/2"	3 1/4"	2"	1 3/4"	5 7/8"	8	3/4"	4 1/2"	5 1/4"
3"	8 1/4"	1 1/2"	1 1/4"	5"	3 1/2"	3 1/4"	2 1/16"	1 13/16"	6 5/8"	8	3/4"	4 1/2"	5 1/4"
4"	10"	1 1/2"	1 1/4"	6 3/16"	3 5/8"	3 3/8"	2 1/8"	1 7/8"	7 7/8"	8	3/4"	4 1/2"	5 1/4"
5"	11"	1 1/2"	1 3/8"	7 5/16"	4"	3 7/8"	2 1/8"	2"	9 1/4"	8	3/4"	4 1/2"	5 3/4"
6"	12 1/2"	1 1/2"	1 7/16"	8 1/2"	3 15/16"	3 7/8"	2 1/8"	2 1/16"	10 5/8"	12	3/4"	4 1/2"	5 3/4"
8"	15"	1 5/8"	1 5/8"	10 5/8"	4 3/8"	4 3/8"	2 7/16"	2 7/16"	13"	12	7/8"	4 3/4"	6 1/4"
10"	17 1/2"	1 7/8"	1 7/8"	12 3/4"	4 5/8"	4 5/8"	2 5/8"	2 5/8"	15 1/4"	16	1"	5 3/4"	6 3/4"

Despegar DIMINSIONS para bridas de orificio 300#

Suelde el cuello de cara elevada y conjuntos de anillo

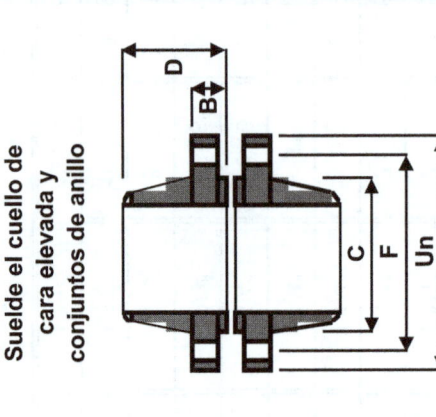

- Deslizamiento sobre & cara elevada & anillo roscado JOINT

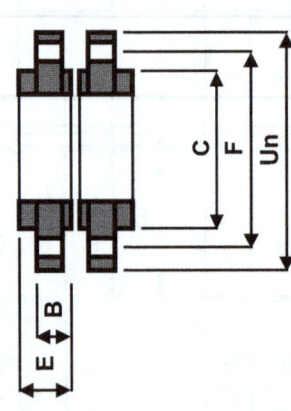

El TAMAÑO DEL TUBO	D.e. de la brida	El espesor de la brida		DIAM cara elevada	Longitud THRU HUB				DIAM círculo de pernos	Nº DE TORNILLOS	DIAM DE PERNOS	Longitud de los tornillos	
					Cuello de soldadura		SLIP-ON/ROSCA						
		De cara elevada	Conjunto de anillo		De cara elevada	Conjunto de anillo	De cara elevada	Conjunto de anillo				De cara elevada	Conjunto de anillo
	Un	B	B	C	D	D	E	E	F				
12"	20 1/2"	2"	2"	15"	5 1/8"	5 1/8"	2 7/8"	2 7/8"	17 3/4"	16	1 1/8"	5 3/4"	7 1/4"
14"	23"	2 1/8"	2 1/8"	16 1/4"	5 5/8"	5 5/8"	3"	3"	20 1/4"	20	1 1/8"	6 1/4"	7 1/4"
16"	25 1/2"	2 1/4"	2 1/4"	18 1/2"	5 3/4"	5 3/4"	3 1/4"	3 1/4"	20 1/2"	20	1 1/4"	6 3/4"	8 1/4"
18"	28"	2 3/8"	2 3/8"	21"	6 1/4"	6 1/4"	3 1/2"	3 1/2"	20 3/4"	24	1 1/4"	6 3/4"	8 1/4"
20"	30 1/2"	2 1/2"	2 1/2"	23"	6 3/8"	6 3/8"	3 3/4"	3 3/4"	27"	24	1 1/4"	7 1/4"	8 1/4"
22"	33"	2 5/8"	2 5/8"	25 1/4"	6 1/2"	6 1/2"	4"	4"	29 1/4"	24	1 1/2"	7 3/4"	9 1/4"
24"	36"	2 3/4"	2 3/4"	27 1/4"	6 5/8"	6 5/8"	4 3/16"	4 3/16"	32"	24	1 1/2"	7 3/4"	9 1/4"
30"	43"	3 5/8"	3 5/8"	33 3/4"	8 1/4"	8 1/4"	8 1/4"	8 1/4"	39 1/4"	28	1 3/4"	12"	13"
36"	50"	4 1/8"	4 1/8"	40 1/4"	9 1/2"	9 1/2"	9 1/2"	9 1/2"	46"	32	2"	13 1/2"	14 3/4"
42"	57"	4 5/8"	4 5/8"	47"	10 7/8"	10 7/8"	10 7/8"	10 7/8"	52 3/4"	36	2"	14 1/2"	15 3/4"

Despegar DIMINSIONS para 400# bridas de orificio
Para tamaños de 1" a 3" usar bridas de orificio 300#

Suelde el cuello de cara elevada y conjuntos de anillo

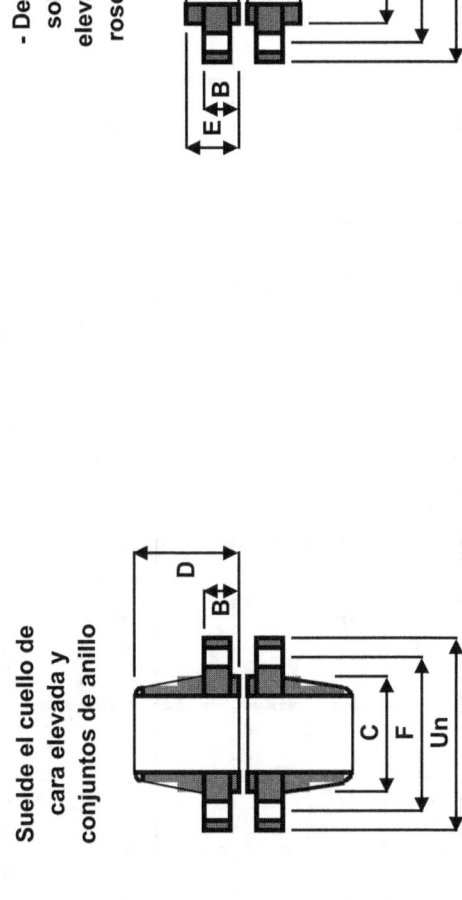

- Deslizamiento sobre & cara elevada & anillo roscado JOINT

El TAMAÑO DEL TUBO	D.e. de la brida	El espesor de la brida		DIAM cara elevada	Longitud THRU HUB				DIAM círculo de pernos	N° DE TORNILLOS	DIAM DE PERNOS	Longitud de los tornillos	
		De cara elevada	Conjunto de anillo		Cuello de soldadura		SLIP-ON/ROSCA					De cara elevada	Conjunto de anillo
					De cara elevada	Conjunto de anillo	De cara elevada	Conjunto de anillo					
Un	Un	B	B	C	D	D	E	E	F				
4"	10"	1 3/8"	1 3/8"	6 3/16"	3 1/2"	3 1/2"	2"	2"	7 7/8"	8	7/8"	5 3/4"	6 1/4"
5"	11"	1 1/2"	1 1/2"	7 5/16"	4"	4"	2 1/8"	2 1/8"	9 1/4"	8	7/8"	6"	6 1/2"
6"	12 1/2"	1 5/8"	1 5/8"	8 1/2"	4 1/16"	4 1/16"	2 1/4"	2 1/4"	10 5/8"	12	7/8"	6 1/2"	6 3/4"
8"	15"	1 7/8"	1 7/8"	10 5/8"	4 5/8"	4 5/8"	2 11/16"	2 11/16"	13"	12	1"	7"	7 1/2"
10"	17 1/2"	2 1/8"	2 1/8"	12 3/4"	4 7/8"	4 7/8"	2 7/8"	2 7/8"	15 1/4"	16	1 1/8"	8"	8 1/4"
12"	20 1/2"	2 1/4"	2 1/4"	15"	5 3/8"	5 3/8"	3 1/8"	3 1/8"	17 3/4"	16	1 1/4"	8 1/4"	8 3/4"
14"	23"	2 3/8"	2 3/8"	16 1/4"	5 7/8"	5 7/8"	N/A	N/A	20 1/4"	20	1 1/4"	8 1/2"	9 1/4"
16"	25 1/2"	2 1/2"	2 1/2"	18 1/2"	6"	6"	N/A	N/A	20 1/2"	20	1 3/8"	9"	9 1/2"

139

Despegar DIMINSIONS para 400# bridas de orificio

Suelde el cuello de cara elevada y conjuntos de anillo

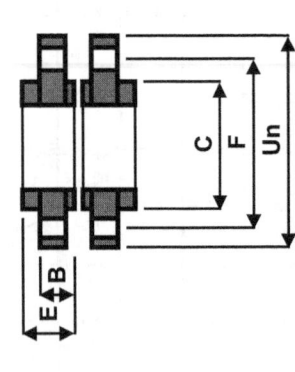

- Deslizamiento sobre & cara elevada & anillo roscado JOINT

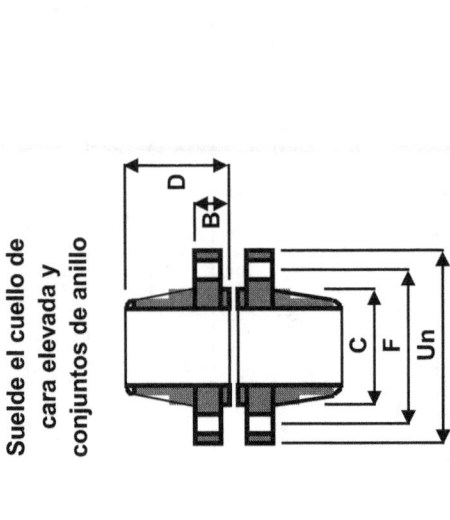

El TAMAÑO DEL TUBO	D.e. de la brida	El espesor de la brida		DIAM cara elevada	Longitud THRU HUB				DIAM círculo de pernos	Nº DE TORNILLOS	DIAM DE PERNOS	Longitud de los tornillos	
					Cuello de soldadura		SLIP-ON/ROSCA						
		De cara elevada	Conjunto de anillo		De cara elevada	Conjunto de anillo	De cara elevada	Conjunto de anillo				De cara elevada	Conjunto de anillo
	Un	B	B	C	D	D	E	E	F				
18"	28"	2 5/8"	2 5/8"	21"	6 1/2"	6 1/2"	N/A	N/A	24 3/4"	24	1 3/8"	9 1/2"	9 3/4"
20"	30 1/2"	2 3/4"	2 3/4"	23"	6 5/8"	6 5/8"	N/A	N/A	27"	24	1 1/2"	10"	10 1/2"
22"	33"	2 7/8"	2 7/8"	25 1/4"	6 3/4"	6 3/4"	N/A	N/A	29 1/4"	24	1 5/8"	10 3/4"	11"
24"	36"	3"	3"	27 1/4"	6 7/8"	6 7/8"	N/A	N/A	32"	24	1 3/4"	11 1/4"	11 1/2"
30"	43"	4"	4"	33 3/4"	8 5/8"	8 5/8"	N/A	N/A	39 1/4"	28	2"	13 3/4"	14 1/4"
36"	50"	4 1/2"	4 1/2"	40 1/4"	9 7/8"	9 7/8"	N/A	N/A	46"	32	2"	14 3/4"	15 1/2"
42"	57"	5 1/8"	5 1/8"	47"	11 3/8"	11 3/8"	N/A	N/A	52 3/4"	32	2 1/2"	17"	17 3/4"

Despegar DIMINSIONS para 600# bridas de orificio
Para tamaños de 1" a 3" usar bridas de orificio 300#

Suelde el cuello de cara elevada y conjuntos de anillo

- Deslizamiento sobre & cara elevada & anillo roscado JOINT

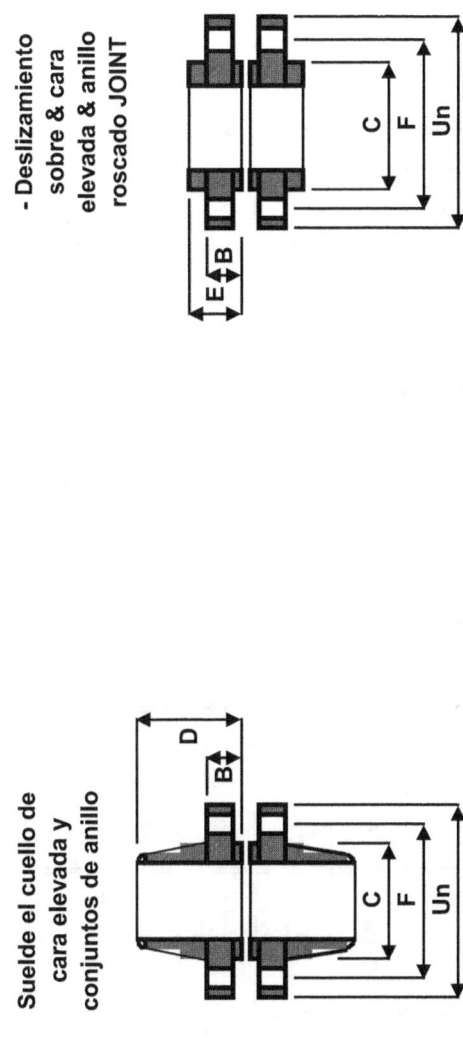

El TAMAÑO DEL TUBO (Un)	D.e. de la brida (Un)	El espesor de la brida — De cara elevada (B)	El espesor de la brida — Conjunto de anillo (B)	DIAM cara elevada (C)	Longitud THRU HUB — Cuello de soldadura — De cara elevada (D)	Longitud THRU HUB — Cuello de soldadura — Conjunto de anillo (D)	Longitud THRU HUB — SLIP-ON/ROSCA — De cara elevada (E)	Longitud THRU HUB — SLIP-ON/ROSCA — Conjunto de anillo (E)	DIAM círculo de pernos (F)	N° DE TORNILLOS	DIAM DE PERNOS	Longitud de los tornillos — De cara elevada	Longitud de los tornillos — Conjunto de anillo
4"	10 3/4"	1 1/2"	1 1/2"	6 3/16"	4"	4"	2 1/8"	2 1/8"	8 1/2"	8	7/8"	6"	6 1/2"
5"	13"	1 3/4"	1 3/4"	7 5/16"	4 1/2"	4 1/2"	2 3/8"	2 3/8"	10 1/2"	8	1"	6 3/4"	7 1/4"
6"	14"	1 7/8"	1 7/8"	8 1/2"	4 5/8"	4 5/8"	2 5/8"	2 5/8"	11 1/2"	12	1"	7"	7 1/2"
8"	16 1/2"	2 3/16"	2 3/16"	10 5/8"	5 1/4"	5 1/4"	3"	3"	13 3/4"	12	1 1/8"	8"	8 1/2"
10"	20"	2 1/2"	2 1/2"	12 3/4"	6"	6"	3 3/8"	3 3/8"	17"	16	1 1/4"	8 3/4"	9 1/4"
12"	22"	2 5/8"	2 5/8"	15"	6 1/8"	6 1/8"	3 5/8"	3 5/8"	19 1/4"	20	1 1/4"	9 1/4"	9 1/2"
14"	23 3/4"	2 3/4"	2 3/4"	16 1/4"	6 1/2"	6 1/2"	N/A	N/A	20 3/4"	20	1 3/8"	9 1/2"	10"
16"	27"	3"	3"	18 1/2"	7"	7"	N/A	N/A	23 3/4"	20	1 1/2"	10 1/4"	10 3/4"

Despegar DIMINSIONS para 600# bridas de orificio

Suelde el cuello de cara elevada y conjuntos de anillo

- Deslizamiento sobre & cara elevada & anillo roscado JOINT

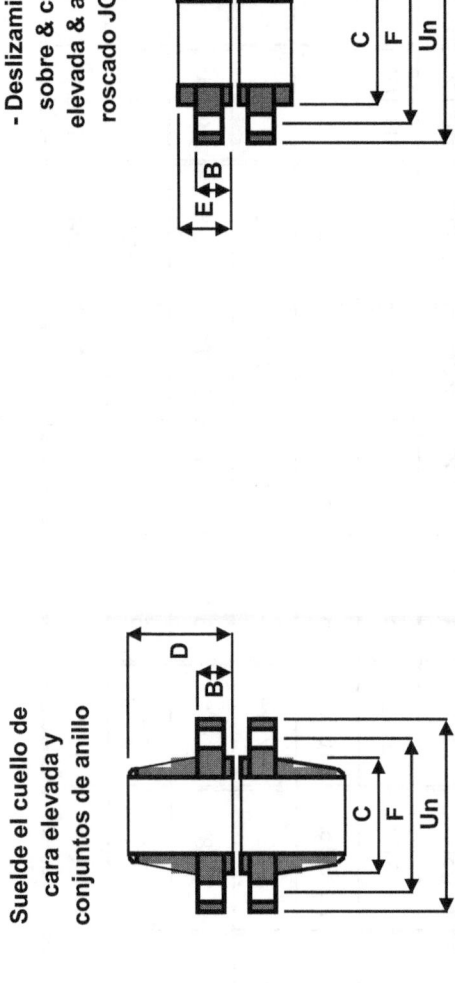

El TAMAÑO DEL TUBO	D.e. de la brida	El espesor de la brida		DIAM cara elevada	Longitud THRU HUB				DIAM círculo de pernos	Nº DE TORNILLOS	DIAM DE PERNOS	Longitud de los tornillos	
		De cara elevada	Conjunto de anillo		Cuello de soldadura		SLIP-ON/ROSCA					De cara elevada	Conjunto de anillo
					De cara elevada	Conjunto de anillo	De cara elevada	Conjunto de anillo					
	Un	B	B	C	D	D	E	E	F				
18"	29 1/4"	3 1/4"	3 1/4"	21"	7 1/4"	7 1/4"	N/A	N/A	25 3/4"	20	1 5/8"	11 1/4"	11 1/2"
20"	32"	3 1/2"	3 1/2"	23"	7 1/2"	7 1/2"	N/A	N/A	28 1/2"	24	1 5/8"	12"	12 1/4"
22"	34 1/4"	3 3/4"	3 3/4"	25 1/4"	7 3/4"	7 3/4"	N/A	N/A	30 5/8"	24	1 3/4"	12 3/4"	13 1/4"
24"	37"	4"	4"	27 1/4"	8"	8"	N/A	N/A	33"	24	1 7/8"	13 1/2"	13 3/4"
30"	44 1/2"	4 1/2"	4 1/2"	33 3/4"	9 3/4"	9 3/4"	N/A	N/A	40 1/4"	28	2"	14 3/4"	15 1/4"
36"	51 3/4"	4 7/8"	4 7/8"	40 1/4"	11 1/8"	11 1/8"	N/A	N/A	47"	28	2 1/2"	16 1/2"	17 1/4"
42"	58 3/4"	5 1/2"	5 1/2"	47"	12 3/4"	12 3/4"	N/A	N/A	53 3/4"	28	2 3/4"	18 1/4"	19 1/4"

Despegar DIMINSIONS bridas de orificio para 900#
Para tamaños de 2 1/2" y menor uso de 1500# bridas de orificio

Suelde el cuello de cara elevada y conjuntos de anillo

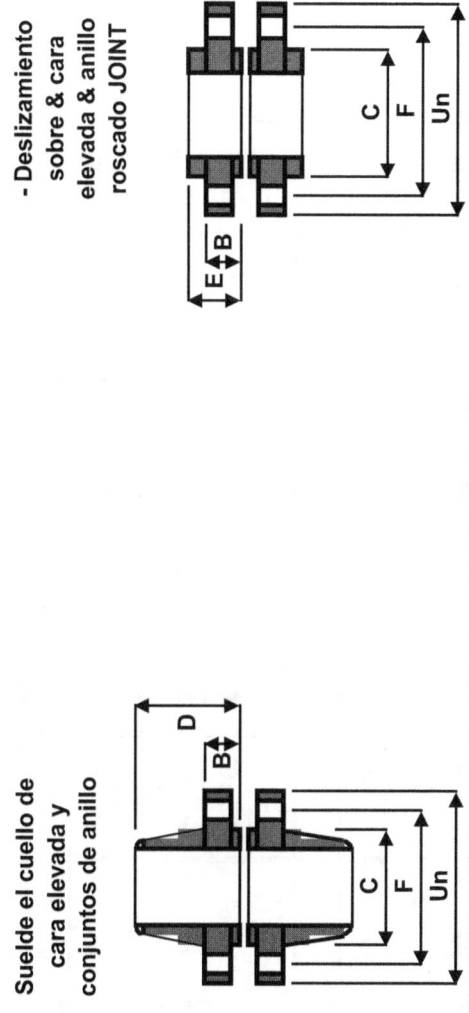

- Deslizamiento sobre & cara elevada & anillo roscado JOINT

El TAMAÑO DEL TUBO	D.e. de la brida	El espesor de la brida		DIAM cara elevada	Longitud THRU HUB				DIAM círculo de pernos	N° DE TORNILLOS	DIAM DE PERNOS	Longitud de los tornillos	
		De cara elevada	Conjunto de anillo		Cuello de soldadura		SLIP-ON/ROSCA					De cara elevada	Conjunto de anillo
					De cara elevada	Conjunto de anillo	De cara elevada	Conjunto de anillo					
Un	Un	B	B	C	D	D	E	E	F				
3"	9 1/2"	1 1/2"	1 1/2"	5"	4"	4"	2 1/8"	2 1/8"	7 1/2"	8	7/8"	6"	6 1/2"
4"	11 1/2"	1 3/4"	1 3/4"	6 3/16"	4 1/2"	4 1/2"	2 3/4"	2 3/4"	9 1/4"	8	1 1/8"	7 1/4"	7 1/2"
5"	13 3/4"	2"	2"	7 5/16"	5"	5"	3 1/8"	3 1/8"	11"	8	1 1/4"	7 3/4"	8 1/4"
6"	15"	2 3/16"	2 3/16"	8 1/2"	5 1/2"	5 1/2"	3 3/8"	3 3/8"	12 1/2"	12	1 1/8"	8"	8 1/2"
8"	18 1/2"	2 1/2"	2 1/2"	10 5/8"	6 3/8"	6 3/8"	4"	4"	15 1/2"	12	1 3/8"	9 1/4"	9 1/2"
10"	21 1/2"	2 3/4"	2 3/4"	12 3/4"	7 1/4"	7 1/4"	4 1/4"	4 1/4"	18 1/2"	16	1 3/8"	9 1/2"	10"
12"	24"	3 1/8"	3 1/8"	15"	7 7/8"	7 7/8"	4 5/8"	4 5/8"	21"	20	1 3/8"	10 1/4"	11"

143

Despegar DIMINSIONS PARA 1500# bridas de orificio

Suelde el cuello de cara elevada y conjuntos de anillo

- Deslizamiento sobre & cara elevada & anillo roscado JOINT

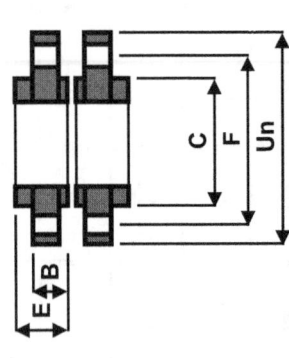

El TAMAÑO DEL TUBO	D.e. de la brida	El espesor de la brida		DIAM cara elevada	Longitud THRU HUB				DIAM círculo de pernos	Nº DE TORNILLOS	DIAM DE PERNOS	Longitud de los tornillos	
					Cuello de soldadura		SLIP-ON/ROSCA						
		De cara elevada	Conjunto de anillo		De cara elevada	Conjunto de anillo	De cara elevada	Conjunto de anillo				De cara elevada	Conjunto de anillo
	Un	B	B	C	D	D	E	E	F				
1"	5 7/8"	1 3/8"	1 1/4"	2"	2 7/8"	3"	1 7/8"	1 3/4"	4"	4	7/8"	5 3/4"	6"
1 1/4"	6 1/4"	1 3/8"	1 1/4"	2 1/2"	2 7/8"	3"	1 7/8"	1 3/4"	4 3/8"	4	7/8"	5 3/4"	6"
1 1/2"	7"	1 3/8"	1 1/4"	2 7/8"	3 1/4"	3 1/4"	1 7/8"	1 3/4"	4 7/8"	4	1"	6"	6 1/4"
2"	8 1/2"	1 1/2"	1 1/2"	3 5/8"	4"	4"	2 1/4"	2 1/4"	6 1/2"	8	7/8"	6"	6 1/2"
2 1/2"	9 5/8"	1 5/8"	1 5/8"	4 1/8"	4 1/8"	4 1/8"	2 1/2"	2 1/2"	7 1/2"	8	1"	6 1/2"	7"
3"	10 1/2"	1 7/8"	1 7/8"	5"	4 5/8"	4 5/8"	2 7/8"	2 7/8"	8"	8	1 1/8"	7 1/4"	8"
4"	12 1/4"	2 1/8"	2 1/8"	6 3/16"	4 7/8"	4 7/8"	3 9/16"	3 9/16"	9 1/2"	8	1 1/4"	8"	8 1/2"
5"	14 3/4"	2 7/8"	2 7/8"	7 5/16"	6 1/8"	6 1/8"	4 1/8"	4 1/8"	11 1/2"	8	1 1/2"	10"	10 1/2"
6"	15 1/2"	3 1/4"	3 1/4"	8 1/2"	6 3/4"	6 3/4"	4 11/16"	4 11/16"	12 1/2"	12	1 3/8"	10 1/2"	11 1/4"
8"	19"	3 5/8"	3 5/8"	10 5/8"	8 3/8"	8 3/8"	5 5/8"	5 5/8"	15 1/2"	12	1 5/8"	11 3/4"	12 3/4"
10"	23"	4 1/4"	4 1/4"	12 3/4"	10"	10"	6 1/4"	6 1/4"	19"	12	1 7/8"	13 1/2"	14 1/2"
12"	26 1/2"	4 7/8"	4 7/8"	15"	11 1/8"	11 1/8"	7 1/8"	7 1/8"	22 1/2"	16	2"	15"	16 1/4"

144

Despegar DIMINSIONS 150# PARA SOLDADURA DE BRIDA DE CUELLO LARGO

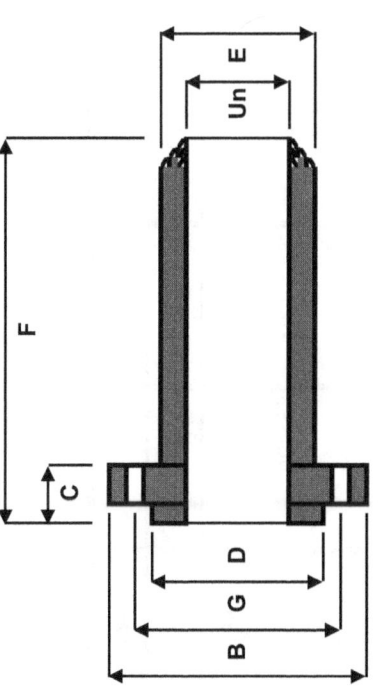

Tamaño y diámetro nominal de la tubería	D.e. de la brida	Espesor mínimo de la brida	Diámetro de cara elevada	Espesor de pared nominal	El diámetro del cubo	Longitud THRU HUB	Diámetro del círculo de pernos	Número de orificios	Diámetro de los tornillos	Longitud de los tornillos
Un	B	C	D		E	F	G			
1"	4 1/4"	9/16"	2"	1/2"	2"	9"	3 1/8"	4	1/2"	2 3/4"
1 1/4"	4 5/8"	5/8"	2 1/2"	9/16"	2 3/8"	9"	3 1/2"	4	1/2"	2 3/4"
1 1/2"	5"	11/16"	2 7/8"	9/16"	2 5/8"	9"	3 7/8"	4	1/2"	3"
2"	6"	3/4"	3 5/8"	5/8"	3 1/4"	9"	4 3/4"	4	5/8"	3 1/4"
2 1/2"	7"	7/8"	4 1/8"	5/8"	3 3/4"	9"	5 1/2"	4	5/8"	3 1/2"
3"	7 1/2"	15/16"	5"	5/8"	4 1/4"	9"	6"	4	5/8"	3 3/4"
4"	9"	15/16"	6 3/16"	3/4"	5 1/2"	12"	7 1/2"	8	5/8"	3 3/4"
5"	10"	15/16"	7 5/16"	3/4"	6 1/2"	12"	8 1/2"	8	3/4"	4"
6"	11"	1"	8 1/2"	7/8"	7 3/4"	12"	9 1/2"	8	3/4"	4"
8"	13 1/2"	1 1/8"	10 5/8"	7/8"	9 3/4"	12"	11 3/4"	8	3/4"	4 1/4"

Despegar DIMINSIONS 150# PARA SOLDADURA DE BRIDA DE CUELLO LARGO

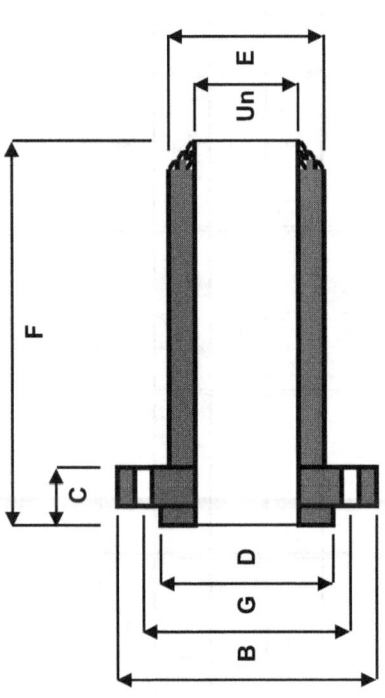

Tamaño y diámetro nominal de la tubería	D.e. de la brida	Espesor mínimo de la brida	Diámetro de cara elevada	Espesor de pared nominal	El diámetro del cubo	Longitud THRU HUB	Diámetro del círculo de pernos	Número de orificios	Diámetro de los tornillos	Longitud de los tornillos
Un	B	C	D		E	F	G			
10"	16"	1 3/16"	12 3/4"	1"	12"	12"	14 1/4"	12	7/8"	4 3/4"
12"	19"	1 1/4"	15"	1 3/16"	14 3/8"	12"	17"	12	7/8"	4 3/4"
14"	21"	1 3/8"	16 1/4"	1"	16"	12"	18 3/4"	12	1"	5 1/4"
16"	23 1/2"	1 7/16"	18 1/2"	1"	18"	12"	21 1/4"	16	1"	5 1/2"
18"	25"	1 9/16"	21"	1"	20"	12"	22 3/4"	16	1 1/8"	6"
20"	27 1/2"	1 11/16"	23"	1"	22"	12"	25"	20	1 1/8"	6 1/4"
24"	32"	1 7/8"	27 1/4"	1 1/8"	26 1/4"	12"	29 1/2"	20	1 1/4"	7"
30"	38 3/4"	2 1/8"	33 3/4"	1 1/4"	32 1/2"	12"	36"	28	1 1/4"	7 1/2"
36"	46"	2 3/8"	40 1/4"	1 3/8"	38 3/4"	12"	42 3/4"	32	1 1/2"	8 1/2"
42"	53"	2 5/8"	47"	1 1/2"	45"	12"	49 1/2"	36	1 1/2"	9"

Despegar DIMINSIONS 300# PARA SOLDADURA DE BRIDA DE CUELLO LARGO

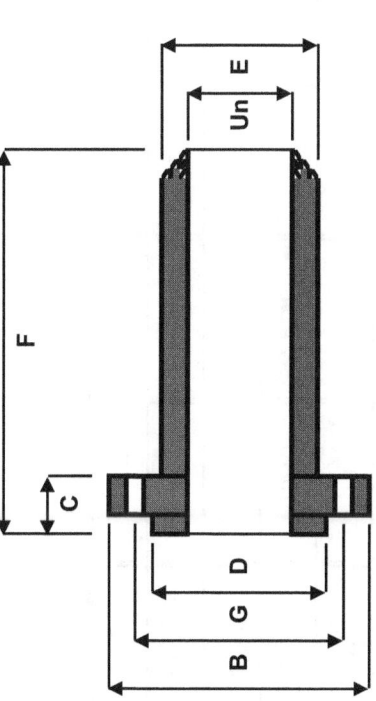

Tamaño y diámetro nominal de la tubería	D.e. de la brida	Espesor mínimo de la brida	Diámetro de cara elevada	Espesor de pared nominal	El diámetro del cubo	Longitud THRU HUB	Diámetro del círculo de pernos	Número de orificios	Diámetro de los tornillos	Longitud de los tornillos
Un	B	C	D		E	F	G			
1"	4 7/8"	11/16"	2"	9/16"	2 1/8"	9"	3 1/2"	4	5/8"	3 1/4"
1 1/4"	5 1/4"	3/4"	2 1/2"	5/8"	2 1/2"	9"	3 7/8"	4	5/8"	3 1/4"
1 1/2"	6 1/8"	13/16"	2 7/8"	5/8"	2 3/4"	9"	4 1/2"	4	3/4"	3 3/4"
2"	6 1/2"	7/8"	3 5/8"	11/16"	3 5/16"	9"	5'	8	5/8"	3 1/2"
2 1/2"	7 1/2"	1"	4 1/8"	11/16"	3 15/16"	9"	5 7/8"	8	3/4"	4"
3"	8 1/4"	1 1/8"	5"	13/16"	4 5/8"	9"	6 5/8"	8	3/4"	4 1/4"
4"	10"	1 1/4"	6 3/16"	7/8"	5 3/4"	12"	7 7/8"	8	3/4"	4 1/2"
5"	11"	1 3/8"	7 5/16"	1"	7"	12"	9 1/4"	8	3/4"	4 3/4"
6"	12 1/2"	1 7/16"	8 1/2"	1 1/16"	8 1/8"	12"	10 5/8"	12	3/4"	5"
8"	15"	1 5/8"	10 5/8"	1 1/8"	10 1/4"	12"	13"	12	7/8"	5 1/2"

147

Despegar DIMINSIONS 300# PARA SOLDADURA DE BRIDA DE CUELLO LARGO

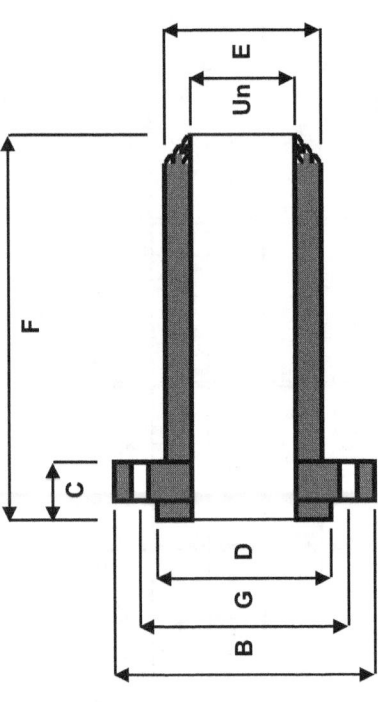

Tamaño y diámetro nominal de la tubería	D.e. de la brida	Espesor mínimo de la brida	Diámetro de cara elevada	Espesor de pared nominal	El diámetro del cubo	Longitud THRU HUB	Diámetro del círculo de pernos	Número de orificios	Diámetro de los tornillos	Longitud de los tornillos
Un	B	C	D		E	F	G			
10"	17 1/2"	1 7/8"	12 3/4"	1 5/16"	12 5/8"	12"	15 1/4"	16	1"	6 1/4"
12"	20 1/2"	2"	15"	1 3/8"	14 3/4"	12"	17 3/4"	16	1 1/8"	6 3/4"
14"	23"	2 1/8"	16 1/4"	1 3/8"	16 3/4"	12"	20 1/4"	20	1 1/8"	7"
16"	25 1/2"	2 1/4"	18 1/2"	1 1/2"	19"	12"	22 1/2"	20	1 1/4"	7 1/2"
18"	28"	2 3/8"	21"	1 1/2"	21"	12"	24 3/4"	24	1 1/4"	7 3/4"
20"	30 1/2"	2 1/2"	23"	1 9/16"	23 1/8"	12"	27"	24	1 1/4"	8 1/4"
24"	36"	2 3/4"	27 1/4"	1 13/16"	27 5/8"	12"	32"	24	1 1/2"	9 1/4"
30"	43"	3 5/8"	33 3/4"	1 7/8"	33 3/4"	12"	39 1/4"	28	1 3/4"	11 1/2"
36"	50"	4 1/8"	40 1/4"	2"	40"	12"	46"	32	2"	13"
42"	57"	4 5/8"	47"	2 1/8"	46 1/4"	12"	52 3/4"	36	2"	14"

148

Despegar DIMINSIONS para 400# SOLDADURA DE BRIDA DE CUELLO LARGO
Para tamaños de 3 1/2" y menor uso de 600# largo bridas con cuello de soldadura

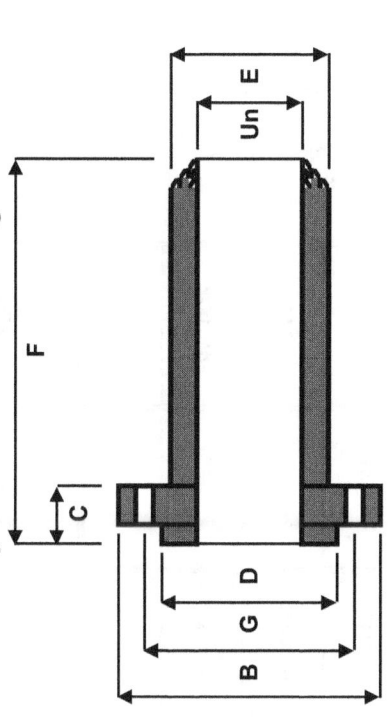

Tamaño y diámetro nominal de la tubería	D.e. de la brida	Espesor mínimo de la brida	Diámetro de cara elevada	Espesor de pared nominal	El diámetro del cubo	Longitud THRU HUB	Diámetro del círculo de pernos	Número de orificios	Diámetro de los tornillos	Longitud de los tornillos
Un	B	C	D		E	F	G			
4"	10"	1 3/8"	6 3/16"	7/8"	5 3/4"	12"	7 7/8"	8	7/8"	5 1/2"
5"	11"	1 1/2"	7 5/16"	1"	7"	12"	9 1/4"	8	7/8"	5 3/4"
6"	12 1/2"	1 5/8"	8 1/2"	1 1/16"	8 1/8"	12"	10 5/8"	12	7/8"	6"
8"	15"	1 7/8"	10 5/8"	1 1/8"	10 1/4"	12"	13"	12	1"	6 3/4"
10"	17 1/2"	2 1/8"	12 3/4"	1 5/16"	12 5/8"	12"	15 1/4"	16	1 1/8"	7 1/2"
12"	20 1/2"	2 1/4"	15"	1 3/8"	14 3/4"	12"	17 3/4"	16	1 1/4"	8"
14"	23"	2 3/8"	16 1/4"	1 3/8"	16 3/4"	Consulte la 16" hasta 42"	20 1/4"	20	1 1/4"	8 1/4"

149

Despegar DIMINSIONS para 400# SOLDADURA DE BRIDA DE CUELLO LARGO

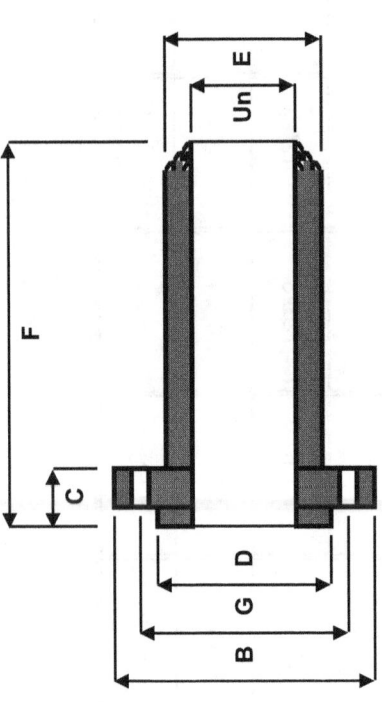

Tamaño y diámetro nominal de la tubería	D.e. de la brida	Espesor mínimo de la brida	Diámetro de cara elevada	Espesor de pared nominal	El diámetro del cubo	Longitud THRU HUB	Diámetro del círculo de pernos	Número de orificios	Diámetro de los tornillos	Longitud de los tornillos
Un	B	C	D		E	F	G			
16"	25 1/2"	2 1/2"	18 1/2"	1 1/2"	19"		22 1/2"	20	1 3/8"	8 3/4"
18"	28"	2 5/8"	21"	1 1/2"	21"	14" hasta 42" están amuebladas en 12", 14", 16", 18" o 20" las longitudes del cubo	24 3/4"	24	1 3/8"	9"
20"	30 1/2"	2 3/4"	23"	1 9/16"	23 1/8"		27"	24	1 1/2"	9 3/4"
24"	36"	3"	27 1/4"	1 13/16"	27 5/8"		32"	24	1 3/4"	10 3/4"
30"	43"	4"	33 3/4"	2"	34"		39 1/4"	28	2"	13 1/4"
36"	50"	4 1/2"	40 1/4"	2 1/4"	40 1/2"		46"	32	2"	14 1/4"
42"	57"	5 1/8"	47"	2 5/16"	46 5/8"		52 3/4"	32	2 1/2"	16 1/2"

Despegar DIMINSIONS para 600# SOLDADURA DE BRIDA DE CUELLO LARGO

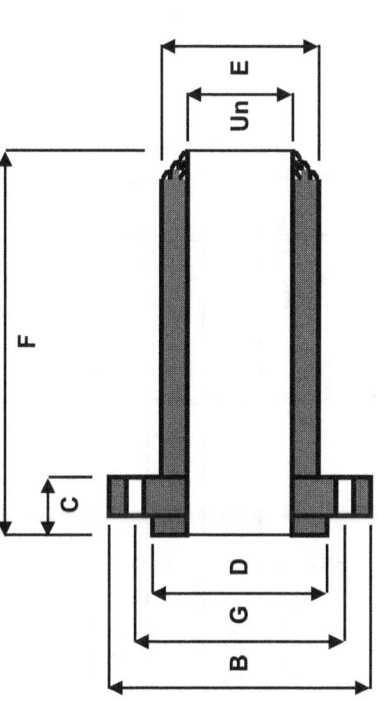

Tamaño y diámetro nominal de la tubería	D.e. de la brida	Espesor mínimo de la brida	Diámetro de cara elevada	Espesor de pared nominal	El diámetro del cubo	Longitud THRU HUB	Diámetro del círculo de pernos	Número de orificios	Diámetro de los tornillos	Longitud de los tornillos
Un	B	C	D		E	F	G			
1"	4 7/8"	11/16"	2"	9/16"	2 1/8"	9"	3 1/2"	4	5/8"	3 3/4"
1 1/4"	5 1/4"	13/16"	2 1/2"	5/8"	2 1/2"	9"	3 7/8"	4	5/8"	4"
1 1/2"	6 1/8"	7/8"	2 7/8"	5/8"	2 3/4"	9"	4 1/2"	4	3/4"	4 1/4"
2"	6 1/2"	1"	3 5/8"	5/8"	3 5/16"	9"	5"	8	5/8"	4 1/4"
2 1/2"	7 1/2"	1 1/8"	4 1/8"	3/4"	3 15/16"	9"	5 7/8"	8	3/4"	4 3/4"
3"	8 1/4"	1 1/4"	5"	13/16"	4 5/8"	9"	6 5/8"	8	3/4"	5"
4"	10 3/4"	1 1/2"	6 3/16"	1"	6"	12"	8 1/2"	8	7/8"	5 3/4"
5"	13"	1 3/4"	7 5/16"	1 1/4"	7 1/2"	12"	10 1/2"	8	1"	6 1/2"
6"	14"	1 7/8"	8 1/2"	1 3/8"	8 3/4"	12"	11 1/2"	12	1"	6 3/4"
8"	16 1/2"	2 3/16"	10 5/8"	1 3/8"	10 3/4"	12"	13 3/4"	12	1 1/8"	7 3/4"

Despegar DIMINSIONS para 600# SOLDADURA DE BRIDA DE CUELLO LARGO

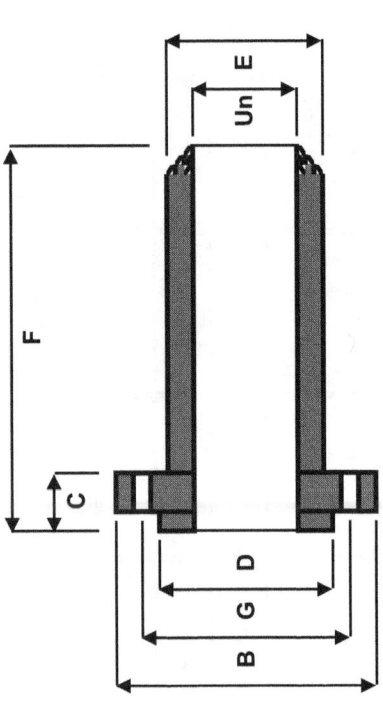

Tamaño y diámetro nominal de la tubería	D.e. de la brida	Espesor mínimo de la brida	Diámetro de cara elevada	Espesor de pared nominal	El diámetro del cubo	Longitud THRU HUB	Diámetro del círculo de pernos	Número de orificios	Diámetro de los tornillos	Longitud de los tornillos
Un	B	C	D		E	F	G			
10"	20"	2 1/2"	12 3/4"	1 3/4"	13 1/2"	12"	17"	16	1 1/4"	8 1/2"
12"	22"	2 5/8"	15"	1 7/8"	15 3/4"	12" hasta 42" están amuebladas en 12", 14", 16", 18" o 20" las longitudes del cubo	19 1/4"	20	1 1/4"	8 3/4"
14"	23 3/4"	2 3/4"	16 1/4"	1 1/2"	17"		20 3/4"	20	1 3/8"	9 1/4"
16"	27"	3"	18 1/2"	1 3/4"	19 1/2"		23 3/4"	20	1 1/2"	10"
18"	29 1/4"	3 1/4"	21"	1 3/4"	21 1/2"		25 3/4"	20	1 5/8"	10 3/4"
20"	32"	3 1/2"	23"	2"	24"		28 1/2"	24	1 5/8"	11 1/2"
24"	37"	4"	27 1/4"	2 1/8"	28 1/4"		33"	24	1 7/8"	13"
30"	44 1/2"	4 1/2"	33 3/4"	2 3/8"	34 3/4"		40 1/4"	28	2"	14 1/4"
36"	51 3/4"	4 7/8"	40 1/4"	2 7/16"	40 7/8"		47"	28	2 1/2"	16"
42"	58 3/4"	5 1/2"	47"	2 1/2"	47"		53 3/4"	28	2 3/4"	17 3/4"

Despegar DIMINSIONS 900# PARA SOLDADURA DE BRIDA DE CUELLO LARGO

Para tamaños de 2 1/2" y menor uso de 1500# largo bridas con cuello de soldadura

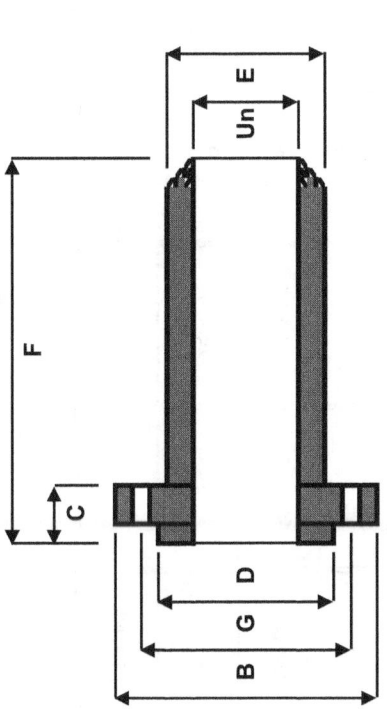

Tamaño y diámetro nominal de la tubería	D.e. de la brida	Espesor mínimo de la brida	Diámetro de cara elevada	Espesor de pared nominal	El diámetro del cubo	Longitud THRU HUB	Diámetro del círculo de pernos	Número de orificios	Diámetro de los tornillos	Longitud de los tornillos
Un	B	C	D		E	F	G			
3"	9 1/2"	1 1/2"	5"	1"	5"	12"	7 1/2"	8	7/8"	5 3/4"
4"	11 1/2"	1 3/4"	6 3/16"	1 1/8"	6 1/4"	12"	9 1/4"	8	1 1/8"	6 3/4"
5"	13 3/4"	2"	7 5/16"	1 1/4"	7 1/2"	12"	11"	8	1 1/4"	7 1/2"
6"	15"	2 3/16"	8 1/2"	1 5/8"	9 1/4"	12"	12 1/2"	12	1 1/8"	7 3/4"
8"	18 1/2"	2 1/2"	10 5/8"	1 7/8"	11 3/4"	12"	15 1/2"	12	1 3/8"	8 3/4"
10"	21 1/2"	2 3/4"	12 3/4"	2 1/4"	14 1/2"	16"	18 1/2"	16	1 3/8"	9 1/4"
12"	24"	3 1/8"	15"	2 1/4"	16 1/2"	16"	21"	20	1 3/8"	10"

Despegar DIMINSIONS 900# PARA SOLDADURA DE BRIDA DE CUELLO LARGO

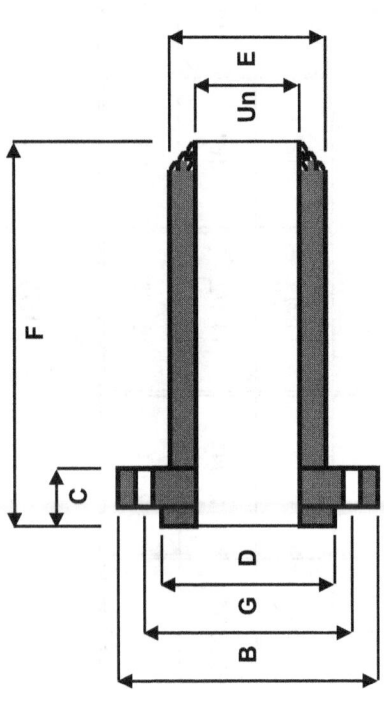

Tamaño y diámetro nominal de la tubería	D.e. de la brida	Espesor mínimo de la brida	Diámetro de cara elevada	Espesor de pared nominal	El diámetro del cubo	Longitud THRU HUB	Diámetro del círculo de pernos	Número de orificios	Diámetro de los tornillos	Longitud de los tornillos
Un	B	C	D		E	F	G			
14"	25 1/4"	3 3/8"	16 1/4"	1 7/8"	17 3/4"		22"	20	1 1/2"	10 3/4"
16"	27 3/4"	3 1/2"	18 1/2"	2"	20"		24 1/4"	20	1 5/8"	11 1/4"
18"	31"	4"	21"	2 1/8"	22 1/4"	14" hasta 36" están amuebladas en 12", 14", 16", 18" o 20" las longitudes del cubo	27"	20	1 7/8"	13"
20"	33 3/4"	4 1/4"	23"	2 1/4"	24 1/2"		29 1/2"	20	2"	13 3/4"
24"	41"	5 1/2"	27 1/4"	2 3/4"	29 1/2"		35 1/2"	20	2 1/2"	17 1/4"
30"	48 1/2"	5 7/8"	33 3/4"	2 3/4"	35 1/2"		42 3/4"	20	3"	19"
36"	57 1/2"	6 3/4"	40 1/4"	3 1/8"	42 1/4"		50 3/4"	20	3 1/2"	21 3/4"

Despegar DIMINSIONS PARA 1500# SOLDADURA DE BRIDA DE CUELLO LARGO

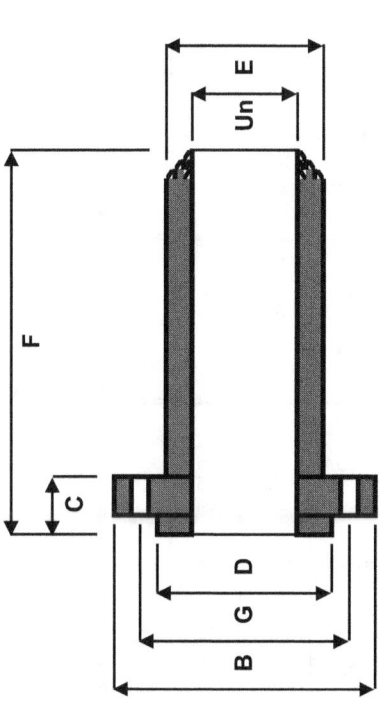

Tamaño y diámetro nominal de la tubería	D.e. de la brida	Espesor mínimo de la brida	Diámetro de cara elevada	Espesor de pared nominal	El diámetro del cubo	Longitud THRU HUB	Diámetro del círculo de pernos	Número de orificios	Diámetro de los tornillos	Longitud de los tornillos
Un	B	C	D		E	F	G			
1"	5 7/8"	1 1/8"	2"	9/16"	2 1/16"	9"	4"	4	7/8"	5"
1 1/4"	6 1/4"	1 1/8"	2 1/2"	5/8"	2 1/2"	9"	4 3/8"	4	7/8"	5"
1 1/2"	7"	1 1/4"	2 7/8"	5/8"	2 3/4"	9"	4 7/8"	4	1"	5 1/2"
2"	8 1/2"	1 1/2"	3 5/8"	1 1/16"	4 1/8"	9"	6 1/2"	8	7/8"	5 3/4"
2 1/2"	9 5/8"	1 5/8"	4 1/8"	1 3/16"	4 7/8"	12"	7 1/2"	8	1"	6 1/4"
3"	10 1/2"	1 7/8"	5"	1 1/8"	5 1/4"	12"	8"	8	1 1/8"	7"
4"	12 1/4"	2 1/8"	6 3/16"	1 3/16"	6 3/8"	12"	9 1/2"	8	1 1/4"	7 3/4"
5"	14 3/4"	2 7/8"	7 5/16"	1 3/8"	7 3/4"	12"	11 1/2"	8	1 1/2"	9 3/4"
6"	15 1/2"	3 1/4"	8 1/2"	1 1/2"	9"	12"	12 1/2"	12	1 3/8"	10 1/4"

155

Despegar DIMINSIONS PARA 1500# SOLDADURA DE BRIDA DE CUELLO LARGO

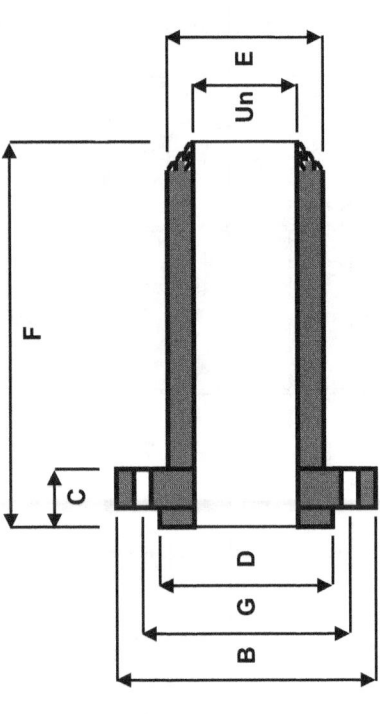

Tamaño y diámetro nominal de la tubería	D.e. de la brida	Espesor mínimo de la brida	Diámetro de cara elevada	Espesor de pared nominal	El diámetro del cubo	Longitud THRU HUB	Diámetro del círculo de pernos	Número de orificios	Diámetro de los tornillos	Longitud de los tornillos
Un	B	C	D		E	F	G			
8"	19"	3 5/8"	10 5/8"	1 3/4"	11 1/2"	12"	15 1/2"	12	1 5/8"	11 1/2"
10"	23"	4 1/4"	12 3/4"	2 1/4"	14 1/2"	16"	19"	12	1 7/8"	13 1/2"
12"	26 1/2"	4 7/8"	15"	2 7/8"	17 3/4"	16"	22 1/2"	16	2"	15"
14"	29 1/2"	5 1/4"	16 1/4"	2 3/4"	19 1/2"	14" a 24" están amuebladas en 12", 14", 16", 18" o 20" las longitudes del cubo	25"	16	2 1/4"	16 1/4"
16"	32 1/2"	5 3/4"	18 1/2"	2 7/8"	21 3/4"		27 3/4"	16	2 1/2"	17 3/4"
18"	36"	6 3/8"	21"	2 3/4"	23 1/2"		30 1/2"	16	2 3/4"	19 1/2"
20"	38 3/4"	7"	23"	2 5/8"	25 1/4"		32 3/4"	16	3"	21 1/4"
24"	46"	8"	27 1/4"	3"	30"		39"	16	3 1/2"	24 1/4"

Despegar DIMINSIONS PARA 2500# SOLDADURA DE BRIDA DE CUELLO LARGO

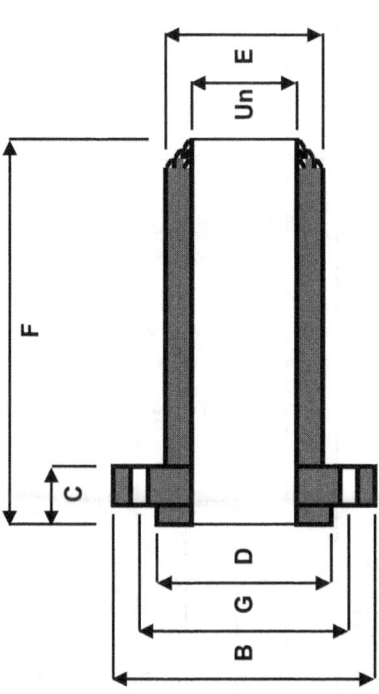

Tamaño y diámetro nominal de la tubería	D.e. de la brida	Espesor mínimo de la brida	Diámetro de cara elevada	Espesor de pared nominal	El diámetro del cubo	Longitud THRU HUB	Diámetro del círculo de pernos	Número de orificios	Diámetro de los tornillos	Longitud de los tornillos
Un	**B**	**C**	**D**		**E**	**F**	**G**			
1"	6 1/4"	1 3/8"	2"	5/8"	2 1/4"	9"	4 1/4"	4	7/8"	5 1/2"
1 1/4"	7 1/4"	1 1/2"	2 1/2"	13/16"	2 7/8"	9"	5 1/8"	4	1"	6"
1 1/2"	8"	1 3/4"	2 7/8"	13/16"	3 1/8"	9"	5 3/4"	4	1 1/8"	6 3/4"
2"	9 1/4"	2"	3 5/8"	7/8"	3 3/4"	9"	6 3/4"	8	1"	7"
2 1/2"	10 1/2"	2 1/4"	4 1/8"	1"	4 1/2"	12"	7 3/4"	8	1 1/8"	7 3/4"
3"	12"	2 5/8"	5"	1 1/8"	5 1/4"	12"	9"	8	1 1/4"	8 3/4"
4"	14"	3"	6 3/16"	1 1/4"	6 1/2"	12"	10 3/4"	8	1 1/2"	10"
5"	16 1/2"	3 5/8"	7 5/16"	1 1/2"	8"	12"	12 3/4"	8	1 3/4"	11 3/4"
6"	19"	4 1/4"	8 1/2"	1 5/8"	9 1/4"	12"	14 1/2"	8	2"	13 3/4"
8"	21 3/4"	5"	10 5/8"	2"	12"	12"	17 1/4"	12	2"	15 1/4"
10"	26 1/2"	6 1/2"	12 3/4"	2 3/8"	14 3/4"	16"	21 1/4"	12	2 1/2"	19 1/4"
12"	30"	7 1/4"	15"	2 11/16"	17 3/8"	16"	24 3/8"	12	2 3/4"	21 1/4"

157

GROOVE Y ANILLO 150# Información de las bridas de las juntas de anillo
Para el diámetro y la longitud de los pernos de brida estándar de uso gráfico

Soldadura de brida de cuello — Deslizamiento sobre & brida roscada — Anillo OVAL — Anillo octogonal — GROOVE

Tamaño nominal de la tubería	Diámetro del anillo de Pitch & Groove	La anchura del anillo	La altura de la corona		Ancho de piso en anillos octogonal	Ancho de ranura	Profundidad de ranura	DIAM de cara elevada para el conjunto de anillo o lapeado	Número de anillo
			Óvalo	Octágono					
	Un	B	C	D	E	F	G	H	
1"	1 7/8"	5/16"	9/16"	1/2"	7/32"	11/32"	1/4"	2 1/2"	R - 15
1 1/4"	2 1/4"	5/16"	9/16"	1/2"	7/32"	11/32"	1/4"	2 7/8"	R - 17
1 1/2"	2 9/16"	5/16"	9/16"	1/2"	7/32"	11/32"	1/4"	3 1/4"	R - 19
2"	3 1/4"	5/16"	9/16"	1/2"	7/32"	11/32"	1/4"	4"	R - 22
2 1/2"	4"	5/16"	9/16"	1/2"	7/32"	11/32"	1/4"	4 3/4"	R - 25
3"	4 1/2"	5/16"	9/16"	1/2"	7/32"	11/32"	1/4"	5 1/4"	R - 29
4"	5 7/8"	5/16"	9/16"	1/2"	7/32"	11/32"	1/4"	6 3/4"	R - 36
5"	6 3/4"	5/16"	9/16"	1/2"	7/32"	11/32"	1/4"	7 5/8"	R - 40
6"	7 5/8"	5/16"	9/16"	1/2"	7/32"	11/32"	1/4"	8 5/8"	R - 43
8"	9 3/4"	5/16"	9/16"	1/2"	7/32"	11/32"	1/4"	10 3/4"	R - 48
10"	12"	5/16"	9/16"	1/2"	7/32"	11/32"	1/4"	13"	R - 52

158

GROOVE Y ANILLO 150# Información de las bridas de las juntas de anillo
Para el diámetro y la longitud de los pernos de brida estándar de uso gráfico

Soldadura de brida de cuello — Deslizamiento sobre & brida roscada

Anillo OVAL   Anillo octogonal   GROOVE

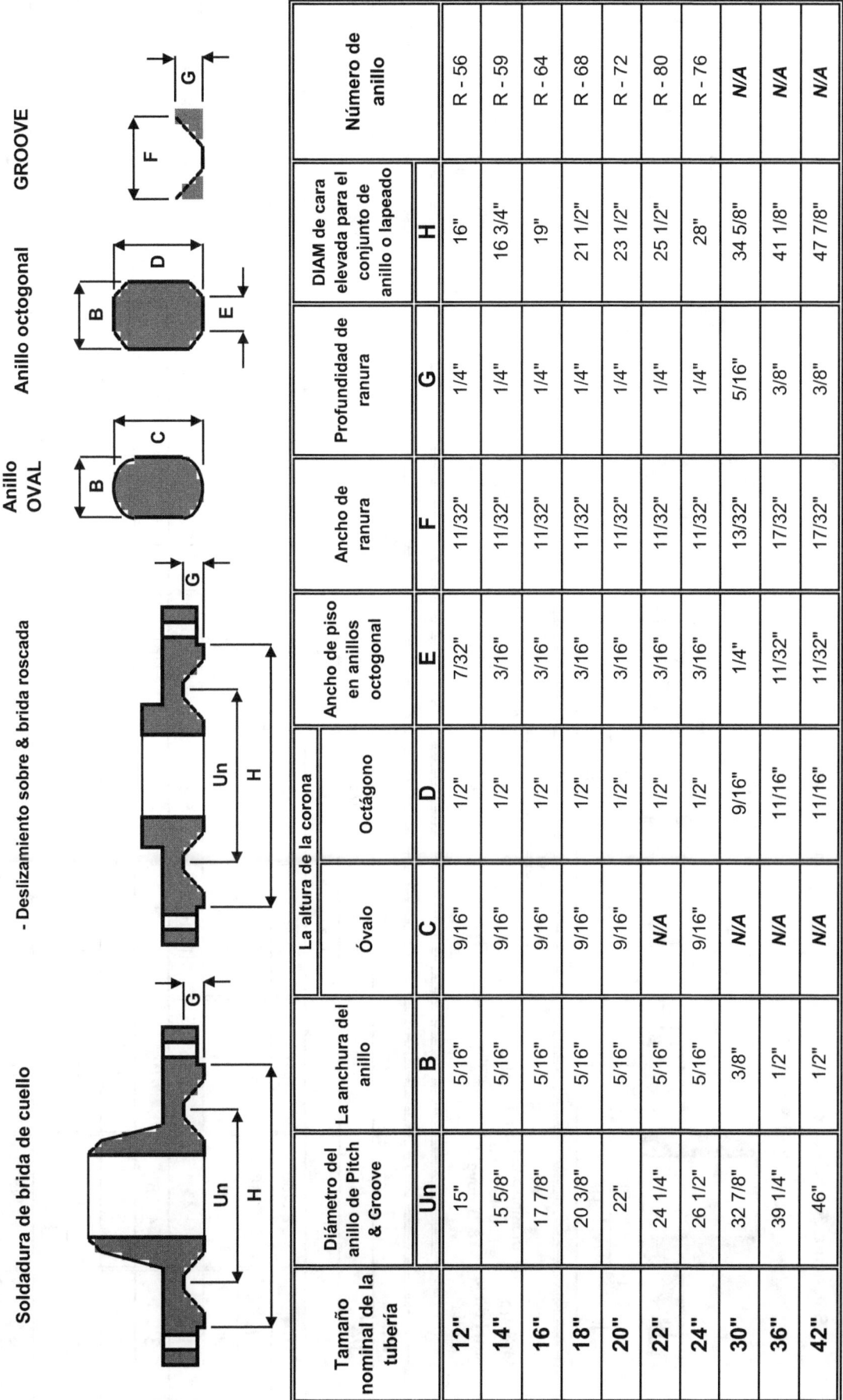

Tamaño nominal de la tubería	Diámetro del anillo de Pitch & Groove	La anchura del anillo	La altura de la corona		Ancho de piso en anillos octogonal	Ancho de ranura	Profundidad de ranura	DIAM de cara elevada para el conjunto de anillo o lapeado	Número de anillo
			Óvalo	Octágono					
	Un	B	C	D	E	F	G	H	
12"	15"	5/16"	9/16"	1/2"	7/32"	11/32"	1/4"	16"	R - 56
14"	15 5/8"	5/16"	9/16"	1/2"	3/16"	11/32"	1/4"	16 3/4"	R - 59
16"	17 7/8"	5/16"	9/16"	1/2"	3/16"	11/32"	1/4"	19"	R - 64
18"	20 3/8"	5/16"	9/16"	1/2"	3/16"	11/32"	1/4"	21 1/2"	R - 68
20"	22"	5/16"	9/16"	1/2"	3/16"	11/32"	1/4"	23 1/2"	R - 72
22"	24 1/4"	5/16"	N/A	1/2"	3/16"	11/32"	1/4"	25 1/2"	R - 80
24"	26 1/2"	5/16"	9/16"	1/2"	3/16"	11/32"	1/4"	28"	R - 76
30"	32 7/8"	3/8"	N/A	9/16"	1/4"	13/32"	5/16"	34 5/8"	N/A
36"	39 1/4"	1/2"	N/A	11/16"	11/32"	17/32"	3/8"	41 1/8"	N/A
42"	46"	1/2"	N/A	11/16"	11/32"	17/32"	3/8"	47 7/8"	N/A

La ranura y el anillo información para 300, 400 y 600# las bridas de las juntas de anillo
Para el diámetro y la longitud de los pernos de brida estándar de uso gráfico

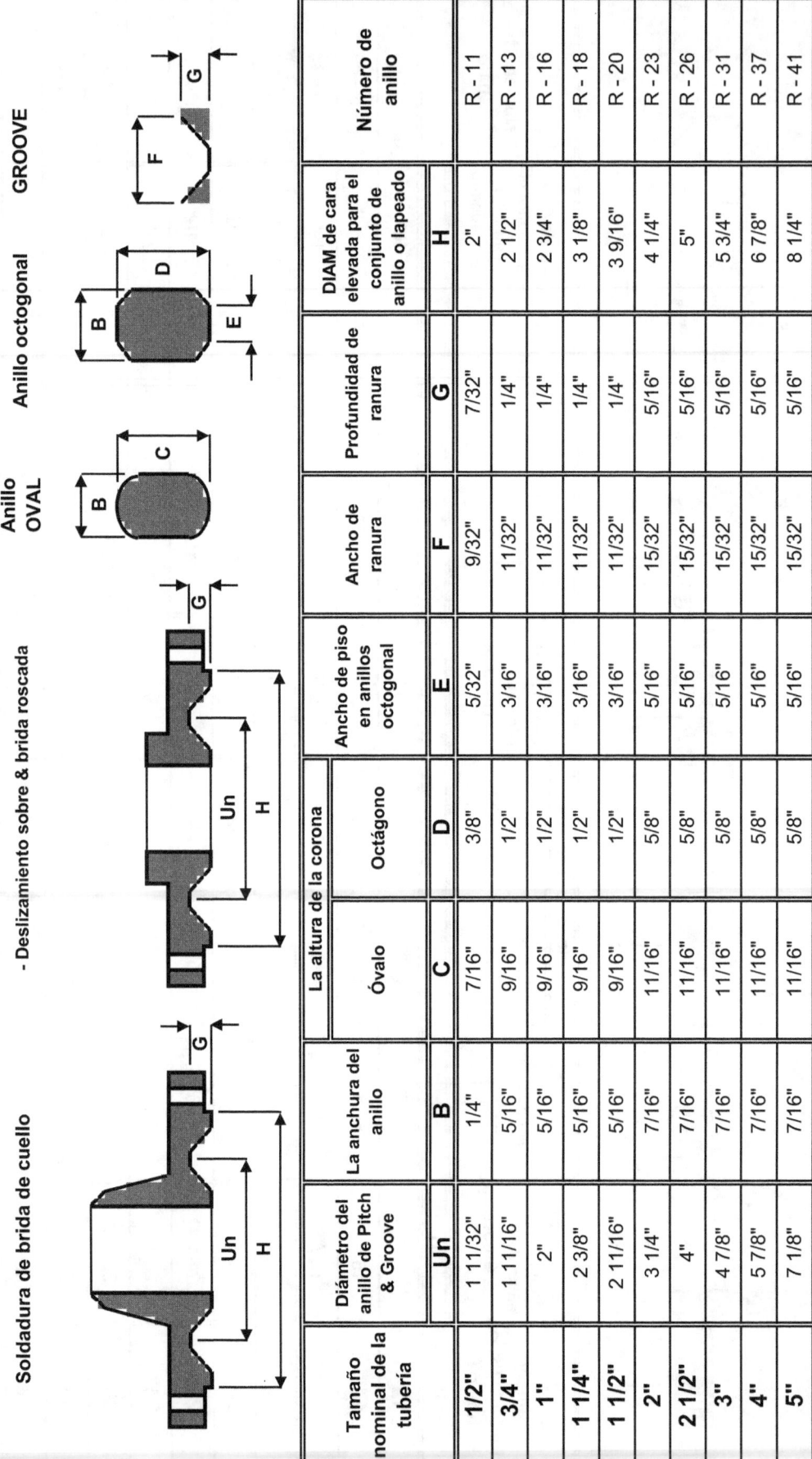

Soldadura de brida de cuello — Deslizamiento sobre & brida roscada   Anillo OVAL   Anillo octogonal   GROOVE

Tamaño nominal de la tubería	Diámetro del anillo de Pitch & Groove	La anchura del anillo	La altura de la corona		Ancho de piso en anillos octogonal	Ancho de ranura	Profundidad de ranura	DIAM de cara elevada para el conjunto de anillo o lapeado	Número de anillo
			Óvalo	Octágono					
	Un	B	C	D	E	F	G	H	
1/2"	1 11/32"	1/4"	7/16"	3/8"	5/32"	9/32"	7/32"	2"	R - 11
3/4"	1 11/16"	5/16"	9/16"	1/2"	3/16"	11/32"	1/4"	2 1/2"	R - 13
1"	2"	5/16"	9/16"	1/2"	3/16"	11/32"	1/4"	2 3/4"	R - 16
1 1/4"	2 3/8"	5/16"	9/16"	1/2"	3/16"	11/32"	1/4"	3 1/8"	R - 18
1 1/2"	2 11/16"	5/16"	9/16"	1/2"	3/16"	11/32"	1/4"	3 9/16"	R - 20
2"	3 1/4"	7/16"	11/16"	5/8"	5/16"	15/32"	5/16"	4 1/4"	R - 23
2 1/2"	4"	7/16"	11/16"	5/8"	5/16"	15/32"	5/16"	5"	R - 26
3"	4 7/8"	7/16"	11/16"	5/8"	5/16"	15/32"	5/16"	5 3/4"	R - 31
4"	5 7/8"	7/16"	11/16"	5/8"	5/16"	15/32"	5/16"	6 7/8"	R - 37
5"	7 1/8"	7/16"	11/16"	5/8"	5/16"	15/32"	5/16"	8 1/4"	R - 41
6"	8 5/16"	7/16"	11/16"	5/8"	5/16"	15/32"	5/16"	9 1/2"	R - 45
8"	10 5/8"	7/16"	11/16"	5/8"	5/16"	15/32"	5/16"	11 7/8"	R - 49

La ranura y el anillo información para 300, 400 y 600# las bridas de las juntas de anillo
Para el diámetro y la longitud de los pernos de brida estándar de uso gráfico

Soldadura de brida de cuello   - Deslizamiento sobre & brida roscada   Anillo OVAL   Anillo octogonal   GROOVE

Tamaño nominal de la tubería	Diámetro del anillo de Pitch & Groove	La anchura del anillo	La altura de la corona		Ancho de piso en anillos octogonal	Ancho de ranura	Profundidad de ranura	DIAM de cara elevada para el conjunto de anillo o lapeado	Número de anillo
			Óvalo	Octágono					
	Un	B	C	D	E	F	G	H	
10"	12 3/4"	7/16"	11/16"	5/8"	5/16"	15/32"	5/16"	14"	R - 53
12"	15"	7/16"	11/16"	5/8"	5/16"	15/32"	5/16"	16 1/4"	R - 57
14"	16 1/2"	7/16"	11/16"	5/8"	5/16"	15/32"	5/16"	18"	R - 61
16"	18 1/2"	7/16"	11/16"	5/8"	5/16"	15/32"	5/16"	20"	R - 65
18"	21"	7/16"	11/16"	5/8"	5/16"	15/32"	5/16"	22 5/8"	R - 69
20"	23"	1/2"	3/4"	11/16"	11/32"	17/32"	3/8"	25"	R - 73
22"	25"	9/16"	N/A	3/4"	3/8"	19/32"	7/16"	27"	R - 81
24"	27 1/4"	5/8"	7/8"	13/16"	13/32"	21/32	7/16"	29 1/2"	R - 77
30"	33 3/4"	3/4"	N/A	15/16"	1/2"	25/32"	1/2"	36 1/8"	R - 95
36"	40 1/4"	7/8"	N/A	1 1/16"	19/32"	29/32"	9/16"	43"	R - 98
42"	47"	1"	N/A	1 1/4"	11/16"	1 1/16"	5/8"	50 3/16"	N/A

GROOVE Y ANILLO PARA 900# Información de las bridas de las juntas de anillo

Para tamaños de 2 1/2" y menor uso de 1500# las bridas de las juntas de anillo

Para el diámetro y la longitud de los pernos de brida estándar de uso gráfico

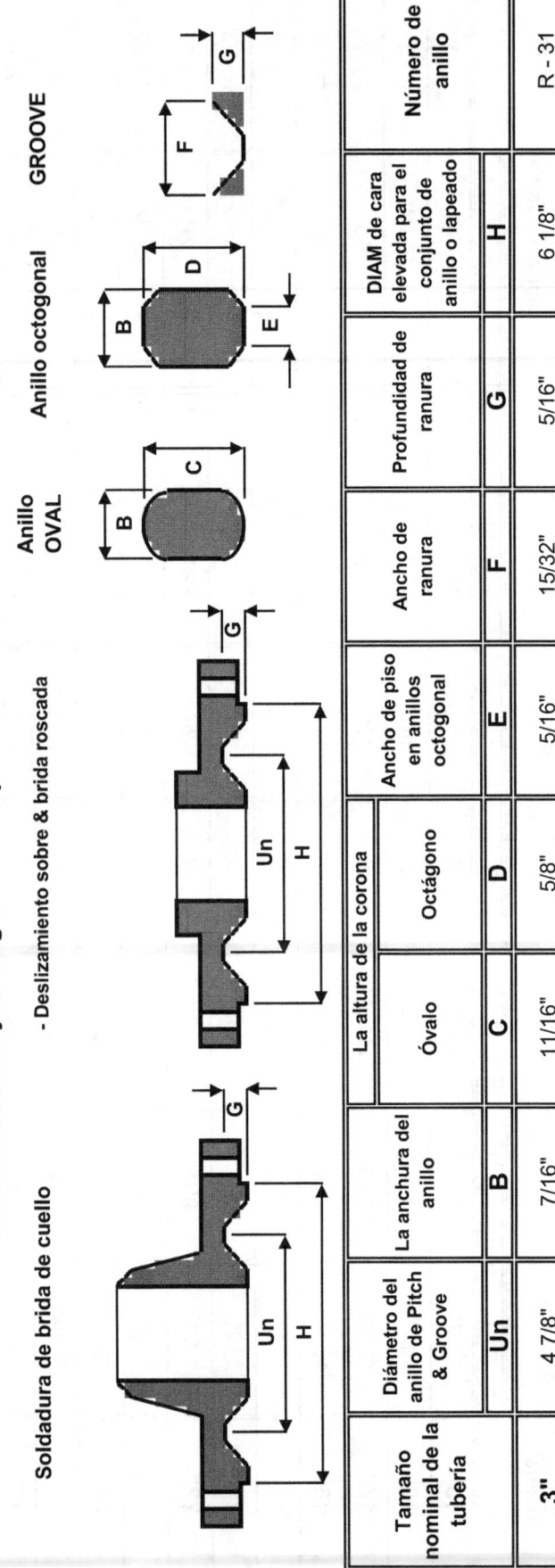

Soldadura de brida de cuello — Deslizamiento sobre & brida roscada

Anillo OVAL · Anillo octogonal · GROOVE

Tamaño nominal de la tubería	Diámetro del anillo de Pitch & Groove	La anchura del anillo	La altura de la corona		Ancho de piso en anillos octogonal	Ancho de ranura	Profundidad de ranura	DIAM de cara elevada para el conjunto de anillo o lapeado	Número de anillo
			Óvalo	Octágono					
	Un	B	C	D	E	F	G	H	
3"	4 7/8"	7/16"	11/16"	5/8"	5/16"	15/32"	5/16"	6 1/8"	R - 31
4"	5 7/8"	7/16"	11/16"	5/8"	5/16"	15/32"	5/16"	7 1/8"	R - 37
5"	7 1/8"	7/16"	11/16"	5/8"	5/16"	15/32"	5/16"	8 1/2"	R - 41
6"	8 5/16"	7/16"	11/16"	5/8"	5/16"	15/32"	5/16"	9 1/2"	R - 45
8"	10 5/8"	7/16"	11/16"	5/8"	5/16"	15/32"	5/16"	12 1/8"	R - 49
10"	12 3/4"	7/16"	11/16"	5/8"	5/16"	15/32"	5/16"	14 1/4"	R - 53
12"	15"	7/16"	11/16"	5/8"	5/16"	15/32"	5/16"	16 1/2"	R - 57

GROOVE Y ANILLO PARA 900# Información de las bridas de las juntas de anillo
Para el diámetro y la longitud de los pernos de brida estándar de uso gráfico

Soldadura de brida de cuello — Deslizamiento sobre & brida roscada   Anillo OVAL   Anillo octogonal   GROOVE

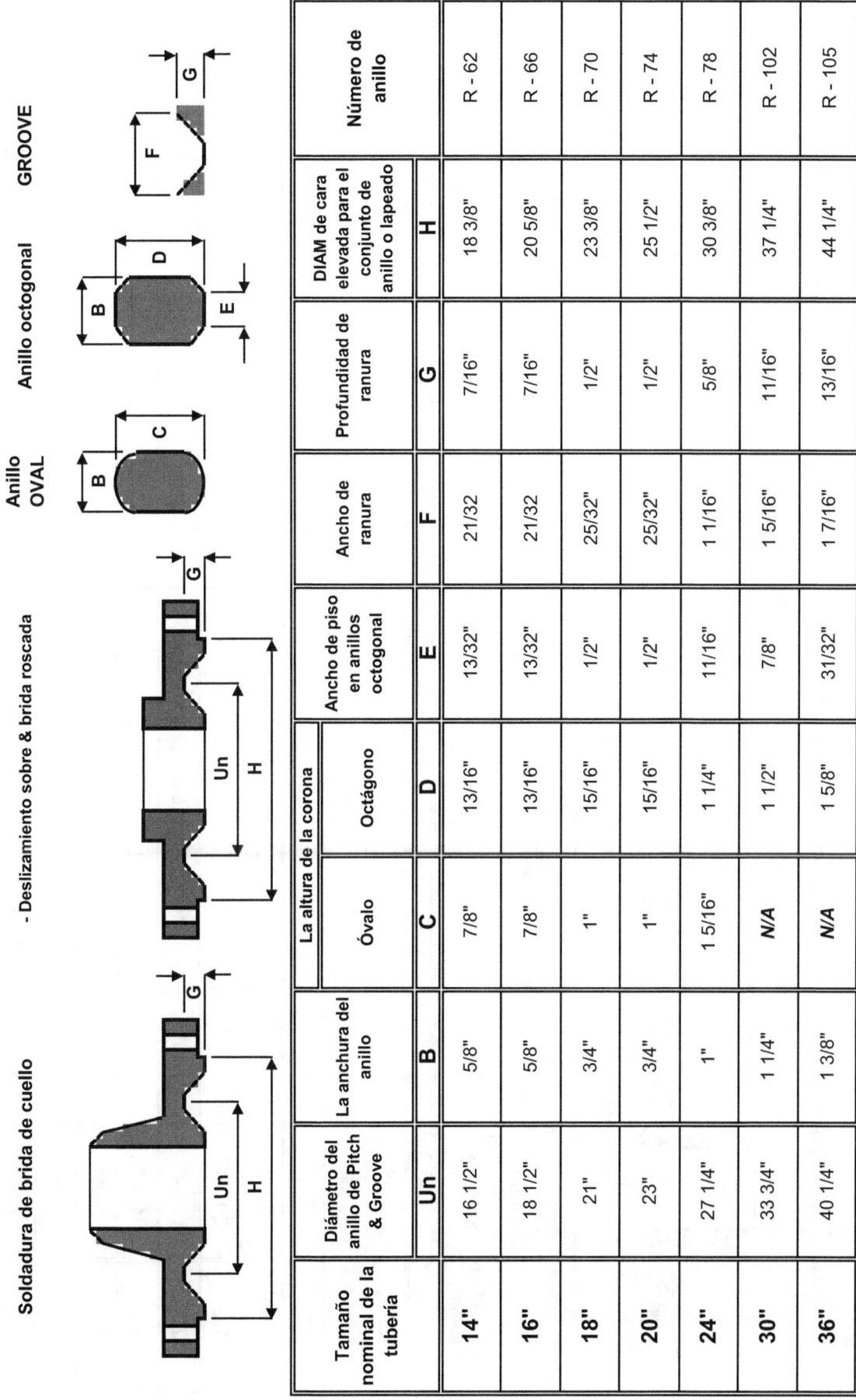

Tamaño nominal de la tubería	Diámetro del anillo de Pitch & Groove	La anchura del anillo	La altura de la corona		Ancho de piso en anillos octogonal	Ancho de ranura	Profundidad de ranura	DIAM de cara elevada para el conjunto de anillo o lapeado	Número de anillo
			Óvalo	Octágono					
	Un	B	C	D	E	F	G	H	
14"	16 1/2"	5/8"	7/8"	13/16"	13/32"	21/32	7/16"	18 3/8"	R - 62
16"	18 1/2"	5/8"	7/8"	13/16"	13/32"	21/32	7/16"	20 5/8"	R - 66
18"	21"	3/4"	1"	15/16"	1/2"	25/32"	1/2"	23 3/8"	R - 70
20"	23"	3/4"	1"	15/16"	1/2"	25/32"	1/2"	25 1/2"	R - 74
24"	27 1/4"	1"	1 5/16"	1 1/4"	11/16"	1 1/16"	5/8"	30 3/8"	R - 78
30"	33 3/4"	1 1/4"	N/A	1 1/2"	7/8"	1 5/16"	11/16"	37 1/4"	R - 102
36"	40 1/4"	1 3/8"	N/A	1 5/8"	31/32"	1 7/16"	13/16"	44 1/4"	R - 105

La ranura y el anillo información para 1500# las bridas de las juntas de anillo
Para el diámetro y la longitud de los pernos de brida estándar de uso gráfico

Soldadura de brida de cuello — Deslizamiento sobre & brida roscada

Anillo OVAL   Anillo octogonal   GROOVE

Tamaño nominal de la tubería	Diámetro del anillo de Pitch & Groove	La anchura del anillo	La altura de la corona		Ancho de piso en anillos octogonal	Ancho de ranura	Profundidad de ranura	DIAM de cara elevada para el conjunto de anillo o lapeado	Número de anillo
			Óvalo	Octágono					
	Un	B	C	D	E	F	G	H	
1/2"	1 9/16"	5/16"	9/16"	1/2"	3/16"	11/32"	1/4"	2 3/8"	R - 12
3/4"	1 3/4"	5/16"	9/16"	1/2"	3/16"	11/32"	1/4"	2 5/8"	R - 14
1"	2"	5/16"	9/16"	1/2"	3/16"	11/32"	1/4"	2 13/16"	R - 16
1 1/4"	2 3/8"	5/16"	9/16"	1/2"	3/16"	11/32"	1/4"	3 3/16"	R - 18
1 1/2"	2 11/16"	5/16"	9/16"	1/2"	3/16"	11/32"	1/4"	3 5/8"	R - 20
2"	3 3/4"	7/16"	11/16"	5/8"	5/16"	15/32"	5/16"	4 7/8"	R - 24
2 1/2"	4 1/4"	7/16"	11/16"	5/8"	5/16"	15/32"	5/16"	5 3/8"	R - 27
3"	5 3/8"	7/16"	11/16"	5/8"	5/16"	15/32"	5/16"	6 5/8"	R - 35
4"	6 3/8"	7/16"	11/16"	5/8"	5/16"	15/32"	5/16"	7 5/8"	R - 39
5"	7 5/8"	7/16"	11/16"	5/8"	5/16"	15/32"	5/16"	9"	R - 44

164

La ranura y el anillo información para 1500# las bridas de las juntas de anillo
Para el diámetro y la longitud de los pernos de brida estándar de uso gráfico

Soldadura de brida de cuello   - Deslizamiento sobre & brida roscada   Anillo OVAL   Anillo octogonal   GROOVE

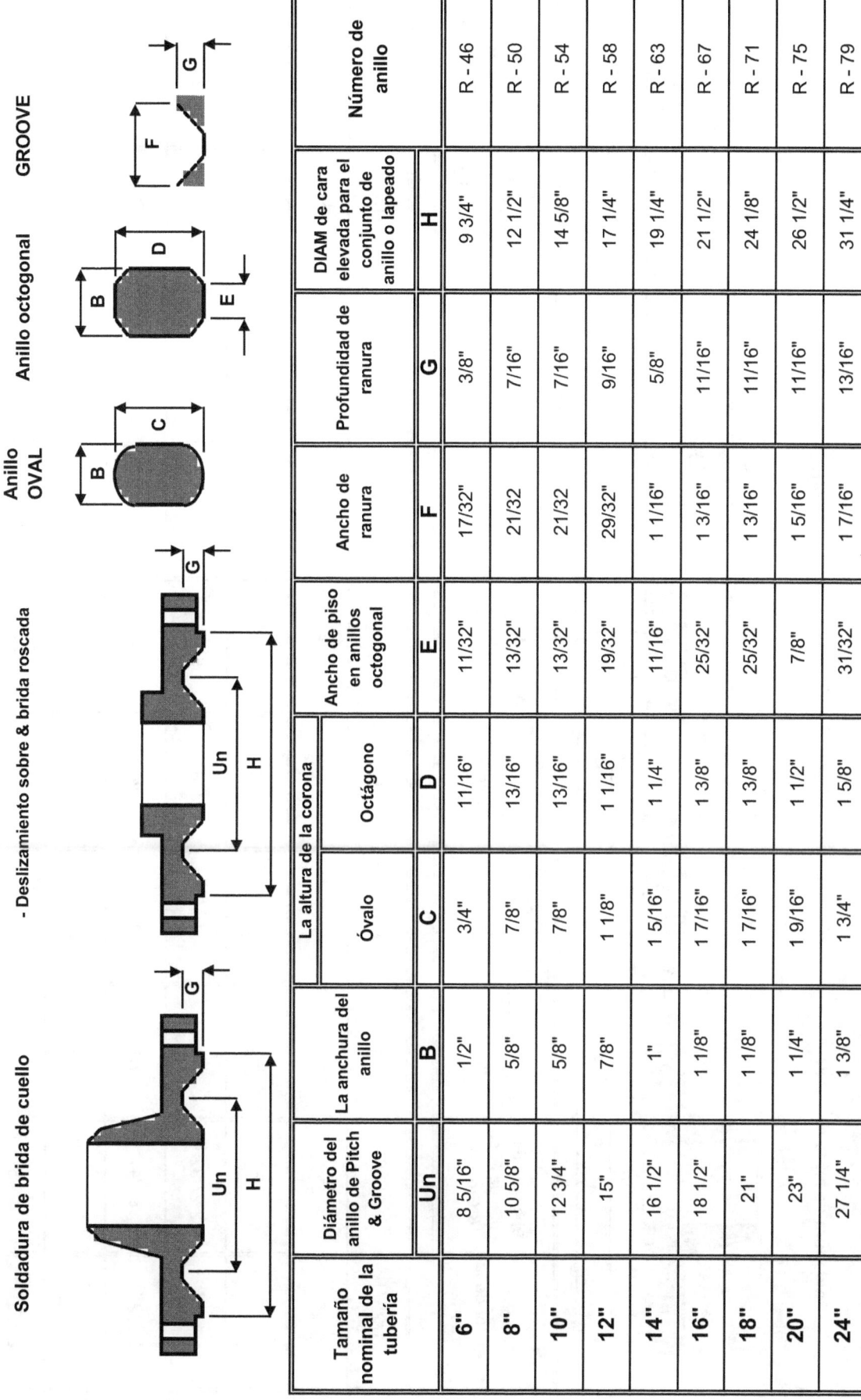

Tamaño nominal de la tubería	Diámetro del anillo de Pitch & Groove	La anchura del anillo	La altura de la corona		Ancho de piso en anillos octogonal	Ancho de ranura	Profundidad de ranura	DIAM de cara elevada para el conjunto de anillo o lapeado	Número de anillo
			Óvalo	Octágono					
	Un	B	C	D	E	F	G	H	
6"	8 5/16"	1/2"	3/4"	11/16"	11/32"	17/32"	3/8"	9 3/4"	R - 46
8"	10 5/8"	5/8"	7/8"	13/16"	13/32"	21/32	7/16"	12 1/2"	R - 50
10"	12 3/4"	5/8"	7/8"	13/16"	13/32"	21/32	7/16"	14 5/8"	R - 54
12"	15"	7/8"	1 1/8"	1 1/16"	19/32"	29/32"	9/16"	17 1/4"	R - 58
14"	16 1/2"	1"	1 5/16"	1 1/4"	11/16"	1 1/16"	5/8"	19 1/4"	R - 63
16"	18 1/2"	1 1/8"	1 7/16"	1 3/8"	25/32"	1 3/16"	11/16"	21 1/2"	R - 67
18"	21"	1 1/8"	1 7/16"	1 3/8"	25/32"	1 3/16"	11/16"	24 1/8"	R - 71
20"	23"	1 1/4"	1 9/16"	1 1/2"	7/8"	1 5/16"	11/16"	26 1/2"	R - 75
24"	27 1/4"	1 3/8"	1 3/4"	1 5/8"	31/32"	1 7/16"	13/16"	31 1/4"	R - 79

La ranura y el anillo información para 2500# las bridas de las juntas de anillo
Para el diámetro y la longitud de los pernos de brida estándar de uso gráfico

Soldadura de brida de cuello — Deslizamiento sobre & brida roscada

Anillo OVAL   Anillo octogonal   GROOVE

| Tamaño nominal de la tubería | Diámetro del anillo de Pitch & Groove | La anchura del anillo | La altura de la corona | | Ancho de piso en anillos octogonal | Ancho de ranura | Profundidad de ranura | DIAM de cara elevada para el conjunto de anillo o lapeado | Número de anillo |
| | | | Óvalo | Octágono | | | | | |
	Un	B	C	D	E	F	G	H	
1/2"	1 11/16"	5/16"	9/16"	1/2"	3/16"	11/32"	1/4"	2 9/16"	R - 13
3/4"	2"	5/16"	9/16"	1/2"	3/16"	11/32"	1/4"	2 7/8"	R - 16
1"	2 3/8"	5/16"	9/16"	1/2"	3/16"	11/32"	1/4"	3 1/4'	R - 18
1 1/4"	2 27/32"	7/16"	11/16"	5/8"	5/16"	15/32"	5/16"	4"	R - 21
1 1/2"	3 1/4"	7/16"	11/16"	5/8"	5/16"	15/32"	5/16"	4 1/2"	R - 23
2"	4"	7/16"	11/16"	5/8"	5/16"	15/32"	5/16"	5 1/4"	R - 26
2 1/2"	4 3/8"	1/2"	3/4"	11/16"	11/32"	17/32"	3/8"	5 7/8"	R - 28

166

La ranura y el anillo información para 2500# las bridas de las juntas de anillo
Para el diámetro y la longitud de los pernos de brida estándar de uso gráfico

Soldadura de brida de cuello   - Deslizamiento sobre & brida roscada

Anillo OVAL   Anillo octogonal   GROOVE

Tamaño nominal de la tubería	Diámetro del anillo de Pitch & Groove	La anchura del anillo	La altura de la corona		Ancho de piso en anillos octogonal	Ancho de ranura	Profundidad de ranura	DIAM de cara elevada para el conjunto de anillo o lapeado	Número de anillo
			Óvalo	Octágono					
	Un	B	C	D	E	F	G	H	
3"	5"	1/2"	3/4"	11/16"	11/32"	17/32"	3/8"	6 5/8"	R - 32
4"	6 3/16"	5/8"	7/8"	13/16"	13/32"	21/32	7/16"	8"	R - 38
5"	7 1/2"	3/4"	1"	15/16"	1/2"	25/32"	1/2"	9 1/2"	R - 42
6"	9"	3/4"	1"	15/16"	1/2"	25/32"	1/2"	11"	R - 47
8"	11"	7/8"	1 1/8"	1 1/16"	19/32"	29/32"	9/16"	13 3/8"	R - 51
10"	13 1/2"	1 1/8"	1 7/16"	1 3/8"	25/32"	1 3/16"	11/16"	16 3/4"	R - 55
12"	16"	1 1/4"	1 9/16"	1 1/2"	7/8"	1 5/16"	11/16"	19 1/2"	R - 60

167

Horario de máxima admisible de la presión de prueba hidrostática (PSIG)
La lista de prueba de grosor ciega

Tamaño nominal de la tubería

Placa del THK	2"	3"	4"	6"	8"	10"	12"	14"	16"	18"	20"	24"	30"	36"
1/4"	2,013	931	563	260	153	99	70	58	45	35	29	20	13	9
3/8"	4,528	2,094	1,267	585	345	222	158	131	100	79	64	45	29	20
1/2"	8,050	3,722	2,252	1,041	614	395	281	233	178	141	114	79	51	35
5/8"	12,579	5,816	3,519	1,626	959	617	438	364	278	220	178	124	79	55
3/4"		8,376	5,067	2,341	1,381	888	631	523	401	317	257	178	114	79
7/8"			6,896	3,187	1,879	1,208	859	713	546	431	349	242	155	108
1"			9,007	4,162	2,455	1,578	1,122	931	713	563	456	317	203	141
1 1/8"				5,268	3,107	1,998	1,420	1,178	902	713	577	401	257	178
1 1/4"				6,503	3,836	2,466	1,753	1,454	1,113	880	713	495	317	220
1 3/8"				7,869	4,641	2,984	2,121	1,759	1,347	1,064	862	599	383	266
1 1/2"				9,365	5,523	3,551	2,525	2,096	1,603	1,267	1,026	713	456	317
1 5/8"					6,482	4,168	2,963	2,457	1,881	1,487	1,204	836	535	372
1 3/4"					7,518	4,834	3,436	2,850	2,182	1,724	1,397	970	621	431
1 7/8"					8,630	5,549	3,945	3,272	2,505	1,979	1,603	1,113	713	495
2"					9,819	6,313	4,488	3,722	2,850	2,252	1,824	1,267	811	563

SLIP OD DIMINSIONS CIEGA

Tamaño	150#	300#	600#	900#	1500#
1 1/2"	3 1/4"	3 5/8"	3 5/8"	3 3/4"	3 3/4"
2"	4"	4 1/4"	4 1/4"	5 1/2"	5 1/2"
3"	5 1/4"	5 3/4"	5 3/4"	6 1/2"	6 3/4"
4"	6 3/4"	7"	7 1/2"	8"	8 1/8"
6"	8 5/8"	9 3/4"	10 3/8"	11 1/4"	11"
8"	10 7/8"	12"	12 1/2"	14"	13 3/4"
10"	13 1/4"	14 1/8"	15 5/8"	17"	17"
12"	16"	16 1/2"	17 7/8"	19 1/2"	20 3/8"
14"	17 1/2"	19"	19 1/4"	20 3/8"	22 1/2"
16"	20"	21 1/8"	22 1/8"	22 1/2"	25"
18"	21 1/2"	23 3/8"	24"	25"	27 1/2"
20"	23 3/4"	25 5/8"	26 3/4"	27 3/8"	29 1/2"
24"	28"	30 3/8"	31"	32 7/8"	35 1/4"
30"	34 1/2"	37 1/4"	38 1/8"	39 5/8"	N/A
36"	41 1/8"	43 7/8"	44 3/8"	47 1/8"	N/A

Notas:

1. Las presiones tabulados anteriores se basan en la fórmula declaró en B31.1, párr. 104.5.3 (b) UTILIZANDO LA SIGUIENTE
   A. Empaquetaduras NONASBESTOS PLANA CONFORME A ASME B16.21
   B. Grado STRUCTURAL chapa de acero carbono, ASTM A36 tiene un límite de fluencia mínimo especificado de 36.000 PSI.

2. Para la placa que está identificado con una fuerza mínima de rendimiento inferior, la presión hidrostática admisible debe ser Reducido DE CONFORMIDAD CON LAS SIGUIENTES FORMULS.

$$PMA= \frac{YX}{Y}$$

Donde PMA= Presión de prueba máxima permitida.
Y= Límite de fluencia mínimo especificado.
YX= Límite de fluencia mínimo especificado para el material seleccionado.

3. Presiones neumáticas NO EXCEDERÁ EL 50 POR CIENTO DE LOS VALORES INDICADOS.

DIMINSIONS PARA JUNTAS DE ANILLO

Tamaño nominal de la tubería	150 # Junta del anillo		Junta del anillo de 300#		400# junta de anillo		600# junta de anillo	
	ID	OD	ID	OD	ID	OD	ID	OD
1/2"	7/8"	1 7/8"	7/8"	2 1/8"	7/8"	2 1/8"	7/8"	2 1/8"
3/4"	1 1/16"	2 1/4"	1 1/16"	2 5/8"	1 1/16"	2 5/8"	1 1/16"	2 5/8"
1"	1 5/16"	2 5/8"	1 5/16"	2 7/8"	1 5/16"	2 7/8"	1 5/16"	2 7/8"
1 1/4"	1 11/16"	3"	1 11/16"	3 1/4"	1 11/16"	3 1/4"	1 11/16"	3 1/4"
1 1/2"	1 15/16"	3 3/8"	1 15/16"	3 3/4"	1 15/16"	3 3/4"	1 15/16"	3 3/4"
2"	2 3/8"	4 1/8"	2 3/8"	4 3/8"	2 3/8"	4 3/8"	2 3/8"	4 3/8"
2 1/2"	2 7/8"	4 7/8"	2 7/8"	5 1/8"	2 7/8"	5 1/8"	2 7/8"	5 1/8"
3"	3 1/2"	5 3/8"	3 1/2"	5 7/8"	3 1/2"	5 7/8"	3 1/2"	5 7/8"
4"	4 1/2"	6 7/8"	4 1/2"	7 1/8"	4 1/2"	7"	4 1/2"	7 5/8"
5"	5 9/16"	7 3/4"	5 9/16"	8 1/2"	5 9/16"	8 3/8"	5 9/16"	9 1/2"
6"	6 5/8"	8 3/4"	6 5/8"	9 7/8"	6 5/8"	9 3/4"	6 5/8"	10 1/2"
8"	8 5/8"	11"	8 5/8"	12 1/8"	8 5/8"	12"	8 5/8"	12 5/8"
10"	10 3/4"	13 3/8"	10 3/4"	14 1/4"	10 3/4"	14 1/8"	10 3/4"	15 3/4"
12"	12 3/4"	16 1/8"	12 3/4"	16 5/8"	12 3/4"	16 1/2"	12 3/4"	18"
14"	14"	17 3/4"	14"	19 1/8"	14"	19"	14"	19 3/8"
16"	16"	20 1/4"	16"	21 1/4"	16"	21 1/8"	16"	22 1/4"
18"	18"	21 5/8"	18"	23 1/2"	18"	23 3/8"	18"	24 1/8"
20"	20"	23 7/8"	20"	25 3/4"	20"	25 1/2"	20"	26 7/8"
22"	22"	26"	22"	27 3/4"	22"	27 5/8"	22"	28 7/8"
24"	24"	28 1/4"	24"	30 1/2"	24"	30 1/4"	24"	31 1/8"
30"	30"	34 5/8"	30"	37 3/8"	30"	37 1/4"	30"	38 1/4"
36"	36"	41 1/4"	36"	44"	36"	44"	36"	44 1/2"
42"	N/A	N/A	42"	50 3/4"	42"	50 1/4"	42"	51"

Tamaño nominal de la tubería	Junta del anillo de 900#		1500# junta de anillo		2500# junta de anillo	
	ID	OD	ID	OD	ID	OD
1/2"	7/8"	2 1/2"	7/8"	2 1/2"	7/8"	2 3/4"
3/4"	1 1/16"	2 3/4"	1 1/16"	2 3/4"	1 1/16"	3"
1"	1 5/16"	3 1/8"	1 5/16"	3 1/8"	1 5/16"	3 3/8"
1 1/4"	1 11/16"	3 1/2"	1 11/16"	3 1/2"	1 11/16"	4 1/8"
1 1/2"	1 15/16"	3 7/8"	1 15/16"	3 7/8"	1 15/16"	4 5/8"
2"	2 3/8"	5 5/8"	2 3/8"	5 5/8"	2 3/8"	5 3/4"
2 1/2"	2 7/8"	6 1/2"	2 7/8"	6 1/2"	2 7/8"	6 5/8"
3"	3 1/2"	6 5/8"	3 1/2"	6 7/8"	3 1/2"	7 3/4"
4"	4 1/2"	8 1/8"	4 1/2"	8 1/4"	4 1/2"	9 1/4"
5"	5 9/16"	9 3/4"	5 9/16"	10"	5 9/16"	11"
6"	6 5/8"	11 3/8"	6 5/8"	11 1/8"	6 5/8"	12 1/2"
8"	8 5/8"	14 1/8"	8 5/8"	13 7/8"	8 5/8"	15 1/4"
10"	10 3/4"	17 1/8"	10 3/4"	17 1/8"	10 3/4"	18 3/4"
12"	12 3/4"	19 5/8"	12 3/4"	20 1/2"	12 3/4"	21 5/8"
14"	14"	20 1/2"	14"	22 3/4"	N/A	N/A
16"	16"	22 5/8"	16"	25 1/4"	N/A	N/A
18"	18"	25 1/8"	18"	27 3/4"	N/A	N/A
20"	20"	27 1/2"	20"	29 3/4"	N/A	N/A
22"	N/A	N/A	N/A	N/A	N/A	N/A
24"	24"	33"	24"	35 1/2"	N/A	N/A
30"	30"	39 3/4"	N/A	N/A	N/A	N/A
36"	36"	47 1/4"	N/A	N/A	N/A	N/A
42"	N/A	N/A	N/A	N/A	N/A	N/A

Los límites materiales metálicos
Los LÍMITES DE TEMPERATURA PARA METALES COMUNES

MATERIAL	Límite inferior		Límite superior		ABBREV-IATION	Código de color el anillo guía
	F	C	F	C		
Acero inoxidable 304.	-320	-195	1400	760	304	Amarillo
Acero inoxidable 316L	-150	-100	1400	760	316L	GREEN
321 ACERO INOXIDABLE	-320	-195	1400	760	321	TURQUOISE
Acero inoxidable 347	-320	-195	1700	925	347	BLUE
Acero al carbono	-40	-40	1000	540	CRS	SILVER
20CB - Aleación 3 (20)	-300	-185	1400	760	A - 20	Negro
HASTELLOY B 2	-300	-185	2000	1090	Has B	BROWN
HASTELLOY C 276	-300	-185	2000	1090	Has C	BEIGE
INCOLOY 800	-150	-100	1600	870	En 800	Blanco
INCONEL 600	-150	-100	2000	1090	Sc 600	Oro
INCONEL X750	-150	-100	2000	1090	INX	NO HAY COLOR
MONEL 400	-200	-150	1500	820	MON	Naranja
NICKLE 200	-320	-195	1400	760	NI	Rojo
Titanio	-320	-195	2000	1090	TI	Violeta

Los límites materiales de relleno
Los LÍMITES DE TEMPERATURA PARA LOS MATERIALES DE RELLENO

MATERIAL	Límite inferior		Límite superior		ABBREV-IATION	Código de colores de banda
	F	C	F	C		
CERAMIC	-350	-212	2000	1090	CER	Luz verde
Grafito FLEXIBLE	-350	-212	950	510	F.G.	Gris
PTFE	-400	-240	500	230	PTFE	Blanco
Grafito mica	-350	-212	600	345	VC	Rosa

Tabla de funciones trigonométricas

Grad ↓	RAD ↓	El pecado ↓	COS ↓	Bronceado ↓	Cuna ↓	Seg. ↓	CSC ↓		
0^Oh	0.0000.	0.0000.	1.0000	0.0000.	------	1.0000	------	1.5708	90^Oh
0.5^Oh	0.0087	0.0087	1.0000	0.0087	114.589	1.0000	114.593	1.5621	89.5^Oh
1^Oh	0.0175	0.0175	0.9998	0.0175	57.2900	1.0002	57.2987	1.5533	89^Oh
1.5^Oh	0.0262	0.0262	0.9997	0.0262	38.1885	1.0003	38.2016	1.5446	88.5^Oh
2^Oh	0.0349	0.0349	0.9994	0.0349	28.6363	1.0006	28.6537	1.5359	88^Oh
2.5^Oh	0.0436	0.0436	0.9990	0.0437	22.9038	1.0010	22.9256	1.5272	87.5^Oh
3^Oh	0.0524	0.0523	0.9986	0.0524	19.0811	1.0014	19.1073	1.5184	87^Oh
3.5^Oh	0.0611	0.0610	0.9981	0.0612	16.3499	1.0019	16.3804	1.5097	86.5^Oh
4^Oh	0.0710	0.0710	0.9976	0.0699	14.3007	1.0024	14.3356	1.5010	86^Oh
4.5^Oh	0.0785	0.0785	0.9969	0.0787	12.7062	1.0031	12.7455	1.4923	85.5^Oh
5^Oh	0.0873	0.0872	0.9962	0.0875	11.4301	1.0038	11.4737	1.4835	85^Oh
5.5^Oh	0.0960	0.0958	0.9954	0.0963	10.3854	1.0046	10.4334	1.4748	84.5^Oh
6^Oh	0.1047	0.1045	0.9945	0.1051	9.5144	1.0055	9.5668	1.4661	84^Oh
6.5^Oh	0.1134	0.1132	0.9936	0.1139	8.7769	1.0065	8.8337	1.4573	83.5^Oh
7^Oh	0.1222	0.1219	0.9925	0.1228	8.1443	1.0075	8.2055	1.4486	83^Oh
7.5^Oh	0.1309	0.1305	0.9914	0.1317	7.5958	1.0086	7.6613	1.4399	82.5^Oh
8^Oh	0.1396	0.1392	0.9903	0.1405	7.1154	1.0098	7.1853	1.4312	82^Oh
8.5^Oh	0.1484	0.1478	0.9890	0.1495	6.6912	1.0111	6.7655	1.4224	81.5^Oh
9^Oh	0.1571	0.1564	0.9877	0.1584	6.3138	1.0125	6.3925	1.4137	81^Oh
9.5^Oh	0.1658	0.1650	0.9863	0.1673	5.9758	1.0139	6.0589	1.4050	80.5^Oh
10^Oh	0.1745	0.1736	0.9848	0.1763	5.6713	1.0154	5.7588	1.3963	80^Oh
10.5^Oh	0.1863	0.1822	0.9833	0.1853	5.3955	1.0170	5.4874	1.3875	79.5^Oh
11^Oh	0.1920	0.1908	0.9816	0.1944	5.1446	1.0187	5.2408	1.3788	79^Oh
11.5^Oh	0.2007	0.1994	0.9799	0.2035	4.9152	1.0205	5.0159	1.3701	78.5^Oh
12^Oh	0.2094	0.2079	0.9781	0.2126	4.7046	1.0223	4.8097	1.3614	78^Oh
12.5^Oh	0.2182	0.2164	0.9763	0.2217	4.5107	1.0243	4.6202	1.3526	77.5^Oh
13^Oh	0.2269	0.2250	0.9744	0.2309	4.3315	1.0263	4.4454	1.3439	77^Oh
13.5^Oh	0.2356	0.2334	0.9724	0.2401	4.1653	1.0284	4.2837	1.3352	76.5^Oh
14^Oh	0.2443	0.2419	0.9703	0.2493	4.0108	1.0306	4.1336	1.3265	76^Oh
14.5^Oh	0.2531	0.2504	0.9681	0.2586	3.8667	1.0329	3.9939	1.3177	75.5^Oh
15^Oh	0.2618	0.2588	0.9659	0.2679	3.7321	1.0353	3.8637	1.3090	75^Oh
		COS ↑	El pecado ↑	Cuna ↑		Bronceado ↑	CSC ↑	Seg. ↑	RAD ↑	Grad ↑

Tabla de funciones trigonométricas

Grad ↓	RAD ↓	El pecado ↓	COS ↓	Bronceado ↓	Cuna ↓	Seg. ↓	CSC ↓		
15.5^{Oh}	0.2705	0.2672	0.9636	0.2773	3.6059	1.0377	3.7420	1.3003	74.5^{Oh}
16^{Oh}	0.2793	0.2756	0.9613	0.2867	3.4874	1.0403	3.6280	1.2915	74^{Oh}
16.5^{Oh}	0.2880	0.2840	0.9588	0.2962	3.3759	1.0429	3.5209	1.2828	73.5^{Oh}
17^{Oh}	0.2967	0.2924	0.9563	0.3057	3.2709	1.0457	3.4203	1.2741	73^{Oh}
17.5^{Oh}	0.3054	0.3007	0.9537	0.3153	3.1716	1.0485	3.3255	1.2654	72.5^{Oh}
18^{Oh}	0.3142	0.3090	0.9511	0.3249	3.0777	1.0515	3.2361	1.2566	72^{Oh}
18.5^{Oh}	0.3229	0.3173	0.9483	0.3346	2.9887	1.0545	3.1515	1.2479	71,5^{Oh}
19^{Oh}	0.3316	0.3256	0.9455	0.3443	2.9042	1.0576	3.0716	1.2392	71^{Oh}
19.5^{Oh}	0.3403	0.3338	0.9426	0.3541	2.8239	1.0608	2.9957	1.2305	70.5^{Oh}
20^{Oh}	0.3491	0.3420	0.9397	0.3640	2.7475	1.0642	2.9238	1.2217	70^{Oh}
20.5^{Oh}	0.3578	0.3502	0.9367	0.3739	2.6746	1.0676	2.8555	1.2130	69.5^{Oh}
21^{Oh}	0.3665	0.3584	0.9336	0.3839	2.6051	1.0711	2.7904	1.2043	69^{Oh}
21.5^{Oh}	0.3752	0.3665	0.9304	0.3939	2.5386	1.0748	2.7285	1.1956	68.5^{Oh}
22^{Oh}	0.3840	0.3746	0.9272	0.4040	2.4751	1.0785	2.6695	1.1868	68^{Oh}
22.5^{Oh}	0.3927	0.3827	0.9239	0.4142	2.4142	1.0824	2.6131	1.1781	67.5^{Oh}
23^{Oh}	0.4014	0.3907	0.9205	0.4245	2.3559	1.0864	2.5593	1.1694	67^{Oh}
23.5^{Oh}	0.4102	0.3987	0.9171	0.4348	2.2998	1.0904	2.5078	1.1606	66.5^{Oh}
24^{Oh}	0.4189	0.4067	0.9135	0.4452	2.2460	1.0946	2.4586	1.1519	66^{Oh}
24.5^{Oh}	0.4276	0.4147	0.9100	0.4557	2.1943	1.0989	2.4114	1.1432	65.5^{Oh}
25^{Oh}	0.4363	0.4226	0.9063	0.4663	2.1445	1.1034	2.3662	1.1345	65^{Oh}
25.5^{Oh}	0.4451	0.4305	0.9026	0.4770	2.0965	1.1079	2.3228	1.1257	64.5^{Oh}
26^{Oh}	0.4538	0.4384	0.8988	0.4877	2.0503	1.1126	2.2812	1.1170	64^{Oh}
26.5^{Oh}	0.4625	0.4462	0.8949	0.4986	2.0057	1.1174	2.2412	1.1083	63.5^{Oh}
27^{Oh}	0.4712	0.4540	0.8910	0.5095	1.9626	1.1223	2.2027	1.0996	63^{Oh}
27.5^{Oh}	0.4800	0.4617	0.8870	0.5206	1.9210	1.1274	2.1657	1.0908	62.5^{Oh}
28^{Oh}	0.4887	0.4695	0.8829	0.5317	1.8807	1.1326	2.1301	1.0821	62^{Oh}
28.5^{Oh}	0.4974	0.4772	0.8788	0.5430	1.8418	1.1379	2.0957	1.0734	61.5^{Oh}
29^{Oh}	0.5061	0.4848	0.8746	0.5543	1.8040	1.1434	2.0627	1.0647	61^{Oh}
29.5^{Oh}	0.5149	0.4924	0.8704	0.5658	1.7675	1.1490	2.0308	1.0559	60.5^{Oh}
30^{Oh}	0.5236	0.5000	0.8660	0.5774	1.7321	1.1547	2.0000	1.0472	60^{Oh}
		COS ↑	El pecado ↑	Cuna ↑		Bronceado ↑	CSC ↑	Seg. ↑	RAD ↑ Grad ↑

Tabla de funciones trigonométricas

Grad ↓	RAD ↓	El pecado ↓	COS ↓	Bronceado ↓	Cuna ↓	Seg. ↓	CSC ↓		
30.5^{Oh}	0.5323	0.5075	0.8616	0.5890	1.6977	1.1606	1.9703	1.0385	59.5^{Oh}
31^{Oh}	0.5411	0.5150	0.8572	0.6009	1.6643	1.1666	1.9416	1.0297	59^{Oh}
31.5^{Oh}	0.5498	0.5225	0.8526	0.6128	1.6319	1.1728	1.9139	1.0210	58.5^{Oh}
32^{Oh}	0.5585	0.5299	0.8480	0.6249	1.6003	1.1792	1.8871	1.0123	58^{Oh}
32.5^{Oh}	0.5672	0.5373	0.8434	0.6371	1.5697	1.1857	1.8612	1.0036	57.5^{Oh}
33^{Oh}	0.5760	0.5446	0.8387	0.6494	1.5399	1.1924	1.8361	0.9948	57^{Oh}
33.5^{Oh}	0.5847	0.5519	0.8339	0.6619	1.5108	1.1992	1.8118	0.9861	56.5^{Oh}
34^{Oh}	0.5934	0.5592	0.8290	0.6745	1.4826	1.2062	1.7883	0.9774	56^{Oh}
34.5^{Oh}	0.6021	0.5664	0.8241	0.6873	1.4550	1.2134	1.7655	0.9687	55.5^{Oh}
35^{Oh}	0.6109	0.5736	0.8192	0.7002	1.4281	1.2208	1.7434	0.9599	55^{Oh}
35.5^{Oh}	0.6196	0.5807	0.8141	0.7133	1.4019	1.2283	1.7221	0.9512	54.5^{Oh}
36^{Oh}	0.6283	0.5878	0.8090	0.7265	1.3764	1.2361	1.7013	0.9425	54^{Oh}
36.5^{Oh}	0.6370	0.5948	0.8039	0.7400	1.3514	1.2440	1.6812	0.9338	53.5^{Oh}
37^{Oh}	0.6458	0.6018	0.7986	0.7536	1.3270	1.2521	1.6616	0.9250	53^{Oh}
37.5^{Oh}	0.6545	0.6088	0.7934	0.7673	1.3032	1.2605	1.6427	0.9163	52.5^{Oh}
38^{Oh}	0.6632	0.6157	0.7880	0.7813	1.2799	1.2690	1.6243	0.9076	52^{Oh}
38.5^{Oh}	0.6720	0.6225	0.7826	0.7954	1.2572	1.2778	1.6064	0.8988	51.5^{Oh}
39^{Oh}	0.6807	0.6293	0.7771	0.8098	1.2349	1.2868	1.5890	0.8901	51^{Oh}
39.5^{Oh}	0.6894	0.6361	0.7716	0.8243	1.2131	1.2960	1.5721	0.8814	50.5^{Oh}
40^{Oh}	0.6981	0.6428	0.7660	0.8391	1.1918	1.3054	1.5557	0.8727	50^{Oh}
40.5^{Oh}	0.7069	0.6494	0.7604	0.8541	1.1708	1.3151	1.5398	0.8639	49.5^{Oh}
41^{Oh}	0.7156	0.6561	0.7547	0.8693	1.1504	1.3250	1.5243	0.8552	49^{Oh}
41.5^{Oh}	0.7243	0.6626	0.7490	0.8847	1.1303	1.3352	1.5092	0.8465	48.5^{Oh}
42^{Oh}	0.7330	0.6691	0.7431	0.9004	1.1106	1.3456	1.4945	0.8378	48^{Oh}
42.5^{Oh}	0.7418	0.6756	0.7373	0.9163	1.0913	1.3563	1.4802	0.8290	47.5^{Oh}
43^{Oh}	0.7505	0.6820	0.7314	0.9325	1.0724	1.3673	1.4663	0.8203	47^{Oh}
43.5^{Oh}	0.7592	0.6884	0.7254	0.9490	1.0538	1.3786	1.4527	0.8116	46.5^{Oh}
44^{Oh}	0.7679	0.6947	0.7193	0.9657	1.0355	1.3902	1.4396	0.8029	46^{Oh}
44.5^{Oh}	0.7767	0.7009	0.7133	0.9827	1.0176	1.4020	1.4267	0.7941	45.5^{Oh}
45^{Oh}	0.7854	0.7071	0.7071	1.0000	1.0000	1.4142	1.4142	0.7854	45^{Oh}
		COS ↑	El pecado ↑	Cuna ↑	Bronceado ↑	CSC ↑	Seg. ↑	RAD ↑	Grad ↑

Tabla de conversión

Para cambiar	A	Multiplicar por
Pulgadas	Pies	0.4224
Pulgadas	Milímetros	25.4
Pies	Pulgadas	12
Pies	Astilleros	0.3333
Astilleros	Pies	3
Pulgadas cuadradas	Pies cuadrados	0.00694
Pies cuadrados	Pulgadas cuadradas	144
Pies cuadrados	Metros Cuadrados	0.11111
Metros Cuadrados	Pies cuadrados	9
Pulgadas cúbicas	Pies cúbicos	0.00058
Pulgadas cúbicas	Galones	0.00433
Pies cúbicos	Pulgadas cúbicas	1728
Pies cúbicos	De yardas cúbicas	0.03703
Pies cúbicos	Galones	7.48
De yardas cúbicas	Pies cúbicos	27
Galones	Pulgadas cúbicas	231
Galones	Pies cúbicos	0.1337
Galones	Libras de agua	8.33
Libras de agua	Galones	0.12004
Onzas	Libras	0.0625
Libras	Onzas	16
Pulgadas de agua	Libras por pulgada cuadrada	0.0361
Pulgadas de agua	Pulgadas de mercurio	0.0701
Pulgadas de agua	Onzas por pulgada cuadrada	0.578
Pulgadas de agua	Libras por pie cuadrado	5.2
Pulgadas de mercurio	Pulgadas de agua	13.6
Pulgadas de mercurio	Pies de agua	1.1333
Pulgadas de mercurio	Libras por pulgada cuadrada	0.4914
Onzas por pulgada cuadrada	Pulgadas de mercurio	0.127
Onzas por pulgada cuadrada	Pulgadas de agua	1.733
Libras por pulgada cuadrada	Pulgadas de agua	27.72
Libras por pulgada cuadrada	Pies de agua	2.310
Libras por pulgada cuadrada	Pulgadas de mercurio	2.04
Libras por pulgada cuadrada	Atmósferas	0.0681
Pies de agua	Libras por pulgada cuadrada	0.434
Pies de agua	Libras por pie cuadrado	62.5
Pies de agua	Pulgadas de mercurio	0.8824
Atmósferas	Libras por pulgada cuadrada	14.696
Atmósferas	Pulgadas de mercurio	29.92
Atmósferas	Pies de agua	34
Toneladas largas	Libras	2240
Toneladas cortas	Libras	2000
Toneladas cortas	Toneladas largas	0.89285

DIMINSIONS RADIUS para 90 grado
Radio largo SOLDADURA codos

Tamaño nominal de la tubería	Tubo OD.	Línea central radio	Radio interior	Radio exterior
3/4"	1.05"	1.125"	0.6"	1.65"
1"	1.315"	1.5".	0.8425"	2.1575"
1 1/4"	1.66"	1.875"	1.045"	2.705"
1 1/2"	1.9"	2.25"	1.3"	3.2"
2"	2.375"	3"	1.812"	4.1875"
2 1/2"	2.875"	3.75"	2.312"	5.1875"
3"	3.5"	4.5"	2.7"	6.25"
4"	4.5"	6"	3.75"	8.25"
5"	5.563"	7.5"	4.718"	10.2815"
6"	6.625"	9"	5.687"	12.3125"
8"	8.625"	12"	7.687"	16.3125"
10"	10.75"	15"	9.625"	20.375"
12"	12.75"	18"	11.62"	24.375"
14"	14"	21"	14"	28"
16"	16"	24"	16"	32"
18"	18"	27"	18"	36".
20"	20"	30"	20"	40"
22"	22"	33"	22"	44"
24"	24"	36".	24"	48"
30"	30"	45"	30"	60"
36"	36".	54"	36".	72"
42"	42"	63"	42"	84"

www.ingramcontent.com/pod-product-compliance
Lightning Source LLC
Chambersburg PA
CBHW080656190526
45169CB00006B/2134